JN205547

生命科学 食品・栄養学 化学 を学ぶための

第3版

有機化学 基礎の基礎

立屋敷 哲 著

丸善出版

は じ め に

大学入学後，専門として，また専門基礎として，有機化学を学習する必要がある分野は多い．しかし，4年制大学への進学率が50%を越したユニバーサルの大学教育の時代となり，入試の形態も多様化した現在，そのような分野においても，高校では化学基礎のみの履修で，有機化学を学習していない学生や，有機化学を十分に学習・修得していない学生は少なくない．

本書は，有機化学の初歩である有機化合物の構造式，示性式，名称，性質，基本反応とその反応機構を学ぶために，拙著『生命科学，食品・栄養学，化学を学ぶための 有機化学 基礎の基礎 第3版』の問題に，一部，問題を補充したものである．拙著にて学習した学生から実際に寄せられた質問に答える形で，問題の解答に解説を加えている．初学者は，教員にとって思いもよらない疑問を抱くことが多く，このため学習で挫折するケースも少なくない．また，生物系の有機化合物は複雑であり，有機化学の基礎を学習しても，専門分野の化合物の見方がわかるようには必ずしもならない．本書は，このような状況を乗り越えて，上記の拙著を学習する際の理解を助けるための補助教材として，また，他の教科書で学習する際の演習書としても利用できよう．

有機化学の教科書の良書は少なくないが，初学者向きのわかりやすい教科書は必ずしも多くはない．また，その多くは反応を学ぶためのものである．しかし，非化学系学生や初学者にとって，まず必要なことは，構造式が書けるようになる・わかるようになること，有機化合物の名称，性質，有機化学の基礎概念がわかるようになること，専門分野に出てくる複雑な有機化合物が理解できるようになることである．そのうえで，酸化還元反応，エステル・アミド（ペプチド）の生成反応，簡単な脱離，付加反応がわかるようになれば，非化学系学生の専門の学習には十分役立つと思われる．ただし，学んだことを専門に役立てるためには，それなりに演習を行い，学んだ内容をマスターすることが必要であるが，このような目的のための初学者向き，非化学系向きの演習書は少ない．

拙著『生命科学，食品・栄養学，化学を学ぶための 有機化学 基礎の基礎』は，初学者と，高校で有機化学を学習した学生の両方に，同じクラスで授業を行うための，一から，それなりのレベルに至るまでの学習ができるように企てた，米国式の字の多い厚手の教科書である．拙著を手にした学生は，最初はその分量にうんざりして，瞬時，学習意欲をなくすが，第1回の授業の予習宿題として拙著の長々の序文を読ませると，初学者や化学嫌いの人も，教科書の説明を1つずつ追ってまじめに取り組めば，必ず力がつきそうだ，自分の能力を伸ばせそうだ，と実感し，ほとんどの学生が，がぜんやる気を出して，学習に取り組んでくれる．この拙著は初版の出版後十数年経っているが，いくつかの大学で教科書として利用いただき，本書に先立ち本年9月に第3版を出版した．

筆者の授業は，教科書を予習して，問題を解いたノートを提出させるという，今でいう“自学自修”を基本とした反転授業である．学習内容を身近に感じさせるためのデモ実験と，予習でわからなかったところ，わかりにくいところの解説を行い，演習として確認テストを行っている．

拙著の初版を上梓後2，3年は，提出させた予習宿題ノートを添削，質問事項への返答を記入して，学生の理解を助けていたが，筆者の負担は極めて大きかった（110人×4クラス）．そこで，それまでの学生の質問事項をまとめて，返答集を十数冊作成し，学生が必要に応じて借り出せるようにした．その後，この返答集は使わなくなったが，近年，この返答集の内容を含んだ手製の副教材を用いたところ，予習宿題の理解に大いに役立ったという学生の意見を得た．そこで，問題とその解説をまとめた演習書があれば，拙著学習の補助教材として，また，他の教科書を用いた授業にとっても，初学者用の自習演習書として役立つ・学習の理解度が上がると考え，本書を上梓することとした．本書が学生の自学自修に役立つことを願っている．

本書出版の契機を与えてくれた学生諸姉，本書作成にあたり多々ご助力いただいた三芳　綾氏，構造式の書き方に関する人形模型図と表紙の原図を作成いただいた中原馨子氏，本書出版の実現と，かつより良い本とするべくご尽力いただいた丸善出版株式会社の長見裕子氏に感謝する．

2019年　新　秋

立屋敷　哲

学習法：“勉強する”ということの心構え

- 学習にあたっては“**なぜ**”という言葉を忘れない．“**理解し身につける**（学習）”“**自ら取り組む・自分の歯でかむ**（学習）”“**自らの能力を伸ばす**”ことを心がけよう．
- 他人と比較せず，過去の自分と比較する．教科書本文や本書解説をしっかり読む（キーワードに下線を引く・黄色で着色する，書き込む）．
- 理解・納得したら，答を隠して問題を解く．できなかった問題には印をつけ，問題の答の解説を納得するまで熟読する．後日，再度この問題を解く．これをできるようになるまで繰り返す．

目　　次

凡　例

- 目次および本文中の📖マークは，拙著『生命科学，食品・栄養学，化学を学ぶための 有機化学 基礎の基礎　第 3 版』（2019）を示す．
- 本文中の（p.62；📖 p.83）という表記は，最初のページが本書の参照先ページ数，；の後が上記教科書での参照先ページ数を示す．
- 本文中の 💡 マークは，必要に応じて，拙著『演習　誰でもできる化学濃度計算 実験・実習の基礎』（2018），『ゼロからはじめる化学』（2008），『からだの中の化学』（2017）を参照していただきたい（巻末に対応するページの一覧を掲載している）．

序章　元素と周期表，原子価

📖 p.1～15

元素記号，原子量，原子番号，原子価，周期表と族・同族元素

問題 1*　基礎として要記憶

(1)　周期表の覚え方“水兵リーベ僕のお船，名前があるんだシップスクラークか？”(📖 p.9) を覚えたうえで，1～20 番元素の周期表を元素名で書け．

(2)　元素のグループ名 4 種類（同族元素：1，2，17，18 族）とその性質，代表的元素名を述べよ．

(3)　次の言葉について説明せよ：原子量，原子番号，（陽子・中性子・電子），同位体，原子価．

問題 2*　炭素，水素，酸素，窒素，（フッ素，塩素，臭素，ヨウ素），（硫黄，リン）の元素記号を書け．

問題 3*　C，N，O，H，（F，Cl，Br，I），P，S の価数（手の数，共有結合の価数）と水素化合物の化学式を示せ．

＊上から📖の問題 5，問題 3，問題 4 に対応．

答 1

(1)　次ページの表（H，He，Li，Be，B，C，N，O，F，Ne，Na，Mg，Al，Si，P，S，Cl，Ar，K，Ca）を見よ（📖 p.5，9）❢.

(2)　次ページの表を見よ❢.

アルカリ金属，1 族元素，+1 の陽イオンとなる，Na，K ⟶ Na^+，K^+

アルカリ土類金属[a]，2 族元素，+2 の陽イオンとなる，Mg，Ca ⟶ Mg^{2+}，Ca^{2+}

ハロゲン，17 族元素，−1 の陰イオンとなる，F，Cl，Br，I ⟶ F^-，Cl^-，Br^-，I^-

貴ガス，18 族元素，反応性低く陽イオンにも陰イオンにもなりにくい，He，Ne，Ar

a）“アルカリ土類金属”は，広義には 2 族元素の全体をさす．狭義には Ca，Sr，Ba，Ra．

以上は神様がつくったルール（法則）だと考えて覚えよ．18 族元素は反応性が低い．貴ガスとは高貴なガス・孤高を守る（反応性の低い）ガスの意（貴金属と同じ，他と反応しにくい）．よって，貴ガスはイオンの価数 0，原子価（共有結合の手の数）0．なお，高貴さとは，勇気と正直さを備え，人が敬服する，他人を世話し，孤独に耐えられる気質．

(3)　高校の教科書をまとめよ（📖 p.14，15，190，191）❢.

Question

・問題 1 の（2）がわからない？：　高校の化学基礎の教科書を見てみよう（または📖 p.10，11 および p.15 の答）．なぜそのような性質をもつか，必ずしもこだわらなくてもよい（理由を知りたい人は，📖 p.190～197 参照．この質問は📖 の問題 8-1～8-11 の内容と同じなので，これらの答も参照．）

・問題 1 の（3）がわからない？：　高校の教科書を，自分で文章にまとめてみよう（または📖 p.12，13，15，190，191）❢．自分なりにまとめればよい．いわゆる“正解”・模範解を気にしない．表現が稚拙でも自分なりに自分の言葉で要点をまとめてあれば，それが“正解”である．

“正解”を人（友達・教員）に聞いて，これをたんに覚えるという作業は勉強ではない．厳しいことをいうようだが，こういう“勉強”は時間のむだ以外の何ものでもない．試験以外には役に立たない．時間がたてば忘れてしまい何も残らないという人がほとんどではないだろうか．早くこういう状況を卒業して，本当の勉強をするようになろう！　自分で時間を費やして苦労したことが必ず将来の自分の財産になるものである．

族番号	1	2	3〜12	13	14	15	16	17	18
元素名	（水素）								（ヘリウム）
	（リチウム）	（ベリリウム）		（ホウ素）	（炭素）	（窒素）	（酸素）	（フッ素）	（ネオン）
	（ナトリウム）	（マグネシウム）		（アルミニウム）	（ケイ素）	（リン）	（硫黄）	（塩素）	（アルゴン）
	（カリウム）	（カルシウム）		—	—	—	（セレン Se）	（臭素 Br）	（クリプトン）
								（ヨウ素 I）	（キセノン）
族の名称	［アルカリ金属］	［アルカリ土類金属］						［ハロゲン］	［貴ガス］
イオンの価数	（+1）	（+2）		（+3）	—	—	（−2）	（−1）	(0)
結合の手の数（原子価）		—		—	(4)	(3)	(2)	(1)	(0)

	6族	7族	8族	9族	10族	11族	12族
右は元素記号から名称が言えること	Cr（クロム） Mo（モリブデン）	Mn（マンガン）	Fe（鉄）	Co（コバルト）	Ni（ニッケル）	Cu（銅）	Zn（亜鉛）

これらのうち Co，Ni 以外はヒトにとっての微量必須元素（Co は極微量必要）．

答 2 要記憶　C　H　O　N　（F　Cl　Br　I）　（S　P）

答 3 最重要　要記憶

C	4 価	CH_4
N	3 価	NH_3　（P は 3 価（N と P は同族元素）と 5 価，リン酸の P は 5 価）
O	2 価	H_2O　（S は 2 価（O と S は同族元素）と 6 価，硫酸の S は 6 価）
H	1 価	H_2
F, Cl, Br, I	1 価	HCl（これらの元素は 17 族，ハロゲン元素）

Question

・N, O, F の価数は 5, 6, 7 価では？：　これは間違い．周期表中の 15，16，17 族の最高酸化数❢ に対応する（ただし，F は −1 のみ，O は最高酸化数 +2（OF_2））．

C, N, O, F の原子価（共有結合の価数）は，それぞれ 4, 3, 2, 1 である．化合物メタン CH_4，アンモニア NH_3，水 H_2O，塩化水素 HCl を覚えることにより，C, N, O, Cl（同族元素の F も同じ）を CH_4，NH_3，H_2O，HCl の H の数に対応して 4, 3, 2, 1 価と覚えよ（これらの価数をとる理由は📖 p. 211，212❢ にまとめてあるが，必ずしも理解する必要はない）．

・なぜ，P は 3 価以外に 5 価，S は 2 価以外に 6 価もとるのか？：　これはハイレベルな質問．

周期表の第 3 周期以下の元素では，例えば P, S は原理的にはそれぞれ 5, 6 価もとることができる．この理由はハイレベルであり，気にしなくてよい（d 軌道を用いて結合をつくる：sp^3d, sp^3d^2 混成軌道📖 p. 199〜201, 209〜213；sp^3 混成軌道📖 p. 227 を参照）．生化学分野では DNA や ATP のリン酸基は，通常 P=O 二重結合をもつ P が 5 価の構造式（$O{=}P({-}OH)_3$）で表されるし，硫酸分子も S=O 二重結合を 2 個もつ S が 6 価の構造式（$(O{=})_2S({-}OH)_2$）で表されることも多い．ただし，最近，H_2SO_4 について，S=O をもつ S が 6 価の考えは適切ではなく，S：→ O の配位結合（オクテット則を満たす形，$(O\leftarrow)_2S({-}OH)_2$，S は 4 価）がより適切であるという理論計算結果が得られている．

酸化還元反応における酸化数の概念では N，P は<u>最高酸化数</u> +5（硝酸 HNO_3，リン酸 H_3PO_4），S は +6（硫酸 H_2SO_4，O は −2）をとる．これは各原子の電子殻の最外殻の電子数 5, 6，共有結合の原子価 5, 6 と関連している．

1章 最も簡単な化合物：構造式の書き方と構造異性体

📖 p.16〜29

分子式・組成式・示性式

分子式：分子の元素組成を示す化学式（H_2O とは水素原子 2 個と酸素原子 1 個からなるという意味）.

組成式：物質の元素組成を最も簡単な整数比で示した化学式．グルコース（ブドウ糖）の分子式は $C_6H_{12}O_6$，組成式は CH_2O である．分子でない物質では組成式で物質を表す．食塩の NaCl など.

示性式（短縮構造式）：構造式を簡単にして官能基（基，グループ）[a] を明示した化学式．エタノール C_2H_5OH ではエチル基 C_2H_5- とヒドロキシ基 $-OH$，酢酸 CH_3COOH ではメチル基 CH_3- とカルボキシ基 $-COOH$ があることを示す.

a）官能基・基：ひとかたまりの元素記号で表したグループのこと．分子をつくる部品．子供の玩具・組立ブロックのブロックにあたるもの．そのブロックが分子の性質を決める特性をもった部品の場合，官能基という.

問題 1-1 （基礎として要記憶） 水素分子，水，メタン，アンモニア，二酸化炭素（炭酸ガス），塩化水素・塩酸[b]，硫酸，グルコースの分子式，および水酸化ナトリウムの組成式を示せ．また，エタノール（酒の成分），酢酸（エタン酸，食酢の成分）について，示性式と分子式を示せ.

b）塩酸は塩化水素（気体）の水溶液.

問題 1-2 水 H_2O，メタン CH_4，アンモニア NH_3，塩酸 HCl，硫酸 H_2SO_4，水酸化ナトリウム NaOH，エタノール C_2H_5OH，酢酸 CH_3COOH の分子量・式量を求めよ（原子量は C=12，H=1，N=14，O=16，S=32，Cl=35.5 とする）．ただし，記憶する必要はない.

構　造　式

問題 1-3 （理屈抜きに暗記） 水素分子 H_2，水 H_2O，アンモニア NH_3，メタン CH_4，エタノール C_2H_5OH，酢酸 CH_3COOH の構造式を書け.

構造式の書き方（ルール）：　エタン C_2H_6 の構造式を書いてみよう！

ルール 1　原子価（手の数）が 2 以上のものを取り出す（C，N，O 原子）.
　－C の原子価は 4，H の原子価は 1 なので，この場合は C_2

ルール 2　原子価が 2 以上の原子をつないで分子骨格（分子の骨組み）をつくる.
　－C_2，つまり 2 個の C をつなぐ.

C－C

ルール 3　ルール 2 でつくった分子骨格のすべての原子の原子価を正しく書く（原子価の数だけ手をのばす）.
　－C の原子価は 4．N は 3，O は 2.

```
 |  |
-C--C-
 |  |
```

ルール 4　分子の端に原子価 1 のものを書く（H，F，Cl，Br，I 原子）.
　－H は原子価が 1 なので，H_6（H 6 個）をつなぐ.

```
  H  H
  |  |
H-C--C-H
  |  |
  H  H
```

問題 1-4 エタン C_2H_6，メタノール CH_4O，過酸化水素 H_2O_2 の構造式を上記ルールに従って書け.

答 1-1 基礎として要記憶

H_2, H_2O, CH_4, NH_3, CO_2, HCl, H_2SO_4, $C_6H_{12}O_6 = (C\ H_2O)_6$, NaOH, C_2H_5OH(C_2H_6O), CH_3COOH($C_2H_4O_2$)

炭　水　化物

二酸化炭素，塩化水素，炭水化物，水酸化ナトリウムは言葉の意味を考え化学式を導き出す．他は手の数とエタノール＝エタンオール（p.46），酢酸の別名＝エタン酸（p.49）がヒント．

答 1-2 H_2O 18，CH_4 16，NH_3 17，HCl 36.5，H_2SO_4 98，NaOH 40，C_2H_5OH(C_2H_6O) 46，CH_3COOH($C_2H_4O_2$) 60

分子量の計算例：$C_2H_6O = C \times 2 + H \times 6 + O \times 1 = 12 \times 2 + 1 \times 6 + 16 \times 1 = 46$

ここでは簡単にするため概略値を用いた．厳密には，また，分析化学で分子量を計算する場合には，小数2位までの原子量を用い，有効数字4,5桁の分子量とする（例：H_2O 18.02 など）．

答 1-3 水素分子 H_2　水 H_2O　アンモニア NH_3　メタン CH_4　エタノール C_2H_5OH　酢酸 CH_3COOH

```
                H-O-H                      H           H  H           H
H-H            ( O  )     H-N-H         H-C-H      H-C-C-O-H     H-C-C-O-H
                /  \        |              |          |  |          |  ||
               H    H       H              H          H  H          H  O
```

構造式中の原子の手の数が H，O，N，C について，1，2，3，4 で合っている（正しい）ことを確認せよ．
（酢酸の示性式と構造式は理屈抜きに暗記する．「…基」という言葉は後で学ぶので今はふ〜んと思えばよい）

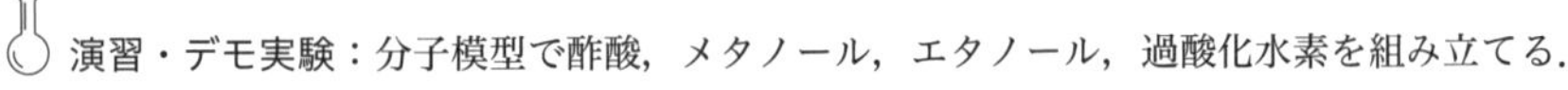
演習・デモ実験：分子模型で酢酸，メタノール，エタノール，過酸化水素を組み立てる．

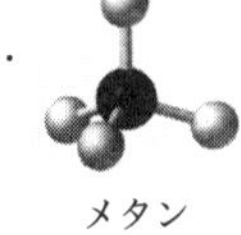
メタン

酢酸 CH_3COOH について：CH_3-CO-OH　-C(=O)-O-H

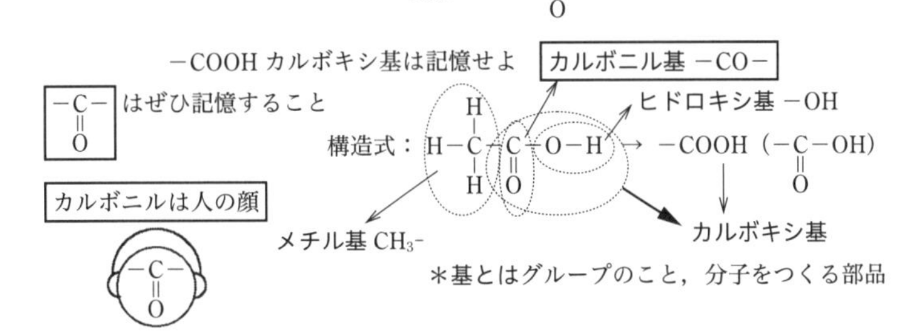
-COOH カルボキシ基は記憶せよ
カルボニル基 -CO-
-C(=O)- はぜひ記憶すること
ヒドロキシ基 -OH
構造式：
→ -COOH (-C(=O)-OH)
カルボニルは人の顔
メチル基 CH_3-
カルボキシ基
＊基とはグループのこと，分子をつくる部品

答 1-4

分子式	ルール1	ルール2	ルール3	ルール4
C_2H_6	C_2 1)	C-C	-C-C- (各Cに上下の手)	H₃C-CH₃ (H-C(H)(H)-C(H)(H)-H)
CH_4O	CO 2)	C-O	-C-O- (Cに上下の手)	H-C(H)(H)-O-H
H_2O_2	O_2 3)	O-O	-O-O-	H-O-O-H

1）分子模型：黒い玉（C 原子）2個をつなぐ．
2）黒い玉1個と赤い玉（O 原子）1個をつなぐ．
3）赤い玉2個をつなぐ．

自分で分子模型を組み立ててみよう．自分で手を動かすこと，構造式は何度も書いてみること！　それが上達のコツである．
（HSG 分子構造模型，A 型セット有機化学入門用，丸善出版）

構造異性体と構造式（📖 p.21〜27）❢

分子式（p.4）が同じでも異なる性質の物質を異性体といい，分子を構成する原子の結合の順序・分子構造が異なる異性体を構造異性体という．その他に，シス-トランス異性体（幾何異性体 p.112；📖 p.144），鏡像異性体（光学異性体 p.125；📖 p.168）などがある．

> **問題 1-5❢**　分子式 C_2H_6O で示される物質には構造異性体が二つある．構造式を書け．
> 　ヒント：p.4 の「構造式の書き方（ルール）」通りに書く（答は次ページ）．

解　説：構造式の書き方（p.4）の通りに考える（📖 p.21）．

ルール 1（手が 2 本以上の原子）　C_2O
ルール 2（分子骨格をつくる）　C−C−O，C−O−C，O−C−C（これは左右を逆にすれば C−C−O と同じ）
ルール 3（手をすべて書く）

```
  |  |          |     |
 −C−C−O−，  −C−O−C−
  |  |          |     |
```

ルール 4　すべての手に H をつなぐ（答を見よ）

分子模型の黒い玉（C）2 個と赤い玉（O，○で表示）1 個をつなぐつなぎ方を順序だてて・系統的に考える．

①●−●−○（C−C−O）　②●−○−●（C−O−C）　②○−●−●（左右逆で①と同じ）

〈補足〉　構造式は，本当は立体である分子を，紙の上に平面的に表しているので，次の ①〜⑥ の構造式がすべて同じ分子を表す（同一構造である）ことは，必ずしも容易には理解できない．自分で納得するためには，分子模型図（右）を見る，実際に分子模型を組み立ててみるのが一番である．

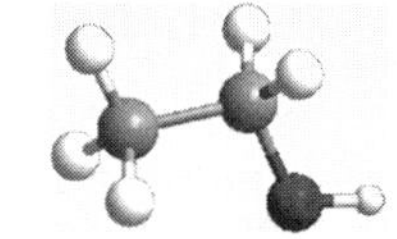

エタノール（CH_3CH_2OH）
（エチルアルコール）

```
                                                  H
                                                  |
     H H                 H H                 H O                    H H
     | |                 | |                 | |                    | |
① H−C−C−O−H     ② H−C−C−H       ③ H−C−C−H       ④ H−O−C−C−H
     | |                 | |                 | |                    | |
     H H                 H O                 H H                    H H
                           |
                           H
```

分子骨格は，

```
                                          O
                                          |
 ( C−C−O )          ( C−C )          ( C−C )          ( O−C−C )
                          |
                          O
```

```
                       H
                       |
     H H               O H
     | |               | |
⑤ H−C−C−H      ⑥ H−C−C−H
     | |               | |
     O H               H H
     |
     H
```

は，すべて同じ．
（p.8 の「構造式の見分け方」を参照のこと）

```
                  O
                  |
 ( C−C )       ( C−C )
   |
   O
```

答 1-5

```
   H  H                          H     H
   |  |                          |     |
H－C－C－O－H（エタノール）と H－C－O－C－H（ジメチルエーテル
   |  |                          |     |    （メトキシメタン））
   H  H                          H     H
```

解説（つづき）：上記の①～⑥は，左右を180° 回転（反転）させれば，①→④，②→⑤，③→⑥となり，上下を180° 回転（逆転）させれば②→③，⑤→⑥となる．つまり，①と④，②と③と⑤と⑥は同一であることがわかる．また，①，②，③が同じであることは，分子の構造が，本当はC－C（立体表記）を，－C－C－ のように書き表しているので，

> ┄┄は紙面の下側，◀ は紙面の上側，－は紙面上にあることを意味する分子の立体構造の書き表し方である．

```
    O－H③
   /
C－C┄┄O－H①
   \
    O－H②
```

のC－C軸周りに，120° ずつ回転させれば（右図），順次，①→②→③となることがわかる．

① （左側のC軸にH，OH，Hの付いた立体構造）

左側のC軸の周りに，右回りに120° 回転

② （左側のC軸にH，H，OHの付いた立体構造）

左側のC軸の周りに，右回りにさらに120° 回転

③ 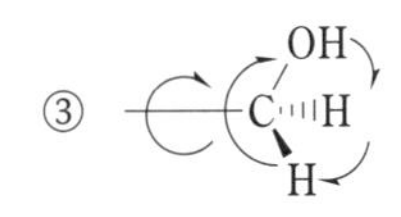

左側のC軸の周りに，右回りにさらに120° 回転

↓

①

一方，

```
⑦    H     H          ⑧ H    O    H
     |     |              \ /   \ /
  H－C－O－C－H            C     C
     |     |              /  \  /  \
     H     H             H   H  H   H
```

分子骨格は，（C－O－C）　（C－O－C，Oが上に位置する折れ線形）

が，①～⑥とは異なる別物であることは明白である（原子のつながり方が違う）．

（⑦と⑧は別物に見えるが同じものである．⑧が本当の構造に近い．分子模型で確かめよ）

問題 1-6 分子式 C_3H_8O で示される物質の構造異性体をすべて書け．

（答は次ページ）

解　説：答1-5と同様にp.4の構造式の書き方に従うと，ルール1：C_3O なので，ルール2：C－C－C－O（C－C－C（Oが下に分岐），C－C－C（Oが上に分岐），O－C－C－C，C－C－C（左端のCにOが上に分岐），C－C－C（左端のCにOが下に分岐）），C－C－C（中央のCにOが下に分岐）（C－C－C（中央のCにOが上に分岐）），C－C－O－C（C－O－C－C）の3種類の骨組みが考えられる[a]．ルール3：手を全部書くと，

```
 |  |  |          |  |  |          |  |     |
－C－C－C－O－，－C－C－C－，－C－C－O－C－
 |  |  |          |     |          |  |     |
                     O
                     |
```

ルール4：これらにHを付けると次ページの（A）～（C）が得られる．

a）黒い玉（C）3個と，赤い玉（O，○で表示）1個のつなぎ方を順序だてて書いてみる．○を順に前へ動かすと，
①●－●－●－○　②●－●－○－●　③●－○－●－●（＝②，左右逆）　④○－●－●－●（＝①，左右逆）
中央で分岐した構造を考えると，⑤●－●－●（中央の●の下に○）（＝⑥＝⑦[b]）　⑥●－●－○（中央の●の下に●）　⑦○－●－●（中央の●の下に●）
①＝④→（A），②＝③→（C），⑤＝⑥＝⑦→（B）

b）⑥，⑦の3つの黒い玉のつながりの両端を引いて黒い玉の直線とする（次ページの「構造式の見分け方」を参照）．これを上下逆転させると⑤となる．

答 1-6

```
        H  H  H                   H  H  H                 H  H     H
        |  |  |                   |  |  |                 |  |     |
(A)  H—C—C—C—O—H        (B)  H—C—C—C—H        (C)  H—C—C—O—C—H
        |  |  |                   |  |  |                 |  |     |
        H  H  H                   H  O  H                 H  H     H
                                     |
                                     H
```

【補　足】（p.6 の問題 1-5 の解説も参照）

```
                                         H
                                         |
        H  H  H                   H  H  O              H  H  H                  H  H  H
        |  |  |                   |  |  |              |  |  |                  |  |  |
(A)  H—C—C—C—O—H          H—C—C—C—H        H—C—C—C—H        H—O—C—C—C—H
        |  |  |                   |  |  |              |  |  |                  |  |  |
        H  H  H                   H  H  H              H  H  O                  H  H  H
                                                             |
                                                             H
        H
        |
        O  H  H                   H  H  H
        |  |  |                   |  |  |
     H—C—C—C—H                H—C—C—C—H
        |  |  |                   |  |  |
        H  H  H                   O  H  H
                                  |
                                  H
```

はすべて同じ構造（等価，上下左右を逆転させる，120° 回転させる：両端のCの手のどれかにOをつないでいる）

$CH_3CH_2CH_2OH$

```
                                     H
                                     |
        H  H  H                   H  O  H
        |  |  |                   |  |  |
(B)  H—C—C—C—H                H—C—C—C—H
        |  |  |                   |  |  |
        H  O  H                   H  H  H
           |
           H
```

は同じ構造（等価，上下を逆転させる：<u>中央のCの手にOをつないでいる</u>）

$CH_3CH(OH)CH_3$

```
        H     H  H                H  H     H
        |     |  |                |  |     |
(C)  H—C—O—C—C—H            H—C—C—O—C—H
        |     |  |                |  |     |
        H     H  H                H  H     H
```

は同じ構造（等価，左右を反転させる）

構造式の見分け方（📖 p.22）❢

1. 原子のつながりを一筆書きで書いてC−C−C−Oのように書けるものなら同じものである（左から3つは同じもの）．

```
       O ←―――            C ⌒          ⌒C  O↺        ——————→
例：   |      ⌒⌒          |   ↘         |  |       ( C—C—C )
       C—C—C             C—C          C—C             |↓
                            |                          O
                            O
```

2. 分子の両端を握って引っぱる → 分子が直線型になる → 同じ分子なら同じ形になる．

```
引く ←—— C  O ——→ 引く → C−C−C−O
         |  |
         C—C
```

問題 1-7❢　H_2，O_2，N_2，C_2 の構造式を書け．

```
                          |        |
ヒント：H−，−O−，−N−，−C−
                                   |
```
（それぞれの元素の価標（相手と結合できる手）を − で示した）

解　説：構造式の書き方（p.4；📖 p.20）に従って考えると，

Hは手が1本：−HまたはH−，Oは手が2本 −O−，Nは手が3本 −N(|)− または −N(|)−，

Cは手が4本 −C(|)(|)− なので（それぞれ原子の価標（相手と結合できる手）を − で示した），

H−…−H ⟶ H−H　　（Hの手は1本，2個のHの手をつなげばよい）

隣と手をつなぐ

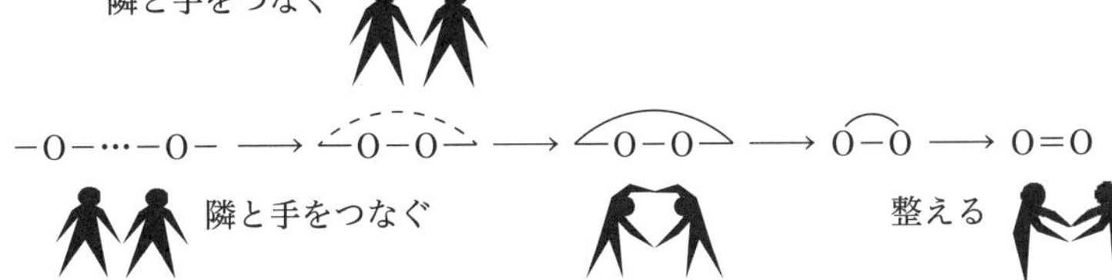

Oの手は2本：まず，2個のOが，片手で互いに手をつなぐ（結合形成）．次に余ったもう一方の手を使って，さらに握手する（2つ目の結合形成）．2つのOは互いに正面を向いて両手で握手（2本の結合ができる）．これを二重結合という．

−N−----−N− ⟶ −N−N− ⟶ −N−N− ⟶ N−N ⟶ N≡N

隣と手をつなぐ　　　　　整える

Nの手は3本：まず，2個のNが，1本の手で互いに手をつなぐ（結合形成）．次に余ったもう2本の手を使って，さらに握手する（2つ目，3つ目の結合形成）．2つのNは3本の手で握手（3本の結合ができる）．これを三重結合という．

−C−----−C− ⟶ −C−C− ⟶ −C−C− ⟶ −C≡C− ⟶ C≡Cとはならない[a]．

隣と手をつなぐ　　　　　整える

Cの手は4本：この場合，Cが4本の手の1つを使って，もう1つのCと結合をつくると，まず，結合が1本できる（単結合），次に，2本目，3本目を使って結合が計3本できる（三重結合，N_2と同じ）．

a）次に4本目の手を用いて，互いに結合することで，C_2は四重結合ができそうである．ところが，分子模型を組むとわかるが，三重結合した結果，2個のそれぞれのCの，残った1本（4本目）のCの手は，互いに結合方向と真反対方向（180° 反対方向）を向いてしまう（下図矢印）．よって，いくら手を伸ばしても相手と手をつなぐことはできない．4本目の結合はつくれない，つまり，四重結合にはなれない．

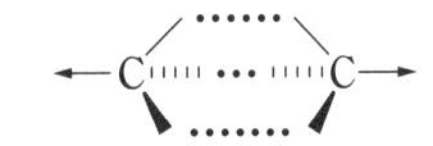

答 1-7

H−H　　O=O　　N≡N　　−C≡C−（📖 p.23）

問題 1-8(1)❢　CH_3NO（5種類）の構造式をすべて書け（答はp.15）．

解　説：以下の構造式の書き方（📖 p.24）をきちんと読んでしっかりと理解すること．答を読んで納得したら，答を隠して自分でノートに書いてみる（答の説明がどうしてもわからなければ人に教わる）．これをやらないで，ただ答を写しても，できるようにはならない．勉強した，宿題をやった，とはいわない．手を抜いてはいけない．下記のやり方，または教科書のやり方通り・手順通りに，きちんとまねれば，書けるようになる！

CH_3NO の異性体の構造式 5 種類の書き方

構造式の書き方のルール（p.4）通りに，

(1)　手が 2 本以上の原子を取り出す：　C，N，O

(2)　原子のつなぎ方を系統的に（すべて）考え，分子骨格をつくる．
（分子の骨組み，つまり H 以外の原子のつながり方を考える）

CNO：左端の原子を C，N，O の順に変えて，分子骨格を考える[a]．
左端が C は ⓐ −C−N−O−，C はこのままで N と O の順序を入れ替えると ⓑ −C−O−N−
左端が N は ⓒ −N−C−O−，N はこのままで C と O の順序を入れ替えると ⓓ −N−O−C−
左端が O は ⓔ −O−C−N−，O はこのままで N と C の順序を入れ替えると ⓕ −O−N−C−
これで，すべてのつながり方を考えたはずである．

a)　黒い玉（C，●），青い玉（N，◎），赤い玉（O，○）のそれぞれ 1 個のつなぎ方を考える．
●−◎−○，●−○−◎，◎−●−○，◎−○−●，○−●−◎，○−◎−●．

ここで，ⓐとⓕは，左右を 180° 回転（左右を逆）にすれば一致するので，同じものである．同様に，ⓑとⓓ，ⓒとⓔは同じものである（中央の原子が，N か O か C かで区別できる）．つまり，CH_3NO（CNO）にはⓐ，ⓑ，ⓒの 3 つの異なった分子骨格がある．

(3)　分子骨格の違うⓐⓑⓒについて，それぞれ分子骨格原子の原子価をすべて書く（手をのばす）．

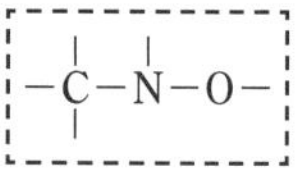

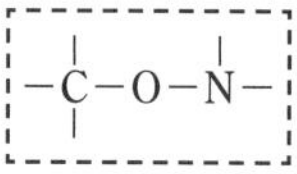

ⓐ　−C(|)(|)−N(|)−O−　　ⓑ　−C(|)(|)−O−N(|)−　　ⓒ　−N(|)−C(|)(|)−O−

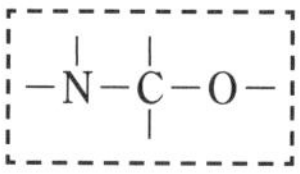

(4)　分子の端に H 原子をつないでみる：　分子骨格から出ている手は 5 本あるが，問題文中の CH_3NO には H は 3 個しかないので手が 2 本余ってしまう．そこでまず，C，O，N の間で余分となる 2 本の手を互いにつないで，新しい結合を 1 本つくり，残る手を 3 本にする必要がある．

(5)　つなぎ方：　ⓐ　−C(|)(|)−N(|)−O−　について考える，

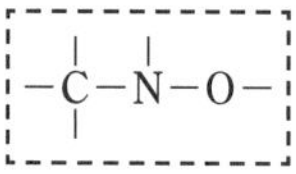

ⓐの構造を考える　C の手は 3 本 −C(|)(|)−N とも実質同じなので（等価：C−N 軸回りに 120° ずつ回転すれば互いに一致する，p.7 上の説明），間違えないように，1 本だけを用いて，つなぎ方を考える．

> N が C−N(|)− となる場合も，N の 2 本の手のうちの 1 本のみを用いて，つなぎ方を考える．本当は C−N< なので，C−N(|)− の N の 2 本の手は同じ・等価．分子模型をつくればすぐに納得できる．

2 本の手のつなぎ方をすべて考える（順序だてて考える・論理思考する）[b]．

b)　原子 3 個のつながりを順序だてて考える：A(|)−B(|)−C(|) なら A−B−C（①A–B，②B–C，③A–C） または A−B−C（①A–B，③B–C，②A–C）の 3 通り．
手をつないだものに，上記のように，図に合わせて①②③のように番号をつける．

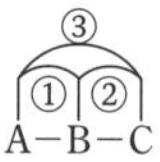

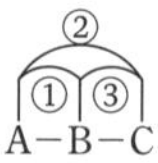

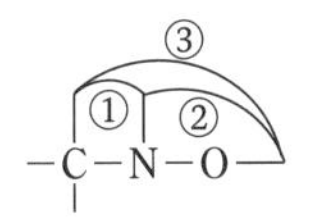

ⓐのC−N−Oでは，左図のように，①（CとNの手をつなぐ・握手する），②（NとOの手をつなぐ），③（CとOの手をつなぐ）の，3組の原子間の手のつなぎ方がある．

(6)　次に，①，②，③の構造を，以下のように1個ずつ書き写して（その際，手の数を写し間違えないこと），つないだ手に合わせて，番号に対応する構造式を書く．手を勝手に増やさない！

−C−N−O− ⟶ −C−N−O− ⟶ −C=N−O− ⟶ H−C=N−O−H（H）

（①の形を必ず書き写す）　整える

隣同士の余った手でさらに手をつなぐ ⟶ 二重結合となる ⟶ Hをつける（Hは最後の段階までつながないこと．間違えるもと！）
（握手する→2本目の結合をつくる）

−C−N−O− ⟶ −C−N−O ⟶ −C−N=O ⟶ H−C(H)(H)−N=O（①と同様に考える）

（②の形を必ず書き写す）　整える

−C−N−O− ⟶ 移動 −C−N−O 移動 ⟶ −C−　−O，N ⟶ −C−O，N−H ⟶ H−C(H)−O，N−H　(A)

（③の形を必ず書き写す）

両端の人が移動・近寄る

この場合，一列に手をつないだ3人の両端の2人が互いに2本目の手を伸ばして，手をつなごうとしたとする（左）．直線の並びのままでは両端の手が届かないので，両端の2人が互いに歩み寄って（中央）三角形となり，手をつなぐことになる（右，握手する：手をつなぐ人が歩み寄る必要がある）．

両端の人のうち片方のみが移動して三角形をつくってもよい．

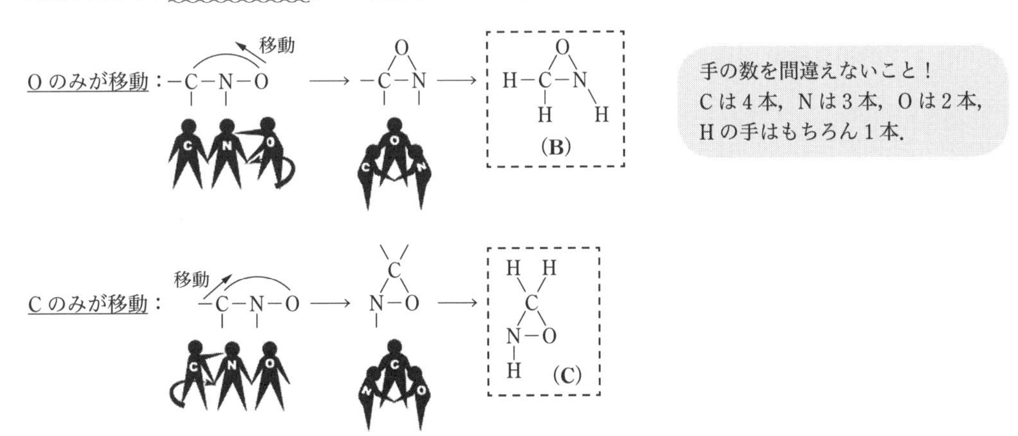

③のつなぎ方について考えたこれら3つの三角形（**A**），（**B**），（**C**）の構造は，分子全体を左回り，または右回りに120° 回転すれば同一であることがわかる．したがって，ⓐのC−N−Oの骨格からは，

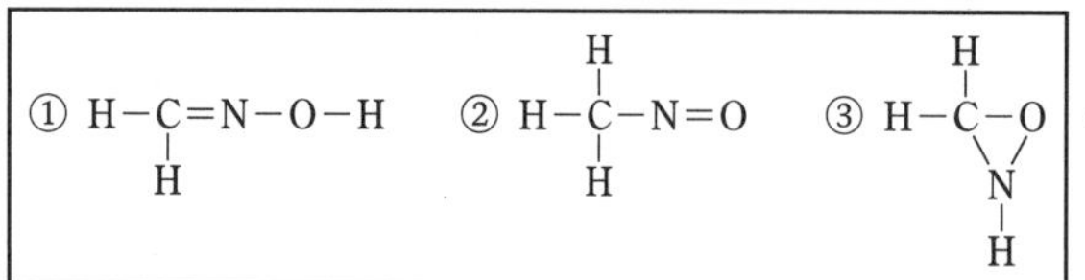

の3つの構造異性体が生じることがわかる．

原子の手の数が正しくて各元素の原子数が一致すれば，どのような構造でも正しい答である．

応　用：ここで以上の考え方の応用として，原子4個のつながりを考えてみよう．

つなぎ方（組み合わせ）をすべて考える．その考え方（論理思考）は，

A−B−C−D なら，
A−B−C−D または
A−B−C−D の6通りになる．

論理思考（人としての考え方・頭の使い方）：すべてにおいて，論理思考は大切．直感＋論理思考でパーフェクト！

数学の「組み合わせ」計算：本例では，4本の手のうちの2本をつなぐから，$_4C_2=(4\times3)/2=6$ 通りある．

順序だてた考え方（論理思考）-1

- ①AとB．②AとC，③AとDをつなぐ（Aとつなぐすべてを考える）
- 次に，④BとC，⑤BとDをつなぐ（Bとつなぐすべてを考える）
- 次に，⑥CとDをつなぐ（Cとつなぐすべてを考える）

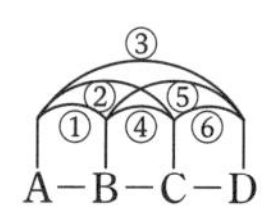

順序だてた考え方（論理思考）-2

- まず，隣同士をつなぐ（①AとB，②BとC，③CとD）
- 次に，1個おきにつなぐ（④AとC，⑤BとD）
- 次に，2個おきにつなぐ（⑥AとD）

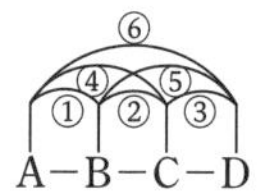

この結果，もとの単結合（−A−B−）が二重結合（−A−B− ⟶ A=B），または例えば，他の原子B，Cと単結合した2つの原子A，Dがつながった構造（−A−B−···−C−D−）では，

と，A，Dが近寄り結合して輪となる．

3人なら三角形△（輪，三員環），4人なら四角形□（四員環），5人なら五角形⬠（五員環）となる．

ⓐの構造を考える（つづき）

間違いの例

・−C−N− ⟶ −C=N− と書けない：　こんな大変なことをしないで，

互いに向き合って両手で手をつなげばよい．

- 【悲報】 構造式が書けないのにp.4（📖p.20）のルール通りに書こうとしないで，勝手に書こうとする人や，C, N, O, Hの原子価・手の数が4, 3, 2, 1と，正しく書けていない人がいる．
- 文章を読んで理解するだけではなく，実際に自分の手を動かして，文章の内容を書いてみることが大切．めんどうくさがらずに手を動かそう．そうすればできるようになる！

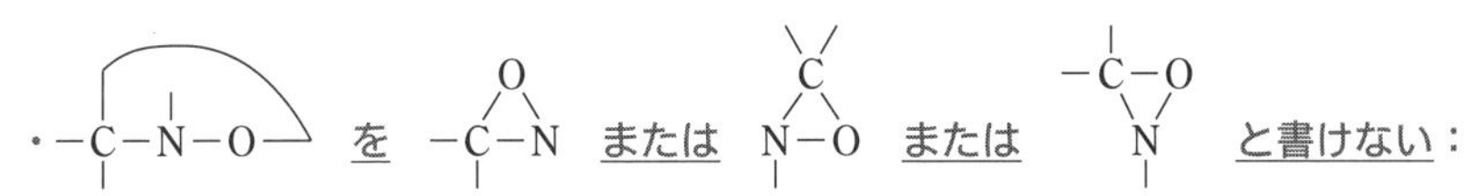

・$-\mathrm{C}-\mathrm{N}-\mathrm{O}-$ を $-\mathrm{C}-\mathrm{N}$（O が C と N に結合した三角形）または $\mathrm{N}-\mathrm{O}$（C が N と O に結合した三角形）または $-\mathrm{C}-\mathrm{O}$（N が C と O に結合した三角形）と書けない：

（上行左端の構造式の右側 O を持ち上げる）（左側 C を持ち上げる）（両側の C と O が近寄る，C−O をつなぐ）

互いに手をつないでまっすぐに並んだ 3 人の両端の人が，さらに手をつなぐ・握手することを考えてみよ．

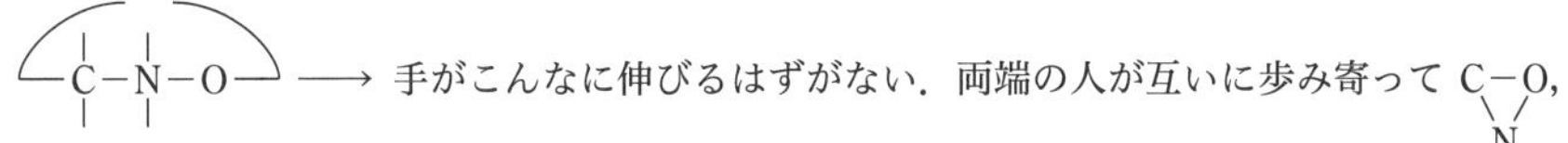

$-\mathrm{C}-\mathrm{N}-\mathrm{O}-$ ⟶ 手がこんなに伸びるはずがない．両端の人が互いに歩み寄って C−O（N が C と O に結合した三角形），

または，C が O に近寄り N−O（C が N と O に結合した三角形），O が C に近寄り C−N（O が C と N に結合した三角形）と三角形（輪，三員環）となるはずである．

同様にして，4 人で手をつなぐなら四角形（四員環），5 人なら五角形（五員環）となる（上述）．

ⓑの構造を考える　分子骨格 C−O−N では，炭素の手 3 本，窒素の手 2 本の 1 本だけ[a]を考えると，

a)　3 本（2 本）とも同じだから．

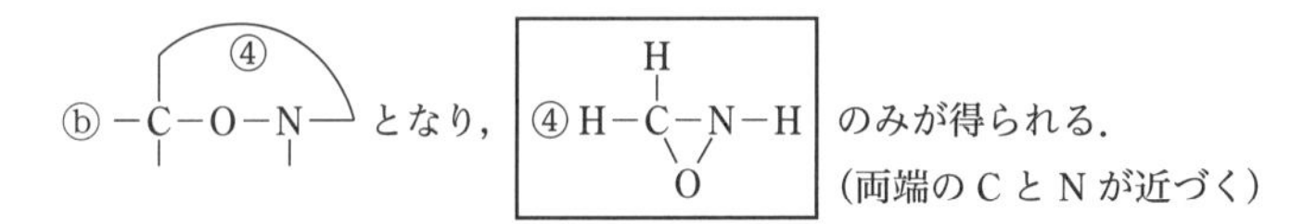

ⓑ $-\mathrm{C}-\mathrm{O}-\mathrm{N}-$（④）となり，④ H−C(H)−N−H（C と N が O と結合した三角形）のみが得られる．
（両端の C と N が近づく）

ⓑで N が C に近づくと C−O（N が C と O に結合した三角形），C が N に近づくと O−N（C が O と N に結合した三角形）となるが，これらは④と同じ．

ⓒの構造を考える　分子骨格 N−C−O では，左下図の⑤〜⑦の 3 通りの手のつなぎ方があり，ⓐの場合と同様にして，次の⑤〜⑦の 3 つの構造異性体が得られる．

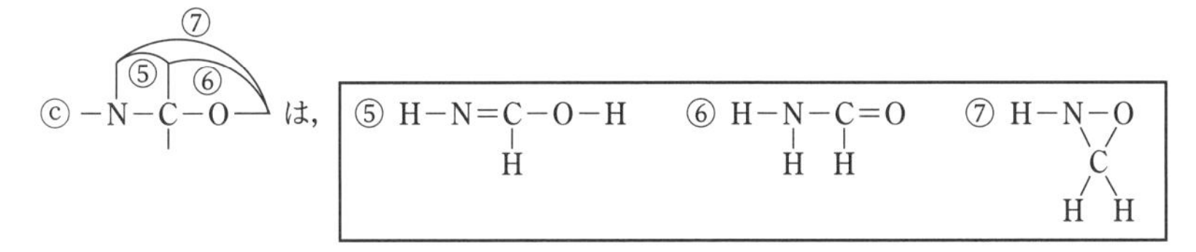

ⓒ $-\mathrm{N}-\mathrm{C}-\mathrm{O}-$（⑤，⑥，⑦）は，

⑤ H−N=C(H)−O−H　　⑥ H−N(H)−C(H)=O　　⑦ H−N−O（N と O が C と結合した三角形，C に H，H）

三角形の構造について考える　ここで，上記の③，④，⑦の 3 つの三角形について考えてみると，

③ C−O（N が下の三角形）を左右（前後）に 180° 回転（左右を逆転）すると O−C（N が下の三角形）となる．これを左回りに 120° 回転すると ④ C−N（O が下の三角形）となり，これをさらに，左回りに 120° 回転すると⑦ N−O（C が下の三角形）となることから，③④⑦の 3 つの三角形の構造式が同じであることがわかる（結合を一度切断し，原子同士を改めてつなぎ替えなくても，3 つの構造が相互に変換されるということは，同じ構造であることの証明である）．

C, O, Nよりなる三角形構造について考えてみる.

三角形の左端の原子をCとすると，③ C−O（N） ④ C−N（O）の2種類が考えられる．左端の原子をNとすると，⑦ N−O（C） ⑧ N−C（O） 左端の原子をOとすると，⑨ O−C（N） ⑩ O−N（C）が得られる．これですべての可能性を考えたことになる．これら6個の三角形の構造はすべて同じである．④を右回りに120°回転すると⑨，③を右回りに120°回転すると⑧，⑦の左右を逆転させると⑩が得られる．

もちろん，③④，⑦〜⑩の三角形の上下を，次のように逆にしたものも同じものである．

（N）C−O　（O）C−N　（C）N−O　（O）N−C　（N）O−C　（C）O−N

間違いの例（経験上，1割の学生が間違えるので要注意）

・−N−C−O− ⟶ −N=O（C） ?!

なぜ，こうなるのだろうか．なぜ，N−OがN=Oとなるのだろうか?!　N−の手と−Oの手をN−−O→N−Oのようにつないだだけである．互いの肩に手を置くのではない．手をつないで（握手して）結合が1本できるだけである．また，書かれている構造式は，Nの手の数が4本！　Oの手の数が3本！　NもOも手の数が異なる．

正しい構造式は，（NとOが近寄る） −N−O（C） ⟶ H−N−O（C，H H）　（または（OがNへ近寄る） H−N−C−H（O，H），　または（NがOへ近寄る） H−C−O（N−H，H））

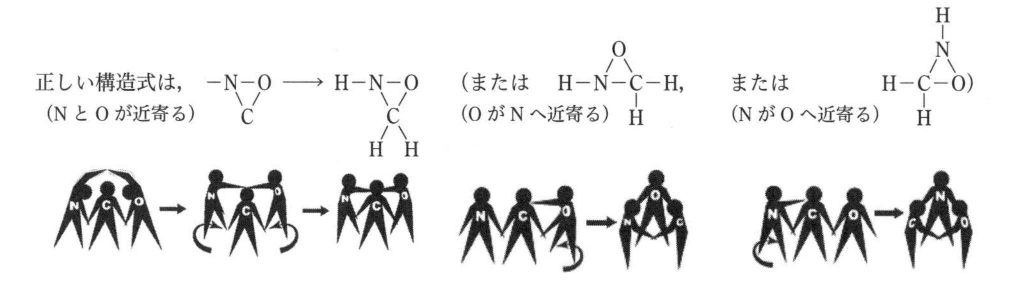

・−N−C−O− ⟶ −N−C−O− ⟶ −N=C−O− $\xrightarrow{\text{さらに}}$ H−N=C=O−H（H） ?!

と，書けるはずがない（N，Oの手の数が違う！）．N，Oの手の数（3本と2本）は最初に正しく書いてある．さらにつなぐ手はないのでN，Oの手を余分に書き加えないこと．CとOの手は1本ずつしか残っていない．つまり，H−N=C−O−H（H）が正しい．

−N=C−O− ⟶ H−N=C=Oは，構造式自体は正しいが，分子全体のHの数が問題と違う．

・C—　—O（N）のCとOをつなぐのに，C=O（N）と書く人がいる　?!

Oの手は2本！　手をつなぐとは握手をすること（C—⋯⋯—O（N））．つまり，C−O（N）が正しい．できあがる結合は1本である．

結合とは C O のように互いの肩に手をかけるのではない．互いに手をつなぐ・握手をすること．C の手 1 本と O の手 1 本で，互いの手が握手することで，C と O の間に 1 本の結合ができる．

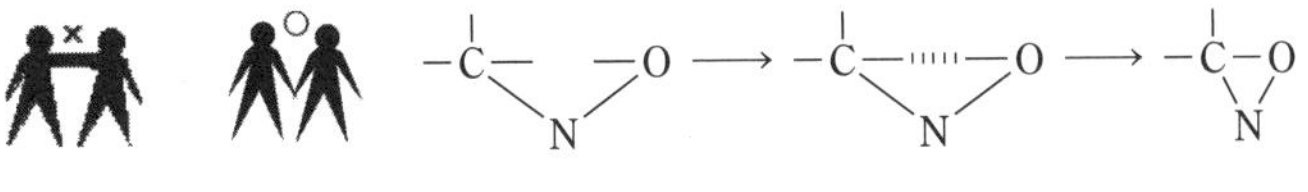

同一原子でのみ手が 2 本余ってしまう場合　以上のやり方とは異なり，H を最初につけて考えた場合，下の例のように，同一原子（この場合は C）でのみ手が 2 本余ってしまうこともおこる．この場合，自分の中・自分同士で手をつなぐことになるが，これでは原子価の条件（他とつなぐ手の数）を満たさないので不適切である．そこで，他の原子（この場合は N）から-H を 1 個はずして手が 2 個余っている原子 C の一方の手にその H をつなぐ（例①）→ 手が 1 本ずつ余っている原子は 2 個となる（例②）→ この手をつなぎ合わせると（例③），結合ができる（例④，二重結合となる）→ 余った手はなくなり OK．

例：

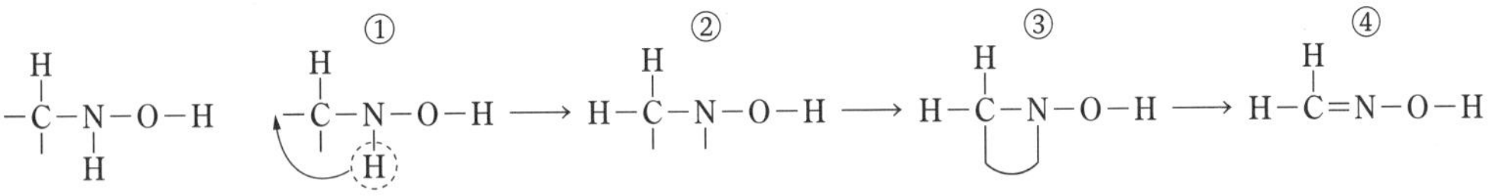

構造式を書くコツ

まずは p.10〜15（📖 p.24〜27）のやり方を身につける．そのうえで，これから説明するコツを身につけると便利である．

手が 2 本余る場合は，二重結合 1 個か環状構造 1 個，手が 4 本余る場合は，二重結合 2 個か環状構造 2 個か二重結合と環状構造が 1 個ずつ，または三重結合 1 個を考えれば容易に構造が得られる．例えば，問題 1-8(1) の CH_3NO の構造異性体を書く例では“手が 2 本余る”つまり，二重結合（>C=N−，−N=O，>C=O）か環状構造（C−N−O の三員環）．ここから始めると容易に 5 つの構造を書くことができる．

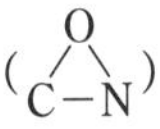

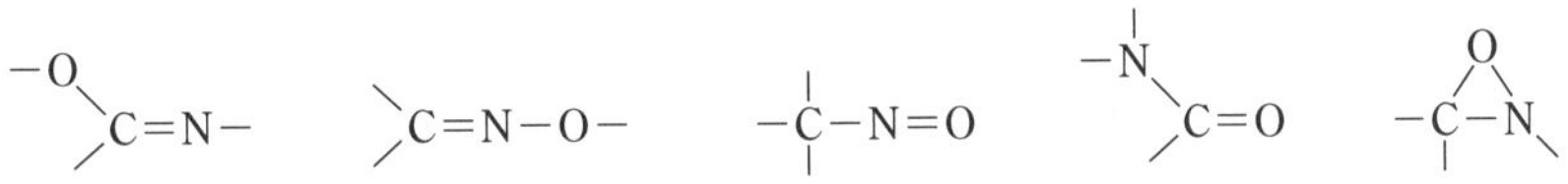

繰り返すこと，構造式をたくさん書くことが，できるようになるコツである．

答 1-8（1）

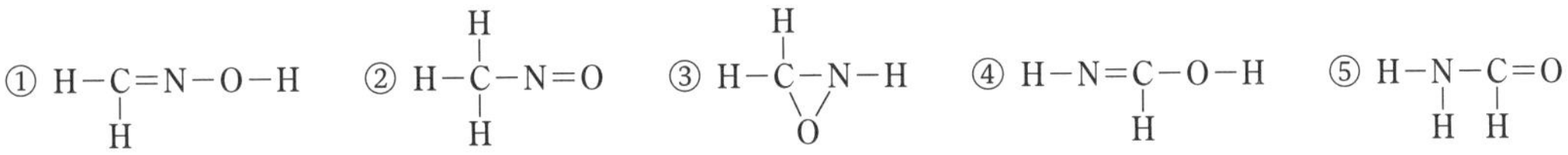

① H−C(H)=N−O−H　② H−C(H)(H)−N=O　③ H−C(H)−N−H（C と N が O と環を形成）　④ H−N=C(H)−O−H　⑤ H−N(H)−C(H)=O

①〜⑤で左右，上下を逆にした構造も同じものである．

問題 1-8(2)　CO_2，C_2H_2，C_2H_4，CH_2O，CH_3N，HCN，HNO，H_3NO，$C_2H_4O_2$ の構造式をすべて書け（$C_2H_4O_2$ は 11 種類，他はすべて 1 種類）．

答 1-8（2）

以下の構造式は，p.4 の構造式の書き方通りに書く（または，p.10〜15；📖 p.24〜27 参照）．

CO_2　　O=C=O　　CO_2 の分子骨格は，C−O−O と O−C−O の 2 つが可能である．

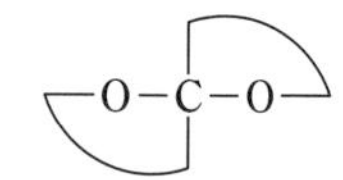

これでは残り 2 本の手をつなぐことができない（自分自身の中で手をつないでも，原子価の定義，他とつなぐ手の数に合わない．C の原子価は 4）．

−O−C−O−　ならOK．つまり，O=C=O が得られる．

以下の構造式では，まず，① 分子骨格を書き，② 原子価の数だけ手を書き加えたうえで，③ 手が出ている原子同士を ⌒ で，上記の要領でつないで，④ 二重結合，三重結合，（環状構造）などにするだけである．最後に手をつないでいない余った手に H をつける．

	①	②	③	④	
C_2H_2	−C−C−	−C−C−	−C−C−	H−C≡C−H	
C_2H_4	−C−C−	−C−C−	−C−C−	H−C=C−H	H₂C=CH₂
CH_2O	−C−O−	−C−O−	−C−O−	H−C=O（H）	H₂C=O
CH_3N	−C−N−	−C−N−	−C−N−	H−C=N−H（H）	H₂C=NH
HCN	−C−N−	−C−N−	−C−N−	H−C≡N	
HNO	−N−O−	−N−O−	−N−O−	H−N=O	
H_3NO	−N−O−	−N−O−		H−N−O−H（H）	

$C_2H_4O_2$ には 11 種類の異性体が存在する．C_2O_2 のつなぎ方は次の 5 通りがある（順序だてて考える）．

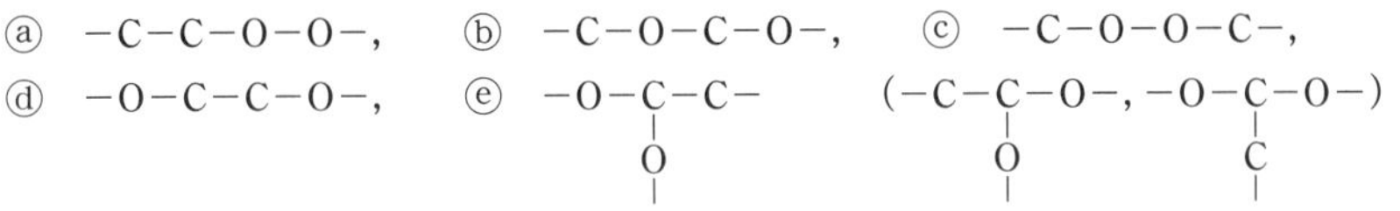

ⓐ −C−C−O−O−，　ⓑ −C−O−C−O−，　ⓒ −C−O−O−C−，

ⓓ −O−C−C−O−，　ⓔ −O−C(−O−)−C−　（−C−C(−O−)−O−，−O−C(−C−)−O−）

上記構造式に手を全部つけて考えると，ⓐ −C−C−O−O− と，手は 6 本あることがわかる．手 6 本に H は 4 個だから，2 本の手をつなぐ必要がある．p.10，11 の ⓐ −C−N−O−（①②③）と同様にして考えると，上記のⓐ〜ⓔの骨組みについて，以下の①〜⑪の構造式を書くことができる（ⓐ〜ⓔの骨組みに，まず，手をすべて書き込む．その手のつながり方を答 1-8(1)（p.10〜15）と同じ要領で順次考えていくと，上記骨組みⓐから構造式①②③，ⓑから④⑤⑥，ⓒから③，ⓓから③④⑦⑧⑨，ⓔから②④（逆向き）⑩⑪が得られる．

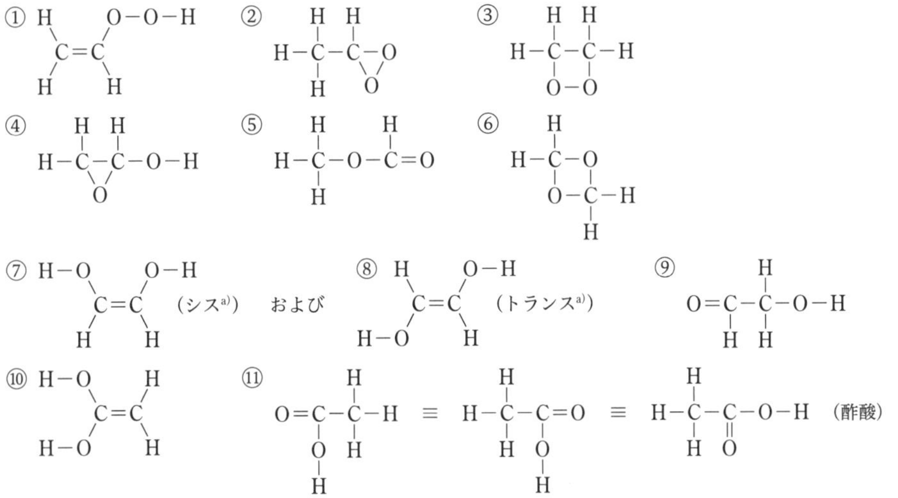

① $H_2C{=}CH{-}O{-}O{-}H$　② $H{-}CH_2{-}CH$（C−O 三員環）　③ H−CH−CH−H（C−C−O−O 四員環）

④ H−CH−CH−O−H（C−C−O 三員環）　⑤ $H{-}CH_2{-}O{-}CH{=}O$　⑥ H−CH₂−O，O−CH−H（C−O−C−O 四員環）

⑦ HO−CH=CH−OH（シス[a]）および ⑧ HO−CH=CH−OH（トランス[a]）　⑨ O=CH−CH₂−O−H

⑩ $(HO)_2C{=}CH_2$　⑪ O=C(OH)−CH₃ ≡ H−CH₂−C(OH)=O ≡ H−CH₂−C(=O)−O−H（酢酸）

a) p.106（📖 p.144）参照.

発展

$C_2H_4O_2$ の構造を単結合のみで書こうとすると，−C−C−O−O− からわかるように，H が 6 個必要になり，H が 2 個足りないので二重結合か環状構造となる．これらを，以下のように，まず考える（以下のⓐ, ⓑは二重結合；ⓒ, ⓓは四角形；ⓔ, ⓕは三角形）．

$C_2H_4O_2 \longrightarrow C_2O_2$

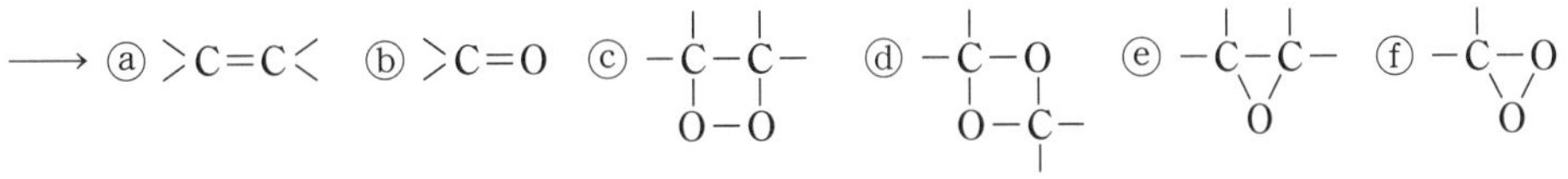

⟶ ⓐ >C=C<　ⓑ >C=O　ⓒ −C−C−（O−O 四員環）　ⓓ −C−O（O−C− 四員環）　ⓔ −C−C−（O 三員環）　ⓕ −C−O（O 三員環）

ここからはじめると，11 種類の構造異性体を容易に書くことができる（上記の構造に，足りない原子を順序だてて付け加えていく）．ⓐから①⑦⑧⑩，ⓑから⑤⑨⑪，ⓒから③，ⓓから⑥，ⓔから④，ⓕから②が得られる（まずは，前ページまでの基本的な方法を身につけること）．

確認テスト：構造式の書き方

問　題：C_2H_5ON の可能な構造式をすべて書け．

（採点：構造式 1 種類 1 点×23＝23 点，23 種類：10 個以上で合格，5 個以上で及第点）

ヒント：まず，分子の骨組みをすべて考える（全部で 8 種類ある，2 種類は分岐：下表の 1 行目に骨組み 7 種類を書く）．次に，1 行目の個々の骨組みについて，各縦列の枠中に，可能なすべての異性体の構造式を書く．（1 列目は 3 個ある；他は各 3，3，6，6，6，7 個．8 種類目（分岐）の骨組みからは 2 個，これは 3 個の列の 5，6 番目の枠内に書く．合計 36 個の構造式が書けるが，同じ構造のものも存在し，違うものは全部で 23 種類となる）．

C−C−O−N N−O−C−C						

p.4 の「構造式の書き方」のルール通りに行う．詳しくは p.10～15（📖 p.20，24～27）の書き方を参照.

（　　　　）学科（　　　　）専攻（　）クラス（　　　　）番，氏名（　　　　　　）

＿＿＿＿ 23 点

確認テスト：構造式の書き方［答え］

問　題：C_2H_5ON の可能な構造式をすべて書け．

（採点：構造式 1 種類 1 点×23＝23 点，23 種類：10 個以上で合格，5 個以上で及第点）

まず，分子の骨組みをすべて考える（全部で 8 種類ある，2 種類は分岐：下表の 1 行目が骨組み 7 種類）．次に，個々の骨組みについて，各縦列の枠中に，すべての異性体の構造式を書く．縦列が，1 行目の各骨組みから得られた構造式である（1 列目から順に各 3，6，6，3，3，7，6 個，8 種類目の骨組み（分岐）の構造式は 4 列目の 5，6 番目の 2 個，合計 36 個の構造式が書けるが，同じ構造のものも存在し，違うものは全部で 23 種類，二重結合は 16 個）．なお，同一構造は同一番号を付けてある（三角形は①～⑤，四角形は⑥と⑦）．

C−C−O−N N−O−C−C	C−C−N−O	C−N−C−O	C−N−O−C C−O−N−C	C−O−C−N	N−C−C−O	C−C−N ｜ O
H＼　　　　／H C=C−O−N H／｜　　＼H H	H　H ｜　｜ H−C−C−N=O ｜　｜ H　H	H＼　　H ｜ C=N−C−O−H H／　｜ H	H＼　　　H C=N−O−C−H H／　　｜ H	H ｜ H−C−O−C=N ｜　　｜　｜ H　　H　H	H ｜ N=C−C−O−H ｜　｜　｜ H　H　H	H ｜ H−C−C−N−H ｜　‖　｜ H　O　H
① H　　O ｜　／｜ H−C−C　｜ ｜　｜＼N−H H　H	H ｜ H−C−C=N−O−H ｜　｜ H　H	H ｜ H−C−N=C−O−H ｜　　｜ H　　H	② H　　O ｜　／｜ H−C−N　｜ ｜　＼C−H H　　｜ H	③ H O　　｜ ｜＞C−N−H H−C ｜　｜ H　H	シス H−N−C=C−O−H ｜　｜　｜ H　H　H	H ｜ H＼　N−H C=C H／　O−H
⑥ H　H ｜　｜ H−C−C−H ｜　｜ N−O ｜ H	H＼ C=C−N−O−H H／　｜　｜ H　H	H ｜ H−C−N−C=O ｜　｜　｜ H　H　H	⑥ ｜ −C−N／ ｜　｜ −C−O ｜	⑦ H ｜ H−C−O ｜　｜ N−C−H ｜　｜ H　H	トランス H ｜ H−N−C=C−O−H ｜　　｜ H　　H	H ｜ H−C−C=N−H ｜　｜ H　O ｜ H
	① H　H　H ｜　｜　｜ H−C−C−N ｜　＼／ H　O	④ H ｜ H−C ｜＞C−O−H H−N　｜ H			H ｜ H−N−C−C=O ｜　｜　｜ H　H　H	④ ＼N ｜＞C−O− −C　｜ ｜
	⑤ H ｜ H−C ｜＞N−O−H H−C ｜ H	② ｜ ｜　C− −C−N＜｜ ｜　O	C−N−C ｜ O ② ｜ ｜　C− −C−N＜｜ ｜　O		④ ＼N ｜＞C−O− −C　｜ ｜	① ｜　N／ −C−C＜｜ ｜　｜　O
	⑥ ｜　｜ −C−C− ｜　｜ O−N＼	⑦ ｜ −C−N／ ｜　｜ O−C− ｜	C−N−C ｜ O ⑤ H ｜ H−C ｜＞N−O−H H−C ｜ H	N−C−C−O ⑥ ＼N−C− ｜　｜ O−C− ｜	③ O ＼N−C＜｜ ｜　C− ｜	③ ｜ −C　｜ ｜＞C−N／ O　｜

参考：構造異性体を書く類題：CH_4ON_2 20 種類，CH_3NO_2 16 種類，$C_2H_6N_2$ 18 種類，（問題 1-8 の $C_2H_4O_2$ 11 種類），$N_2H_2O_2$ 10 種類．

（　　　　）学科（　　　　）専攻（　）クラス（　　　　）番，氏名（　　　　　　）

＿＿＿＿
23 点

示性式（短縮構造式）と構造式 (📖 p.28, 29)

問題 1-9

(1)　分子式 C_2H_6O からなる化合物の構造式を示せ（構造異性体 2 種類）.

(2)　(1) の 2 種類の分子の示性式[a]（短縮構造式）を示せ.

a)　示性式とは分子のわかち書きのこと．構造式から示性式，示性式から構造式が書けるようになること（本ページ；📖 p.29）.

問題 1-10　エタン，エタノール，酢酸の示性式を書け．ヒント：まずは構造式を書く.

これらの示性式は基礎（掛算の九九に対応するもの）として必ず覚えておくこと.
エタノール：エタン・オール（エタンからできたアルコールという意味（p.46，69；📖 p.90）.
酢　酸：エタン酸ともいう［C が 2 個の酸だから（p.49，51，87；📖 p.122），カルボキシ基 $-COOH$ はカルボン酸のもと（p.49；📖 p.61）］.

問題 1-11　ペンタン C_5H_{12} の次の 3 種類の異性体を示性式で示せ.

① $$\begin{array}{ccccccccccc} & & H & & H & & H & & H & & H & & \\ & & | & & | & & | & & | & & | & & \\ H & - & C & - & C & - & C & - & C & - & C & - & H \\ & & | & & | & & | & & | & & | & & \\ & & H & & H & & H & & H & & H & & \end{array}$$

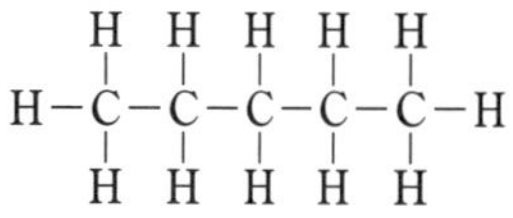

② $$\begin{array}{ccccccccccc} & & H & & H & & H & & H & & \\ & & | & & | & & | & & | & & \\ H & - & C & - & C & - & C & - & C & - & H \\ & & | & & | & & | & & | & & \\ & & H & & | & & H & & H & & \\ & H & - & & C & - & H & & & & \\ & & & & | & & & & & & \\ & & & & H & & & & & & \end{array}$$

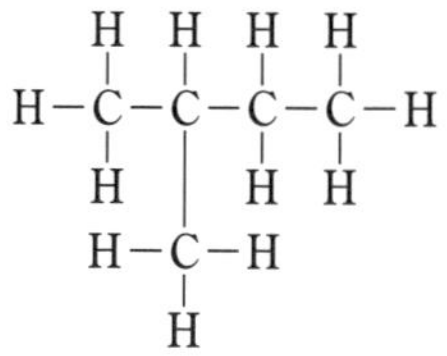

③ $$\begin{array}{ccccccccc} & & & & H & & & & \\ & & & & | & & & & \\ & & & H - & C & - H & & & \\ & & H & & | & & H & & \\ & & | & & | & & | & & \\ H & - & C & - & C & - & C & - & H \\ & & | & & | & & | & & \\ & & H & & | & & H & & \\ & & & H - & C & - H & & & \\ & & & & | & & & & \\ & & & & H & & & & \end{array}$$

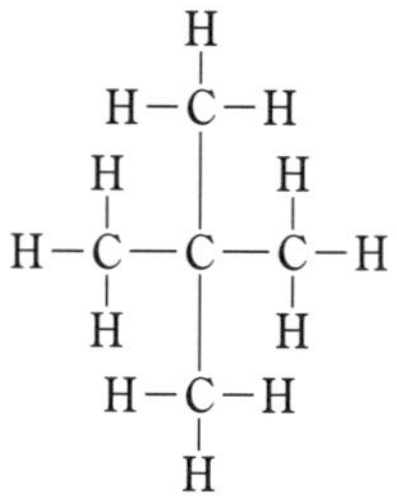

答 1-9

(1)　構造式（構造異性体の書き方（見つけ方）は，p.6 の問題 1-5 の答えとその解説を参照）

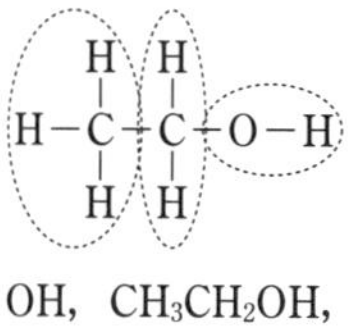

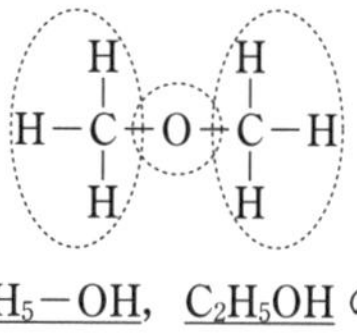

$$\begin{array}{ccccccccc} & & H & & H & & & & \\ & & | & & | & & & & \\ H & - & C & - & C & - & O & - & H \\ & & | & & | & & & & \\ & & H & & H & & & & \end{array} \qquad \begin{array}{ccccccccc} & & H & & & & H & & \\ & & | & & & & | & & \\ H & - & C & - & O & - & C & - & H \\ & & | & & & & | & & \\ & & H & & & & H & & \end{array}$$

(2)　CH_3-CH_2-OH，CH_3CH_2-OH，CH_3CH_2OH，<u>C_2H_5-OH</u>，<u>C_2H_5OH</u> のいずれでもよい.
CH_3-O-CH_3，CH_3OCH_3 のいずれでもよい（📖 p.29）.

示性式の書き方

骨格の構成原子（この場合は，C，C，O）について，結合している H ごと（上の (1) の ⬭ ごと）にまとめて書く．つまり，CH_3-CH_2-OH，CH_3CH_2-OH，$-$を除くと CH_3CH_2OH．これらで炭素がつながった部分，CH_3CH_2 をまとめて，C_2H_5-OH，C_2H_5OH と書いてもよい．示性式は以上のいずれの書き方でもよいが，通常は，C 以外の部分＝官能基＝分子の性質を示す部分を強調するために，<u>C_2H_5-OH</u> のように C の部分とそれ以外の部分を分けるか，単純に <u>C_2H_5OH</u> と書く.

CH_3-O-CH_3（C，O，C について，結合している H ごとにまとめて書く），$-$を除くと CH_3OCH_3

注　意：2 つの CH_3 をさらにまとめて C_2H_6O とは書かない！　C_2H_6O では分子式となってしまい，どのような構造の分子かわからなくなる（構造の情報が失われてしまう）.

答 1-10 まず構造式を書き（答 1-3，1-4），この構造式を基に，答 1-9 と同様の手順で示性式を書く．

C_2H_6（H_3C-CH_3，CH_3-CH_3，CH_3CH_3 でもよい）；C_2H_5OH（CH_3-CH_2-OH，CH_3CH_2-OH，C_2H_5-OH でもよい）；CH_3COOH（$CH_3-COOH \leftarrow CH_3-\underset{\underset{O}{\|}}{C}-O-H$），$-\underset{\underset{O}{\|}}{C}-$（$=-CO-$）：カルボニル基

(p.5；📖 p.18)

（重要！） 有機化合物の示性式中に …CO… とあったら，必ず $-\underset{\underset{O}{\|}}{C}-$ と書く．

$-\underset{\underset{O}{\|}}{C}-O-H$，$-COOH$ カルボキシ基．

答 1-11 示性式（短縮構造式）：示性式は，構造式を基にして，答 1-9 と同様の手順で書く．

① $CH_3-CH_2-CH_2-CH_2-CH_3 = CH_3CH_2CH_2CH_2CH_3 = CH_3-(CH_2)_3-CH_3 = CH_3(CH_2)_3CH_3$

（炭素鎖の中央部分で $-CH_2-$（メチレン基）が繰り返し出てくるのでこれらを（ ）でくくった）

② $CH_3-\underset{\underset{CH_3}{|}}{CH}-CH_2-CH_3 = CH_3\underset{\underset{CH_3}{|}}{CH}CH_2CH_3 = CH_3CH(CH_3)CH_2CH_3$

（枝分かれ部分は（ ）に入れた書き方をすることがある）

③ $CH_3-\overset{\overset{CH_3}{|}}{\underset{\underset{CH_3}{|}}{C}}-CH_3 = CH_3C(CH_3)_2CH_3$（同上）

Question

・示性式が書けない： 枝分かれ（分岐）部分は（ ）に入れた書き方をすると答 1-11 で示した．

示性式の書き方：

(1) 一筆書きで書ける一番長い C−C−…を分子骨格とする．
(2) 次に，この骨格からの枝分かれ（分岐炭素原子），つまり一筆書きで書けない部分を探す．
(3) 分子骨格部分は左端から CH_3-CH_2-…と書く．
(4) 枝分かれの前までや，枝分れの後を C_2H_5-，$-C_2H_5$ とまとめて書いてもよい．
(5) 枝分かれ部分は（ ）に書いて示す．

間違った答の例：

	(A)	(B)
	$C \vdots \underset{\underset{C}{|}}{C} \vdots C-C$	$C \vdots \overset{\overset{C}{|}}{\underset{\underset{C}{|}}{C}} \vdots C$
構造式に対応する示性式	$CH_3-C_2H_4-C_2H_5$	$CH_3-C_3H_7-CH_3$
	$CH_3C_2H_4C_2H_5$	$CH_3C_3H_7C_2H_3$

これらの示性式のどこが悪いのか？ ➡ C でつながった骨格 C−C−・・・ を勝手に切り分けている．

正しくは ➡ (A) $CH_3CH(CH_3)CH_2CH_3$ (B) $CH_3C(CH_3)_2CH_3$（または $CH_3C(CH_3)_3$）

[ ] が骨格 [C−C−C−C]（2番目のCの下にC） [C−C−C]（中央のCの上下にC）

(A) では分岐した部分を（ ）に入れないで，分岐 CH_3-と，これが結合した−CH−基（メチン基）を合体させて，$-C_2H_4-$と書いている．仮にこのまま示すと，これを見た人は C−C−C−C−C のように 1 本につながった構造だと誤解する．正しくは，ルール通りに，分子骨格の左側から枝分かれのところまでを CH_3CH と書き，この後で，この CH に結合した CH_3-を $CH_3CH(CH_3)$ のように（ ）に入れて記載する．次に，分子骨格の残り部分を CH_2CH_3，または C_2H_5 と書く．つまり，$CH_3CH(CH_3)CH_2CH_3$ または $CH_3CH(CH_3)C_2H_5$．こう書けば，この式を見て正しい構造式を書くことができる［（ ）の部分を除いて構造式（分子骨格）を書き，あとで（ ）の中の CH_3-をこの構造式につけ加える）］．正しい構造式が書けない示性式は間違いである．

(B) も (A) と同様．つまり，分子骨格の左側から CH_3C，次に分岐炭素 CH_3 の 2 個を（ ）に入れて書くと $CH_3C(CH_3)_2$．この後に分子骨格の残り部分 $-CH_3$ をくっつけると $CH_3C(CH_3)_2-CH_3$，$CH_3C(CH_3)_2CH_3$．この示性式から構造式を書くときには，分岐である（ ）の部分を除いて，CH_3-C-CH_3 と分子骨格を書けば，後は分岐の CH_3- 基を 2 個中央の C に付ければよい．$CH_3-\overset{|}{\underset{|}{C}}-CH_3$ つまり，正しい構造が簡単に書ける．

・**分子骨格とは何か？**：　分子をつくる骨組み（背骨），分子全体の構造を支える柱，その一部を取ればその分子が壊れる（一筆書きできるつながった一番長い炭素鎖部分）．本書 p.4 の構造式の書き方（ルール 2）で解説した．これを読めば，自ずと理解できるはずである．

・**示性式（p.20；📖 p.29）というのがよくわからない？**：　CH_3CH_2OH，C_2H_5OH の $-OH$（ヒドロキシ基）は H_2O，$H-O-H$ の $-O-H$ と同じである．水が水の性質を示すもとはこの $-OH$ 基にある（p.46，68；📖 p.56，90）．したがって，同じ $-OH$ 基をもつ C_2H_5OH（エタノール）は水に似た性質をもち，水によく溶ける．一方，CH_3CH_2OH の CH_3CH_2-，C_2H_5-（エチル基）は油（石油）C_nH_{2n+2} の一種から H を 1 個取り除いたもの（アルキル基）であるが，この場合，C の数が 2 個と少ないので，あまり油の性質は強くないということがわかる．このように，C_2H_6O では何もわからないが，C_2H_5OH と書いただけで上記のようなことが（これから勉強すれば）わかる（ようになる）．そこで，このような化学式を示性式（分子の性質を示す式）という．

問題 1-12 示性式① $CH_3(CH_2)_3CH_3$，② $CH_3CH(CH_3)CH_2CH_3$，③ $CH_3C(CH_3)_2CH_3$ の構造式を書け．

ヒント 1：示性式中に（ ）があるときは分岐分子と考えて，（ ）を抜いて分子骨格を書いてみる．

ヒント 2：CH_2 とは $-\overset{H}{\underset{H}{C}}-$ （$-CH_2-$）メチレン基のこと（手が 2 本出ているから分子の骨組みの一部）．

CH_3 とは $-CH_3$，CH_3-，メチル基のこと（手が 1 本しか出ていないので分岐鎖の分岐部分）．

答 1-12

この答は，問題 1-11 の問題文中の構造式に同じ（p.20 を参照）．

構造式は示性式通りに書く．まず，ヒント 1 のように，示性式中の（ ）の部分を無視して，構造式を書く（分子骨格を書いたことになる）．ただし，①の（ ）の中は $-CH_2-$ なので，ヒント 2 で述べたように，分子骨格の一部である．次に，②，③では（ ）の中身（アルキル基の CH_3- など）を，分子骨格中の，（ ）の前の炭素 C の上，または下につなぐ．

2章 アルカン（鎖式飽和炭化水素）

📖 p.30〜51

アルカンとアルキル基

アルカン（alkane）・脂肪族飽和炭化水素（saturated hydrocarbon）C_nH_{2n+2} とは，メタン CH_4，プロパン C_3H_8 など，C と H からなる飽和炭化水素である．ガソリン（C_5〜C_{12} のアルカン混合物），灯油（C_{11}〜C_{18} 混合物）からわかるようにアルカンは油であり，疎水性である（水に溶けにくい，"水と油"の関係）[a]．水より軽く，水に浮く．反応性は低い（酸化されにくい，など）．

a）C，H のみからなる化合物は "油" であり，水に溶けにくい．

アルカンから H を 1 個除いた，手が 1 本余った（出た），分子を構成する部品を，アルキル基 $C_nH_{2n+1}-$ といい（メチル基 CH_3- など），一般式を **R**− で表す．R− の部分（アルキル基）も当然ながら，油の性質を示す（CH_3- や R− の "−" は手（原子価，価標）であり，手が 1 本余っている，他と結合することができる，新しい分子を構成する部品であることを示す）．

問題 2-1　飽和炭化水素アルカンについて，$C_3H_?$，$C_5H_?$，$C_9H_?$，$C_{22}H_?$ の ？ を求めよ．

ヒント：C_nH_{2n+2} の n に数を代入するのではなく構造式を脳裏に描き，上 n 個，下 n 個，両端 1，1 と数えよ．

$$\underbrace{-\overset{|}{\underset{|}{C}}-\overset{|}{\underset{|}{C}}-\overset{|}{\underset{|}{C}}-\cdots-\overset{|}{\underset{|}{C}}-\overset{|}{\underset{|}{C}}-}_{n\text{個}}$$

問題 2-2　H−O−H，$\mathrm{H-\underset{\underset{H}{|}}{N}-H}$，$\mathrm{H-\overset{\overset{H}{|}}{\underset{\underset{H}{|}}{C}}-H}$ はそれぞれ何という化合物か．

それぞれの示性式・分子式を書いたうえで，これらのものが何かを判断せよ．

答 2-1　8（C_3H_8），12（C_5H_{12}），20（C_9H_{20}），46（$C_{22}H_{46}$）

答 2-2　水（H−O−H ⟶ H_2O），アンモニア（$\mathrm{H-\underset{\underset{H}{|}}{N}-H}$ ⟶ NH_3），メタン（$\mathrm{H-\overset{\overset{H}{|}}{\underset{\underset{H}{|}}{C}}-H}$ ⟶ CH_4）

水素 2 個と酸素 1 個からできた物質　　窒素 1 個と水素 3 個からできた物質　　炭素 1 個と水素 4 個からできた物質

私たちは構造式ではなく示性式で頭の中に記憶しているので，上記のように，構造式から示性式が書けないと，構造式で示したものが何か，すぐにはわからないことになってしまう．

（基本中の基本）**問題 A〈数　詞〉**（要記憶）

化学などの学問分野で用いる数詞（ギリシャ語，一部ラテン語），1〜10，15，20，22 を述べよ．

（答は次ページ）

答 A：数詞（📖 p.35）

1	モノ	mono モノレール（1本レールで走る），モノローグ（ひとり言，独白），AMP（アデノシンモノリン酸 adenosine monophosphate・アデノシン一(いち)リン酸（イオン））
2	ジ	di ジレンマ（相反する事柄の板ばさみ），ダイアローグ（ジは横文字で書くとディ di．対話の意）．ADP（アデノシンジリン酸 adenosine diphosphate・アデノシン二(に)リン酸（イオン））
3	トリ	tri トライアングル（トリは横文字で書くと tri，トライとも発音する．三角形のこと，転じて三角形の楽器）．ATP（アデノシントリリン酸 adenosine triphosphate・アデノシン三(さん)リン酸（イオン），生体エネルギーのもと（いわば車のガソリン，生体内のエネルギー通貨））
4	テトラ	tetra テトラパック（牛乳の四面体・三角錘のパック・三角牛乳），テトラポッド（海岸端にある四つ足の消波ブロック）
5	ペンタ	penta ペンタゴン（五角形のこと．また，アメリカ国防総省のこと．国防総省は五角形の大ビルディングである．2001年9月11日の米国での飛行機によるテロ事件を思い出すこと）．
6	ヘキサ	hexa ヘキサゴン（六角形のこと．以前，ヘキサゴンというテレビのクイズ番組があり，スタートで画面に六角形の図が表示された）
7	ヘプタ	hepta ヘプタゴン（七角形）
8	オクタ	octa オクトパスはタコのこと（タコの足は8本），オクトーバー October（10月．昔の暦では8月を表す言葉だった．ユリウス暦を定めたユリウス・カエサルが7月に Juli，その養子のオクタウィアヌス（アウグストウス：帝政ローマ初代皇帝）が8月に，自称 August を割り込ませたため2カ月ずれた）．
9	ノナ	nona（ラテン語）ノベンバー November（11月．もともとは9月を表す言葉．2カ月ずれた理由は同上）
10	デカ	deca ディセンバー December（12月．もともとは10月），デケイド decade（10年間という意味）デシ deci（1/10を表す接頭語，デシリットル），デカは刑事さん？（漫画本のガキデカ，隠語の一種・品の悪い言葉）
15	ペンタデカ	(5+10)．ヘキサデカは16，オクタデカは18，食品学で学ぶパルミチン酸（やし油 palm oil の成分）はヘキサデカン酸，ステアリン酸（固形脂肪成分）はオクタデカン酸ともいう．
20	(エ)イコサ	(e)icosa 栄養学の栄子さ(ん)は20歳，EPA（IPA，(エ)イコサペンタエン酸，魚油（中性脂肪）の脂肪酸成分，二重結合が5個ある *n*-3(マイナス)系の多価不飽和脂肪酸，からだに良い）
22	ドコサ	docosa あんたがたドコサ肥後さ（童歌），DHA（ドコサヘキサエン酸，魚油（中性脂肪）の脂肪酸成分，二重結合が6個ある *n*-3系の多価不飽和脂肪酸，からだに良い）

基本中の基本 問題 B 要記憶

(1) 炭素数1〜6（C_1〜C_6）までのアルカンの名称と化学式を述べよ．

(2) C_1〜C_4までのアルキル基の名称と化学式を述べよ．

答 B：

(1) 飽和炭化水素（📖 p.36）

飽和炭化水素（アルカン **alkane**）の名称 〔太字は要記憶〕〔命名法の基本！〕

CH_4	メタン	methane（メタンガス，台所のガス（都市ガス）・天然ガスの主成分）	−C−
C_2H_6	エタン	ethane（エタノール ethanol はエタン・オール，酒の成分のアルコール）	−C−C−
C_3H_8	プロパン	propane（プロパンガス，ボンベ入りの台所ガス（液化石油ガス）LPG の成分，キャンプなどで用いるボンベに入ったガス）	−C−C−C−
C_4H_{10}	ブタン	butane（ガスライター，家庭用卓上コンロのカセットガスボンベの中身はブタンガス）C_1〜C_4 までの名称は不規則．要記憶．	
C_5H_{12}	ペンタン	＝ペンタ ＋ アン pentaane → pentane C_1〜C_4 で語尾がすべて -ane と命名された．そこで，C_5 より長鎖の化合物の名称は C_1〜C_4 の名称を基に数詞＋**ane** の形 -ane とされた．	
C_6H_{14}	ヘキサン	＝ヘキサ ＋ アン hexaane → hexane ここまでは要記憶．これらの語尾はすべて ane（アン）．	
C_7H_{16}	ヘプタン		
C_8H_{18}	オクタン		
C_9H_{20}	ノナン	ガソリンは C_5〜C_{12}，石油は C_{11}〜C_{18} のアルカンなどの混合物である．	
$C_{10}H_{22}$	デカン		
$C_{15}H_{32}$	ペンタデカン	(5＋10) ペンタデカン酸ジグリセリド（育毛剤の成分）	
$C_{20}H_{42}$	(エ)イコサン	(e)icosane（栄養学の栄子さんは 20 歳；EPA（IPA）；からだに良い魚油の成分）	
$C_{22}H_{46}$	ドコサン	docosane（あんたがたドコサ（ン）肥後さ…；DHA；からだに良い魚油の成分）	

(2) アルキル基（alkyl）の名称：一般式 R− ≡ C_nH_{2n+1}−

アルキル基とは，飽和炭化水素よりなる分子をつくる部品の一種，R− ≡ C_nH_{2n+1}−，“基”とは，グルーブ，部品のこと，R−や C_nH_{2n+1}−の“−”は他の原子や基とつなぐ手．手が 1 本余っていることを示している．

〔太字は要記憶！〕（📖 p.37）

示性式 R− ≡ C_nH_{2n+1}−（アルカンから H を 1 つ取る）	アルキル基の名称（-ane → -yl）	略号[a]
CH_3−，−CH_3	メチル基[b] (methane → methyl)	Me−
C_2H_5−，−C_2H_5，CH_3CH_2−，−CH_2CH_3	エチル基（ethane → ethyl）	Et−
C_3H_7−，−C_3H_7，$CH_3CH_2CH_2$−，−$CH_2CH_2CH_3$	プロピル基[c] (propane → propyl)	Pr−
C_4H_9−，−C_4H_9，$CH_3CH_2CH_2CH_2$−，−$CH_2CH_2CH_2CH_3$	ブチル基（butane → butyl）	Bu−
バター butter 由来の言葉．C_4 のカルボン酸・ブタン酸はバターの酸という意味で，日本語では酪（農の）酸という．		
C_5H_{11}−	(ペンチル基，アミル基ともいう．デンプン amylum 由来の言葉⇔アミラーゼ)	
C_6H_{13}−	(ヘキシル基)[c]	
C_7H_{15}−	(ヘプチル基)	
C_8H_{17}−	(オクチル基)[c]	
C_9H_{19}−	(ノニル基)[c]	
$C_{10}H_{21}$−	(デシル基)[c]	

a) Me，Et，Pr，Bu は methane，ethane，……，の頭の 2 字を取ったもの．
b) これを 1 つだけ覚えれば，他は予想できる．
c) チル・ピル・シル・ニルと発音が少し変わるが，すべて -yl である．

基礎知識テスト：基本的な分子の構造式・官能基，数詞，アルカン・アルキル基の名称と化学式

これは基本！　(採点：70－間違った数．ただし，問題1の構造式は ×3)　(📖 p.30～31)

重要！

問題 1　次の分子の構造式を書け（示性式では不可．例：水の構造式は H－O－H)．また，これらの（分子中の官能基（グループ）を○で囲み，官能基名を述べよ（線でつなぐ)．

構造式：　(配点：構造式各3点，計9点；官能基名各1点，計6点)

エタン（　　　　）；エタノール（　　　　）：（　　　）基，（　　　　）基

酢　酸（　　　　）：（　　　）基，（　　　　）基，（　　　　）基，（　　　　）基

問題 2[a]　アミノ酸のアミノとは何のことか，酸とは何のことか．　(配点：各1点，計7点)

アミノ（　　　基，化学式：　　　），酸（　　　　　基，化学式：　　　　）

α-アミノ酸の一般式（　　　　　　，または　　　　　　，　　　　　　）

a)　アミノ酸は生化学，栄養学，食品学の基礎として重要な物質なので，ここで暗記してしまおう．

問題 3　以下の (1)，(2) の（　）を埋めよ．　(配点：各1点，計 6+42=48 点)

(1)　飽和炭化水素の一般名は（　　　　）である．身の回りの飽和炭化水素をそれぞれ気体（2種類)・液体（2種類)・固体（1種類）ずつあげよ．

気体	気体	液体（混合物)	液体（混合物)	固体（混合物？)
（　　）	（　　）	（　　）	（　　）	（　　）

(2)	数　詞	炭素数	分子式	名　称	アルキル基，R－＝C_nH_{2n+1}－		
					名　称	略　号	化学式
1	(モ　ノ)	C_1	(CH_4)	(　　)	(　　基)	(　　)	(　　), ____, ____
2	(　　)	C_2	(　　)	(　　)	(　　基)	(　　)	(　　,　　), ____, ____,
3	(　　)	C_3	(　　)	(　　)	(　　基)	(　　)	(　　,　　),　　, ____, ____
4	(　　)	C_4	(　　)	(　　)	(　　基)	(　　)	(　　,　　), ____, ____, ____
5	(　　)	C_5	(　　)	(　　)	----	--	----
6	(　　)	C_6	(　　)	(　　)	----	--	----
7	(ヘプタ)						
8	(オクタ)						
9	(ノ　ナ)						
10	(デ　カ)						

（　　　　）学科（　　　　）専攻（　）クラス（　　　　）番，氏名（　　　　　　）

____ 70点

基礎知識テスト［答え］

これは基本！　（採点：70－間違った数．ただし，問題1の構造式は ×3）　（📖 p.30～31）

重要！

答1　次の分子の構造式を書け（示性式では不可．例：水の構造式はH－O－H）．また，これらの（分子中の官能基（グループ）を○で囲み，官能基名を述べよ（線でつなぐ）．

（配点：構造式各3点，計9点；官能基名各1点，計6点）

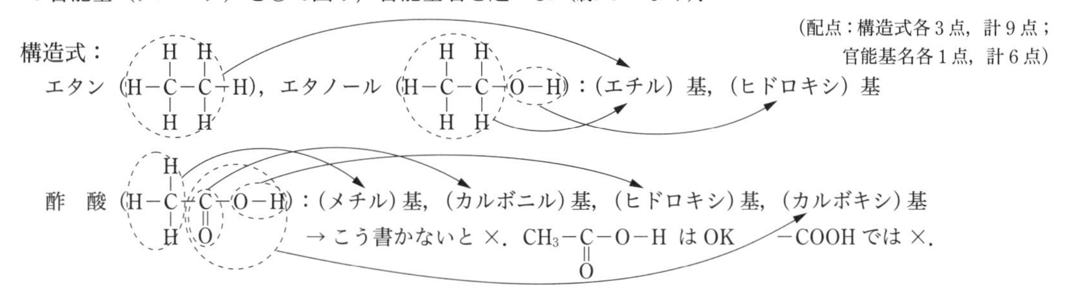

答2　アミノ酸のアミノとは何のことか，酸とは何のことか．　（配点：各1点，計7点）

アミノ（アミノ基，化学式：$-NH_2$），　酸（カルボキシ基，化学式：$-COOH$）

α-アミノ酸の一般式（$R-CH(NH_2)-COOH$，または $\boxed{H_2N}-CH(R)-COOH$，$\boxed{HOOC}-CH(R)-NH_2$）

構造式・示性式では，H_2N-C- のように，結合している原子同士を－でつなぐ．NH_2-C- とは書かない．$HOOC-C-$ と書く場合，$COOH-C-$，$-C(COOH)-$ とは書かない．$-C(COOH)-$ のように，結合している原子同士を正確につなぐ．

答3　以下の（1），（2）の（　）を埋めよ．　（配点：各1点，計6+42=48点）

（1）　飽和炭化水素の一般名は（ アルカン ）である．身の回りの飽和炭化水素をそれぞれ気体（2種類）・液体（2種類）・固体（1種類）ずつあげよ．

気体	気体	液体（混合物）	液体（混合物）	固体（混合物？）
（メタン）	（プロパン）	（ガソリン）	（灯油，石油）	（ろうそく）

(2)	数　詞	炭素数	分子式	名　称	アルキル基，$R- = C_nH_{2n+1}-$ 名　称	略　号	化学式
1	（モ　ノ）	C_1	（CH_4）	（メタン）	（メチル基）	（Me－）	（CH_3-），　$-CH_3$，H_3C-
2	（ ジ ）	C_2	（C_2H_6）	（エタン）	（エチル基）	（Et－）	（C_2H_5-，CH_3CH_2-），$-C_2H_5$, H_5C_2-，$-CH_2CH_3$
3	（ト　リ）	C_3	（C_3H_8）	（プロパン）	（プロピル基）	（Pr－）	（C_3H_7-，$CH_3CH_2CH_2-$），$-C_3H_7$，H_7C_3-，$-CH_2CH_2CH_3$
4	（テトラ）	C_4	（C_4H_{10}）	（ブタン）	（ブチル基）	（Bu－）	（C_4H_9-，$CH_3CH_2CH_2CH_2-$），$-C_4H_9$，H_9C_4-，$-CH_2CH_2CH_2CH_3$
5	（ペンタ）	C_5	（C_5H_{12}）	（ペンタン）	－－－－	－－	－－－－
6	（ヘキサ）	C_6	（C_6H_{14}）	（ヘキサン）	－－－－	－－	－－－－
7	（ヘプタ）						
8	（オクタ）						
9	（ノ　ナ）						
10	（デ　カ）						

（　　　）学科（　　　）専攻（　）クラス（　　　）番，氏名（　　　　）

＿＿＿＿ 70点

アルキル基 **R−** とは，分子をつくる飽和炭化水素よりなる部品（“基”とはグループ・部品のこと）である．

アルキル基の示性式による表し方：

$$\begin{array}{c} \text{H}\ \ \text{H}\ \ \text{H}\ \ \text{H}\ \ \text{H} \\ \text{H}-\text{C}-\text{C}-\text{C}-\text{C}-\text{C}- \\ \text{H}\ \ \text{H}\ \ \text{H}\ \ \text{H}\ \ \text{H} \end{array} \xrightarrow{} \overset{①}{CH_3-CH_2-CH_2-CH_2-CH_2-} \rightarrow \overset{②}{CH_3CH_2CH_2CH_2CH_2-} \rightarrow \overset{③}{CH_3(CH_2)_4-}$$

いわば，油 → ④ $C_5H_{11}-$ → $(C_nH_{2n+1}-)$ → ⑤ R− で表す．R−は…−C−のこと．

こう書けるか？　一般式　油であることを示している

このように　R−で表す

アルキル基の構造式は，上記のように，① 分子の骨格原子（この場合 C）を 1 個ごとに CH_3-，$-CH_2-$ とまとめる，② 結合の手（価標）−を省いて示す，③ −C−C−でつながったメチレン基 $-CH_2-$ をまとめて $-(CH_2)_4-$ のように示す，④ アルキル基の C と H をすべてまとめて $C_5H_{11}-$ のように $C_nH_{2n+1}-$ と表す（これがアルキル基の示性式の一般形），⑤ のアルキル基を記号 R−で示す（R−は油であるアルカンから H を 1 個引き抜いたものなので，やはり油の性質（疎水性）をもっている）．

アルキル基 R−とは何かを正しく理解することがとても重要！　学習のキーポイントである．

問題 2-3 以下の構造式について，上記の①②④⑤と同じ形の示性式と一般式で表せ（化合物の名称は気にしないこと．アルカン・アルキル基の名称のみを気にせよ）．

(1) $\begin{array}{c} \text{H}\ \ \text{H}\ \ \text{H} \\ \text{H}-\text{C}-\text{C}-\text{C}-\text{Cl} \\ \text{H}\ \ \text{H}\ \ \text{H} \end{array}$　(2) $\begin{array}{c} \text{H}\ \ \text{H}\ \ \text{H}\ \ \text{H} \\ \text{H}-\text{C}-\text{C}-\text{C}-\text{C}-\text{N}-\text{H} \\ \text{H}\ \ \text{H}\ \ \text{H}\ \ \text{H}\ \ \text{H} \end{array}$　(3) $\begin{array}{c} \text{H}\ \ \text{H}\qquad \text{H}\ \ \text{H}\ \ \text{H} \\ \text{H}-\text{C}-\text{C}-\text{N}-\text{C}-\text{C}-\text{C}-\text{H} \\ \text{H}\ \ \text{H}\ \ \text{H}\ \ \text{H}\ \ \text{H}\ \ \text{H} \end{array}$

問題 2-4 $\begin{array}{c} \text{H}\ \ \text{H}\qquad\ \ \text{H} \\ \text{H}-\text{C}-\text{C}-\text{O}-\text{C}-\text{H} \\ \text{H}\ \ \text{H}\qquad\ \ \text{H} \end{array}$ を①〜④の示性式で示し，さらにアルキル基 R−，R′− を用いて表せ．

答 2-3

(1) $\begin{array}{c} \text{H}\ \ \text{H}\ \ \text{H} \\ \text{H}-\text{C}-\text{C}-\text{C}-\text{Cl} \\ \text{H}\ \ \text{H}\ \ \text{H} \end{array} \rightarrow \overset{①}{CH_3-CH_2-CH_2-Cl} \rightarrow \overset{②}{CH_3CH_2CH_2Cl} \rightarrow \overset{④}{C_3H_7-Cl, C_3H_7Cl} \rightarrow \overset{⑤}{R-Cl, RCl}$

1-クロロプロパン（p.58）

(2) $\begin{array}{c} \text{H}\ \ \text{H}\ \ \text{H}\ \ \text{H} \\ \text{H}-\text{C}-\text{C}-\text{C}-\text{C}-\text{N}-\text{H} \\ \text{H}\ \ \text{H}\ \ \text{H}\ \ \text{H}\ \ \text{H} \end{array}$ ＜

① $CH_3-CH_2-CH_2-CH_2-NH_2$ → ② $CH_3CH_2CH_2CH_2-NH_2$

（−C−C−とつながった CH_2 は一緒に 1 つにまとめて表す）

④ $C_4H_9-NH_2$，$C_4H_9NH_2$ → ⑤ $R-NH_2$，RNH_2

ブチルアミン（ブタン-1-アミン，p.62；📖 p.83）

(3) $\begin{array}{c} \text{H}\ \ \text{H}\qquad \text{H}\ \ \text{H}\ \ \text{H} \\ \text{H}-\text{C}-\text{C}-\text{N}-\text{C}-\text{C}-\text{C}-\text{H} \\ \text{H}\ \ \text{H}\ \ \text{H}\ \ \text{H}\ \ \text{H}\ \ \text{H} \end{array} \rightarrow \overset{①}{CH_3-CH_2-NH-CH_2-CH_2-CH_3} \rightarrow \overset{②}{CH_3CH_2-NH-CH_2CH_2CH_3}$

これは左右 2 組の−C−C−のつながりを−N−で橋かけしたものである．左右それぞれの−C−C−をまとめて表すと（これがアルキル基である），

$\rightarrow \overset{③}{CH_3CH_2NHCH_2CH_2CH_3} \rightarrow \overset{④}{C_2H_5-NH-C_3H_7,\ C_2H_5NHC_3H_7} \rightarrow \overset{⑤}{R-NH-R',\ RNHR'}$

エチル(プロピル)アミン（*N*-エチルプロパン-1-アミン，p.62, 63；📖 p.83）

注　意：④をさらに $C_5H_{12}NH$，$C_5H_{13}N$ とまとめて書いてはいけない！
何のことかわからなくなり，構造式の情報が失われてしまう．

答 2-4

① $CH_3-CH_2-O-CH_3$ → ② $CH_3CH_2-O-CH_3$ とは，CH_3CH_2- と $-CH_3$ とを $-O-$ で橋かけしたものである．$-O-$ の左右をそれぞれ C, H についてまとめて記すと，④ $C_2H_5-O-CH_3$ → $C_2H_5OCH_3$ → ⑤ R−O−R′ → ROR′（R：エチル基，R′：メチル基）．

エチルメチルエーテル（ethylmethyl，abc 順で命名するのがルール），優先 IUPAC 名：メトキシエタン．

Question

・問題 2-3(3) の構造式 $\mathrm{H{-}C{-}C{-}\underset{\underset{\displaystyle H}{|}}{N}{-}C{-}C{-}C{-}H}$ に対し，$\mathrm{H{-}C{-}C{-}C{-}\underset{\underset{\displaystyle H}{|}}{N}{-}C{-}C{-}H}$ のように左右の順序を逆に書いてもよいの？：　両者は，分子を左右逆にすれば同じになることからわかるように，同一物質なので順序が逆でも間違いではない．逆に書いてもよい．

・$C_2H_5-O-CH_3$ を R−O−R′ と書くとき，R− はいつも C_2H_5-，R′− は CH_3- と決まっているの？：決まっているわけではない．逆でもよい．どのようなアルキル基でもよい．通常は，化学式の前の方から R，R−，R′，R′ −，R″，R″−といった使い方をする．

R−O−R′ とは，…−C−O−C−…のことである．両方の C を O で橋かけしたものである．これをエーテルという（p.75；📖 p.100）．C−C−O−C のような場合，O の左の −C−C− 結合は 1 つにまとめて C_2H_5- のように書く（これがアルキル基）．また −O− のように C の間に O や N など C，H 以外の別の原子が入ったら，機械的にそこで切り，それに注目してそこまでの **−C−C−** を 1 つにまとめて書く（$C_nH_{2n+1}-$）．これを R− と記して化合物を表現する．C の数が違う −C−C− があったら，これを R′− と記す．そこで，ここの例では $C_2H_5-O-CH_3$ → R−O−R′ となる．

注　意：さらに C_3H_8O と，まとめて書いてはいけない．これでは，どういう化合物かわからなくなってしまう．もとの示性式が分子式となってしまい，構造の情報が失われてしまう．

確認テスト：アルキル基 R− の用い方（最重要！）

問題 1　$\begin{array}{c} \mathrm{\ \ \ H\ \ \ H\ \ \ H} \\ \mathrm{\ \ \ |\ \ \ \ |\ \ \ \ |} \\ \mathrm{H{-}C{-}C{-}C{-}Cl} \\ \mathrm{\ \ \ |\ \ \ \ |\ \ \ \ |} \\ \mathrm{\ \ \ H\ \ \ H\ \ \ H} \end{array}$ は，① $CH_3-CH_2-CH_2-Cl$，② $CH_3CH_2CH_2-Cl$，$CH_3CH_2CH_2Cl$

③ C_3H_7-Cl，C_3H_7Cl，④ R−Cl，RCl と書き表すことができる．

同様に，$\begin{array}{c} \mathrm{\ \ \ H\ \ \ H\ \ \ H\ \ \ \ \ \ \ \ H\ \ \ H\ \ \ H\ \ \ H} \\ \mathrm{H{-}C{-}C{-}C{-}N{-}C{-}C{-}C{-}C{-}H} \\ \mathrm{\ \ \ H\ \ \ H\ \ \ H\ \ \ H\ \ \ H\ \ \ H\ \ \ H\ \ \ H} \end{array}$ は，①（　　　　　　　　　　），

②（　　　　　　　　，　　　　　　　　）

③（　　　　，　　　　），④（　　　　，　　　　）とも書き表される．

問題 2　アルカンの性質を 3 つ述べよ．

(1)

(2)

(3)

（　　　　）学科（　　　　）専攻（　）クラス（　　　　）番，氏名（　　　　　　）

10 点

問題 2-5　p.26 の「基礎知識テスト」を見て，p.27 の答がすらすら言えるようになるまで何度も繰り返せ（📖 p.30(1),31）．これはいわば掛算の九九なので，即座に完全に言えるようになろう（答はなし）．

問題 2-6　テトラエチル鉛の構造式を書け．鉛（Pb）は 4 価（周期表の 14 族であり炭素 C と同族，手が 4 本）である（自分が知らない化合物でも，その名称からすでに構造式が書けることを感じてほしい）．

（問題 2-7〜問題 2-10 は 📖 p.43,44 を参照，本書では省略）．

答 2-6

```
              H
              |
          H - C - H
              |
          H - C - H
  H   H       |       H   H
  |   |       |       |   |
H-C - C  -   Pb   -   C - C-H
  |   |       |       |   |
  H   H       |       H   H
          H - C - H
              |
          H - C - H
              |
              H
```

$$\begin{array}{c} C_2H_5 \\ | \\ C_2H_5-Pb-C_2H_5 \\ | \\ C_2H_5 \end{array}$$

$Pb(C_2H_5)_4$

Question

・テトラエチルは $(C_2H_6)_4$ のはずなのに，どうして $(C_2H_5)_4$ なの？：　まずは C_2H_6 で構造式を書いてみよう．C_2H_6 はエタン（完成品，分子）なので，Pb と手をつなぐことはできない（余っている手がない！）．すでに p.26 の「基礎知識テスト」で学習した．何のために，何を覚えたのか．「基礎知識テスト」はいわば掛け算の九九と同じもの．誰もが満点を取る必要がある．このテストの内容は完全に記憶して最低でも大学の 4 年間は覚えている必要がある．基礎の基礎のそのまた基礎の内容なので，このような不完全な勉強をしていては，すぐに挫折してしまうことになる．わからない人はもう一度復習しよう．

自分の答えが教科書の答えと異なっていたら，“どうして？”と思う前に，自分の知識が正しいかどうかを，まず確認すること．この場合，エチルとは何だったかを自分で復習すべきである．📖 でエチルの説明があるところを探して（索引を利用する）勉強し直すこと．すると，すぐに自分の間違いに自分で気づくはずである（エチル，エチル基とは，手が 1 つ余っている分子をつくる部品である）．これが“勉強”するということである．答えをただ覚えたり，なぜ？　と質問を発するだけでは子供と同じ．自分で解決しようとすることが大人としての勉強の仕方である．

確認テスト［答え］

答 1　①（$CH_3-CH_2-CH_2-NH-CH_2-CH_2-CH_2-CH_3$）

②（$CH_3CH_2CH_2-NH-CH_2CH_2CH_2CH_3$，$CH_3CH_2CH_2NHCH_2CH_2CH_2CH_3$）

③（$C_3H_7-NH-C_4H_9$，$C_3H_7NHC_4H_9$），④（$R-NH-R'$，$RNHR'$）

答 2　(1) 油であり水に溶けない，水より軽く水に浮く，(2) 燃える（燃料），(3) 反応性が低い．つまり，他の物質とは反応しにくい，仲良くしない．

（　　　　）学科（　　　　）専攻（　）クラス（　　　　）番，氏名（　　　　　　）

＿＿＿＿
10 点

構造異性体（分岐炭化水素）の構造式の書き方と命名法 （📖 p.43〜48）

• 飽和炭化水素の構造異性体の構造式の書き方

例　題　ペンタン(C_5H_{12}) の構造異性体について，(1) 構造式をすべて書き，(2) それぞれを命名せよ．

（答は (1) p.32，(2) p.33）

この構造式は C_5H_{12} という分子式から自分で考えて導き出せるように必ずなること．ただし，自分で構造式を書くと，さまざまな形のものが得られるはずである．これを，本書 p.8「構造式の見分け方」(📖 p.22) で見分けること．

Question

・構造式が書けない：　p.4 の構造式の書き方のルール（📖 p.20）に従って，いろいろと自分で書いてみることが上達のコツ．C_5H_{12} とは，C_5 つまり 5 個の炭素原子 C をいかに並べるかである．構造式を書くときは，順序だてて考えること．以下のように，分子骨格をつくる炭素の数を 5，4，3 個と順次 1 つずつ減らして考える（📖 p.46(1)）．順序立てて考える（論理思考する）．これはトレーニングである．自分の頭の訓練なので手を抜かないこと．

構造式の書き方　(p.8；📖 p.22)

C_5 (C が 5 個) のつなぎ方を考える（論理思考，順序だてて考える：下記 (1) → (2) → (3)）．まず，

(1)　C の 5 個をまっすぐに並べる．C−C−C−C−C．これで一つ完成．
5 個の C がまっすぐ並んでいなくても，次の構造式のように 5 個の C が一筆書きできれば (p.8)，それらはまっすぐに並んだものと同じものである（分子の両端を引っぱってまっすぐにすると同じであることがわかる）．

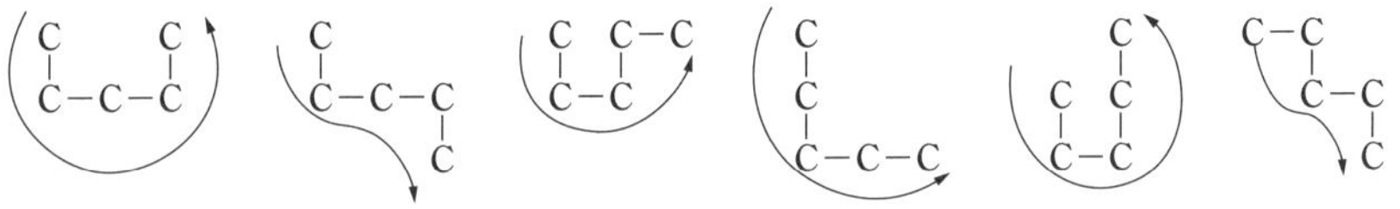

(2)　次に，(1) のうちの C を 1 個切り取り，切り取った 1 個の C をどこかにつなぐことを考える．
つまり，C を 5 個並べた次には C を 4 個並べることを考える．C−C−C−C．
C−C−C−C を分子の骨組みとして，これに −C をつけるつけ方を考える（p.7 の問題 1-6 と同様に考える）．C−C−C−C の左端，右端，およびその上下に −C をつないだものは，すべて同一構造 C−C−C−C−C である．

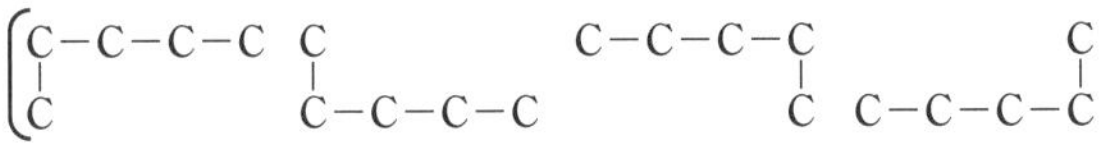

（C−C−C−C の左端の C の下に C，左端の C の上に C，右端の C の下に C，右端の C の上に C をつけたもの　はすべて同一，これらは①と同じ.）

一方，次のように，4 個の C のうち中央 2 個の C のいずれかに C を 1 個つないだものは上記と異なる．

ⓐ C−C−C−C（2 番目の C の下に C）　ⓑ C−C−C−C（2 番目の C の上に C）　ⓒ C−C−C−C（3 番目の C の下に C）　ⓓ C−C−C−C（3 番目の C の上に C）

ただし，ⓐ → ⓑは，上下を 180° 回転（上下を逆転）する，ⓐ → ⓒは左右を 180° 回転（左右を逆転）する，ⓒ → ⓓは上下を逆転すると得られる．つまり，ⓐ〜ⓓはすべて同一構造であり（p.8，分子模型をつくって考えてみよう），(2) は 1 種類のみ（C−C−C−C，2 番目の C の下に C）が存在することがわかる．

（つづく）

(3)　次に，Cを3個並べたものを考える：C−C−C

残り2個のCの付け方は，−C−Cと2個つないだもの（エチル基）をつなぐ場合と，−C（メチル基）を2個別々につける場合の2種類が考えられる．つまり，C−C−Cを骨格として，右図のように，C−Cまたは2つの −CをC−C−C骨格の中央のCにつなぐ（両端のCにつなぐとCの骨格が伸びてC_3ではなくC_4, C_5になる）．ここで，

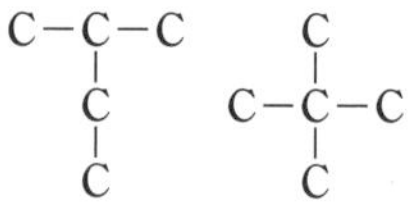

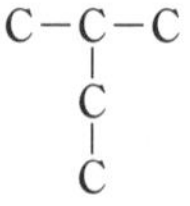

```
C−C−C          C               C
  |            |               |
  C        C−C−C               C−C−C
  |            |               |
  C            C               C
```

```
C−C−C        C−C−C
  |            |
  C      は    C  ↗
  |            |
  C            C
```

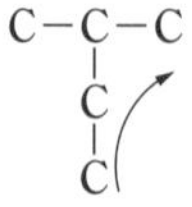

からわかるようにC_4，つまり (2) と同じである．一方，

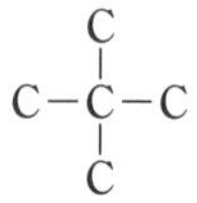

```
  C
  |
C−C−C
  |
  C
```

は，(1), (2) と異なる別ものである．

以上，ペンタンC_5H_{12}には，以下の答に示した①〜③の3つの構造異性体が存在する．

ヘキサン（問題2-11）やヘプタンC_7H_{16}の構造異性体も，ペンタンの場合とまったく同様にして書いてみよう（ヘプタンはp.43下に答がある）．

例題(1) の答

```
① 
  H H H H H
  | | | | |
H−C−C−C−C−C−H
  | | | | |
  H H H H H

②
  H H H H
  | | | |
H−C−C−C−C−H
  | | | |
  H | H H
    |
  H−C−H
    |
    H

③
      H
      |
    H−C−H
  H   |   H
  |   |   |
H−C−—C—−C−H
  |   |   |
  H   |   H
    H−C−H
      |
      H
```

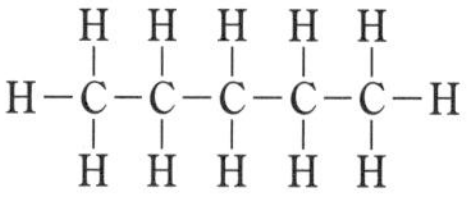

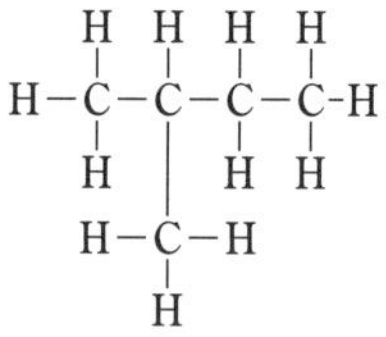

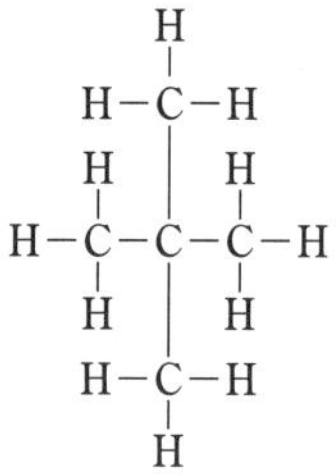

• 構造異性体（分岐炭化水素）の命名法［例題(2)］

命名の手順　命名法のルール・約束　(p.35も参照)

上の例題(1) 答えの構造式内の −C−C−（炭素鎖）のつながりをすべて一筆書きで書けるだけ書いてみる．このなかで一番長い炭素鎖を分子骨格として，それに対応するアルカンの名称をつける．

［①の場合の命名手順］

(1)　これはC_5の一本鎖だから“ペンタン”．これで①の命名は終了．

［②の場合の命名手順］

(1)　②の構造式の炭素鎖を一筆書きですべて書いてみると，

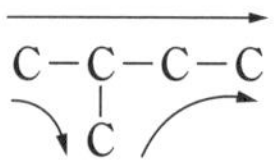

```
 ─────────→
C−C−C−C
  |
  C
```

と，3本の線を引くことができる．一番長い炭素鎖（分子骨格）は4個なので，この化合物の名称はブタン．

(2)　C_4はC−C−C−Cと

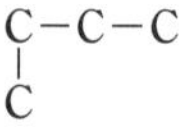

```
C−C−C
|
C
```

の2種類があるが，考えやすいように直線のC−C−C−Cを骨格として考える（どちらで考えても同じ結果になる）．分子骨格の炭素鎖の炭素原子に右端，および左端から番号を付ける．

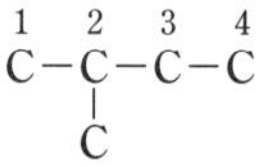

```
1 2 3 4          4 3 2 1
C−C−C−C   または  C−C−C−C
  |                |
  C                C
```

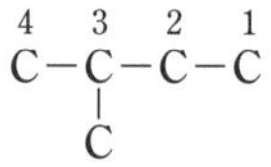

(3)　分岐部分の炭素原子の番号を読み取る → 2または3，**小さい数字優先**がルール → 2とする．

(4)　分岐グループ（基）の名称をつける．CH_3- なので → メチル

(5)　同じ分岐グループ（基）の個数に合わせて［モノ 1 個の意，は省略］，ジ（2 個），トリ（3 個），テトラ（4 個）などの数詞をつける．この場合は CH_3-（メチル基）が 1 個なのでモノだが，このモノは省略する．

(6) 分岐部分の炭素番号数（何番目の炭素原子に分岐グループが付いているかを示す）はグループの数だけ付ける．この場合は，分岐（置換基）は 1 個なので，炭素の番号は 1 個だけ付ける．したがって名称は，2-メチルブタン（ブタンの 2 番目の炭素原子にメチル基が結合しているという意味）．

［③の場合の命名手順］

(1)　③の構造式の一番長い炭素鎖は C_3 なのでプロパン．一筆書きでかいてみると，

炭素鎖はすべて C_3

(2)　分子骨格の炭素鎖の炭素原子に番号を付ける．

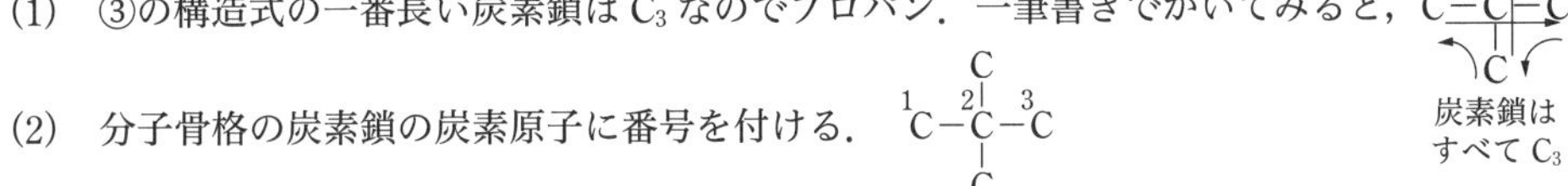

(3)　分岐炭素の位置はプロパンの炭素骨格の 2 番目（の炭素原子）．

(4)　分岐グループ（基）名は C_1（CH_3-）なので，メチル基．

(5)　分岐グループ（メチル基）が 2 個（2 カ所に付いている）なので，ジメチル．

(6)　分岐グループが 2 個あるので，(3) の分岐炭素の位置も 2 カ所分（2 個）付ける必要がある．分岐位置はいずれもプロパンの 2 番目の炭素なので，2 を 2 個付けて，2-メチル-2-メチルプロパン．ただし，これを 2,2-ジメチルプロパンと略記するのが約束（正式名称）．

要注意！　分岐している（置換基が結合している）骨格炭素の位置・場所“2”と，置換基（この場合メチル基）の数“ジ”の意味を混同しないこと！　2,2-はともに炭素鎖中の分岐炭素の位置・番号である．

すべてにおいて，注意不足の学生が多いので気をつけよう（とくに，受験勉強をしていない学生は，ケアレスミスや不注意が多く文章をきちんと読んでいないことがある）．

例題(2) の答

①　ペンタン　　②　2-メチルブタン　　③　2,2-ジメチルプロパン

• **構造異性体（分岐炭化水素）の構造式の書き方とその名称**（p.4，31 参照）

問題 2-11

(1)　ヘキサンの構造異性体（ヘキサン自身を含めて 5 種類）の構造式を書き，

(2)　規則名（IUPAC 置換命名法，例題(2) の名称のつけ方）で命名せよ（答は p.34，35）．

p.31～40（📖 p.45～47「2-5 分岐炭化水素とその命名法」）はとても重要である．問題 2-11，2-13，2-15 を自分で納得してできるようになること．応用として C_7 のヘプタンの異性体 9 種類の構造式と名称も考えてみよう（答は p.43 下）．

構造異性体の構造式の書き方：

例題のペンタン（p.31）と同様に考える．つまり，C_6，C_5+C，C_4+2C，(C_3+3C) の構造を順序だてて考える．

(1)　C_5+C は，×−C−C−C−C−C−×（各炭素の上下に ×，○，△，○，×）　両端の C（×）に付けると C_6 となるので不適切（p.31）．

（つづく）

2番目と4番目のC（○印）は同じ場所（構造式を左右，上下に回転させてみよ），3番目のC（△）は○とは別の位置だから，○にCH_3-が付いたもの（下の答②）と，△にCH_3-が付いたもの（同③）の2種類の構造異性体を生じる．

(2) C_4+2C は，

```
   ×  ○  ○  ×
   |  |  |  |
×－C－C－C－C－×
   |  |  |  |
   ×  ○  ○  ×
```

両端のC（×）に付けるとC_5となるので不適切．2番目と3番目のC（○印）は同じ場所（等価位置，左右，上下の回転で同じ構造となる），この4カ所の○の位置に$-CH_3$を2個つなぐつなぎ方を考えればよい．すると，次の6つの構造式が考えられるが，最初の2つは左右を反転させれば，同じであることがわかる（下の答⑤）．

```
  ○            ○              ○         ○     ○ ○
  |            |              |         |     | |
C－C－C－C  C－C－C－C  C－C(－C－C  C－C－C－C  C－C－C－C  C－C－C－C
  |            |          | |       |           |
  ○            ○          ○ ○       ○           ○
```

3番目と6番目は上下を反転すれば同じ，4番目と5番目は左右または上下を反転させれば同じことがわかる．また，3番目と4番目も，3番目の構造式の中央のC－C結合軸の回りに構造式の右半分だけを回転させれば（↷），4番目の構造になる．同様にして，3～6番目の構造式はすべて同一であることがわかる（下の答④，上記構造の分子のすべてのC－C結合は結合軸の回りに自由に回転できる．分子模型で確かめよ）．なお，C_4にC_2を付け加える場合は右の構造となり，一番長い炭素鎖はC_5，つまり，この構造はC_5+Cであり，p.33の(1)で考えた△（答③）と同一となる（見分け方：一筆書きしてみる，炭素鎖の両端を頭の中で引っぱってみる，p.8）．

```
C－C－C－C
|
C
|
C
```

答 2-11 (1) 構造式

```
①  H H H H H H        ②  H H H H H          ③  H H H H H
   | | | | | |           | | | | |             | | | | |
 H-C-C-C-C-C-C-H       H-C-C-C-C-C-H         H-C-C-C-C-C-H
   | | | | | |           | | | | |             | |   | |
   H H H H H H           H |  H H H            H H | H H
                           H-C-H                  H-C-H
                             |                      |
                             H                      H
                      上下・左右逆でもよい        上下逆でもよい

        H                      H
        |                      |
      H-C-H                  H-C-H
④  H H  |  H           ⑤  H   |  H H
   | |  |  |              |   |  | |
 H-C-C--C--C-H          H-C---C--C-C-H
   | |     |              |   |  | |
   H |     H H            H   |  H H
   H-C-H                    H-C-H
     |                        |
     H                        H
  上下左右逆                 左右逆でもよい
  C－C－C－C も可
    |  |
    C  C
```

これらの構造式を炭素骨格のみで表すと，

```
①                ②              ③              ④     C                       ⑤   C
C－C－C－C－C－C  C－C－C－C－C  C－C－C－C－C  C－C－C－C ≡ C－C－C－C     C－C－C－C
                   |                |              |            |  |              |
                   C                C              C            C  C              C
```

Question

・p.31（📖 p.46）の例題の説明，一筆書きしたいくつかの構造式が同じであることがわからない：

```
C－C－C－C  や  C－C－C－C  や  C－C－C
|                        |      |   |
C                        C      C   C
```

は構造異性体（分岐炭化水素）ではない！　本来は立体である分子の構造を紙面（平面）に書いているので，紙面の構造式を見て，分子模型の立体構造を思い浮かべて考えることができないと，理解が難しい．例題の説明をよーく読んで理解すること．よく意味を考えて，何度も読み返してみよう（自分で書いてみることが大切である．それでもわからなければ，分子模型を購入して（借りて）模型を組み立てて考えてみるとよい[a]）．

a) 見分け方が2通りあったはず（p.8；📖 p.22）．それらの方法を活用して考えてみよう！

構造異性体（分岐炭化水素）の命名法：命名の手順　(p.32も参照)

(1) 命名したい分子の構造式上に，一筆書きで書くことができるひとつながりの線をすべて描いて，その分子構造式中の一番長い炭素鎖（分子骨格）を見つけ出す（p.32, 33）．この分子骨格の炭素数（炭素鎖長）に対応するアルカン名でこの分子を命名する．下の答 ① の名称はヘキサン，② と③はペンタン，④と⑤はブタン．

(2) 分子骨格炭素鎖の炭素原子に左端と右端から番号を付ける．

(3) 分子骨格の分岐部分の炭素番号を読み取る．左端と右端から数えた炭素の番号の小さい方の数字をその炭素の番号とする（小さい数字優先）．下の答 ② では 2-(4-ではない)，③ は 3-，⑤ は 2-(3-ではない)，④ は 2,3-(2,2-ではない．左端と右端から番号を付けてみて，ある炭素について，いったん数字が小さくなる方からの数え方を決めたら，その数え方で（同一方向から数えて）分子全体の炭素の番号付けを行う．小さい数字になるからといって，同一分子中では右からと左からの番号付けを混用しない，つまり答 ④ で 2,2-とはしない)．

(4) 分岐グループ（置換基）のアルキル基名をつける．答 ②～⑤ はすべて，置換基（分岐鎖）はメチル基．

(5) アルキル基の名称の前に，その同一アルキル置換基の個数 2，3，4，……個を意味するジ，トリ，テトラ……を付ける．答 ②, ③ は（モノ）メチル（モノは省略するのが約束），④, ⑤ はジメチル．

(6) 分岐部分の位置を示す炭素の番号数は置換基・分岐アルキル基の数だけ付ける（2-，3-，2,2-，2,3-，2,2,3-，2,3,3-，2,3,4-など）．④ では 2,3-，⑤ では分岐炭素の番号は 2 だが，分岐鎖（-CH_3）が 2 個あるので炭素の番号は 2 つ分必要，つまり 2,2-とする必要がある．なお，アルキル基の種類が異なる場合は，3-エチル-2-メチルのように，置換基は abc 順（エチル e，メチル m）で，番号は置換基別につける（3,2-エチルメチルとはしない）．

(7) 以上より，名称は，② 2-メチルペンタン，③ 3-メチルペンタン，④ **2,3**-ジメチルブタン（2-メチル-3-メチルブタンの省略形），⑤ **2,2**-ジメチルブタン（2-メチル-2-メチルブタンの省略形）．

置換基の個数が 2 個，3 個のジ，トリと，炭素の位置を示す 2-，3-，2,2-，2,3-を混同しないこと．

答 2-11 (2) 名称

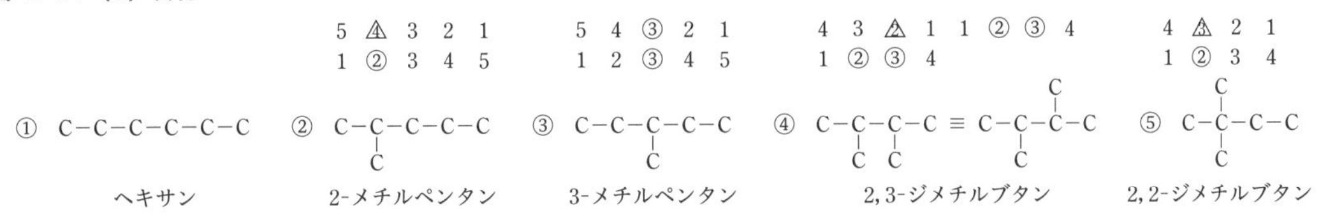

Question

・C−C−C−C（2位と4位にC）を 2,4-ジメチルブタンとしてはなぜダメなの？：　C−C−C−C（2位と4位にC）は C−C−C−C−C（2位にC）と同一である．p.4 の構造式の書き方，p.8 の構造式の見分け方（📖 p.22, 23, 45～47）を見よ．また，構造式がわからないときは，自分で分子模型をつくってみるとよい．実際に構造式をつくってみればすぐにわかるはずである．

“なぜ，ダメなの？”と質問する前に，なぜダメなのか自分で考えるべきである．わからなければ，以前に勉強したところを自分で探し出し，復習するのが問題解決の筋道である．こうすると，知識として残る・身につく・忘れない．勉強とは，わかるところを確認すること，新しいこと・わからないことを覚えることではなく，わからないところを自らわかろうと努力することである．

自分で納得してできるようになること．名称が答えと異なるとき，“こういう名前はダメなの？” という質問は，約束を認めようとしない態度である．約束に基づき，その名前となることを納得すべきである．

Question

・C−C(−C)−C(−C)−C は2,3-ジメチルブタン ➡ 1つのCからは1本しか手が出ていないのに，なぜ“ジ”なの？： 自分で必要なページ（命名法：p.32〜35）を探して復習すること（📖 p.45〜47）．ジ，トリといった名前の付け方は，そういう意味ではなかったはずである．ジメチルブタンとは，1つの分子に，分岐したメチル基が2個あるということ．この2個の結合場所は同じ炭素原子である必要はない．別々の炭素でもよい．

・C−C(−C−C)−C−C は2-エチルブタン？： 不適切な答えである．一応の名称としては悪くないが，命名法のルールは，一番長いCの鎖，一筆書き（p.8；📖 p.45）できる一番長いところを分子骨格として命名するのが約束だったはずである．

つまり，左の構造式は左下のように書き直せる．したがって，名称は3-メチルペンタンとなる（p.8「構造式の見分け方」の2を参照；📖 p.22）．分子の両端，ここでは，左上の構造の下端のCと右端のCを引っぱると，左下の構造となる．

C−C−C(−C)−C−C

名前をつける前に一筆書き（p.8；📖 p.22）を可能なだけすべて書いてみて（p.32，33，35），分子骨格（一番長い炭素鎖）をまず決定し，それに基づいて名前をつける．

・名前の付け方はわかったが，構造異性体の書き方がよくわからない？： Cを全部一列につなぐ．次にCを1つ切り離して残りを一列につなぎ，切り取ったCをこの鎖につける．このやり方を繰り返す．この書き方は，p.31〜34（📖 p.46）に詳しく説明した．わからなければ，ここに書いてあることを繰り返し読んで，また構造式を自分で紙（ノート）に書いて，理解するように努めること（それが勉強するということです！）

問題 2-12❢ 示性式 $CH_3CH(CH_3)CH(C_2H_5)CH_2CH_2CH_3$ の構造式を書き，命名せよ．

ヒント：示性式中に（ ）で示す部分が含まれているときは，通常，この部分は置換基なので，まずこの（ ）部分を除いて構造式を書き，その後で（ ）の中身を構造式につけ足すとよい．

問題 2-13❢ ジメチルプロパンとは，とくにメチル基の位置を指定しなくても（数字を省略しても）2,2-ジメチルプロパンのことである．それは2,2-ジメチルプロパンのみが“プロパン”と命名され，次の物質は，IUPAC命名法ではすべて“プロパン”以外の名称となるからである．

不適切な命名がなされている以下の物質，① 1,1-ジメチルプロパン，② 1,2-ジメチルプロパン，③ 1,3-ジメチルプロパン，④ 2,3-ジメチルプロパン，⑤ 3,3-ジメチルプロパンは正しくは何とよぶべきか．それぞれの名称に対応する構造式を書き，これらを命名法（IUPAC置換命名法，p.32，33，35）のルールに則って改めて命名せよ．

答 2-12

C−C(−C)−C(−C−C)−C−C−C（炭素骨格のみの省略構造），または C−C(−C)−C(−C−C)−C−C−C

3-エチル-2-メチルヘキサン，または2-メチル-3-エチルヘキサン（約束はabc順，ethyl，methylだが，本書ではどちらでも可とする）．

Question

・<u>$CH_3CH(CH_3)CH(C_2H_5)CH_2CH_2CH_3$ は C−C(C)−C(C)−C(C)−C−C とはならないのか？</u>：　この示性式中の（　）は分岐鎖（枝分かれ）である．わからなければ示性式の説明のあるところ（p. 20；📖 p. 29）を勉強しなおそう．そのうえで構造式を書けば，この構造式が不適切であることがわかるだろう．教科書の示性式どおりに書くこと（なぜ上記の構造式が書けるのか筆者には理解できない）．C_2H_5 はエチル基．メチル基 CH_3 ではない（上の構造式は 2,3,4-トリメチルヘキサン）．

・<u>3-エチル-2-メチルヘキサンと分けるのはどうして？</u>：　置換基名はエチル（e），メチル（m）のようにアルファベット（abc）順とするのがルールである（p. 29 答 2-4，35「命名の手順(6)」）．また，それぞれの置換基（メチル，エチルなど）がどの炭素原子に結合しているか，１つずつ，きちんと示して誤解がないようにするのが約束である（p. 35(6)）．つまり，3,2-エチルメチル（2,3-メチルエチル）とは書かない．これではメチルとエチルのどちらが２と３の炭素についているのか曖昧である．前からの順番にするとは誰も決めていない．しつこいくらい厳密に書く（曖昧さを徹底的に避ける）のが学問の世界の約束・基本的考え方・学問を進める前提である．なお，同じ置換基が２個ある場合は 2,3-ジメチルといった書き方をする．この場合，同じものなので誤解・間違いは起こらない．

・<u>ジとかトリとかは，どういうときにつけるの？</u>：　教科書の説明を読むこと．また，説明を読んだけれどこの質問が出たのなら，さらにもう一度読みなおすべきである（命名法：p. 33(5)，35(5)；📖 p. 45〜47）．わからないときは繰り返し何度でも読んでわかる努力をする．それでもわからないときは友人，教員に尋ねて教えてもらおう（同じ分岐鎖・置換基が２個あるとジ，３個あるとトリ）．

ジ，トリといった表現は，枝分かれした同じ置換基（例えば，メチル基 CH_3−）の数・個数を示す．2,3,4 といった数字は，分子骨格アルカン C−C−C……−C の炭素の位置（炭素原子の番号）を示したものである．2,2-○○という場合，１つ目の２が炭素の番号，２つ目の２が○○置換基の数（ジ）と混同する人がいるので注意しよう．２つの２ともに（2,2-）炭素の位置である．置換基２個なら 2,2-ジ○○である．

答 2-13：自分で納得してできるようになること

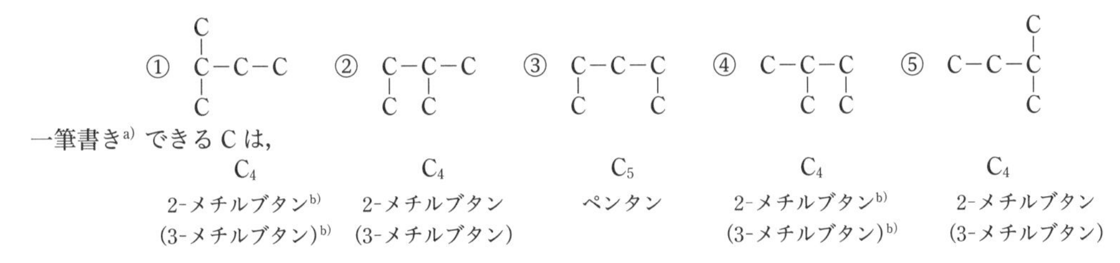

a)　または，頭の中で，分子の両端を引っぱってみる → C が直線で何個つながっているかがわかる．
b)　小さい数字を優先するのが約束（p. 35(3)；📖 p. 45）．

Question

・C−C(C)−C−C <u>は 2-メチルブタン．もし，これが</u> C−C−C(C)−C <u>だったらだめなのか？</u>：　これでもよい．左右を逆にすれば同じものだということがわかる．C−C−C−C(C) ならもちろん間違い．これは，全体が一筆書きできるので，ペンタンである．必要なら，“一筆書き”（p. 8；📖 p. 20〜23，45〜47 の説明）❢ を読むこと．また，分子模型を教員に借りて（または購入して），自分で組み立てて考えてみよう．すぐに理解・納得できるはずである．

問題 2-14　車のガソリンのオクタン価 100 であるイソオクタン $CH_3C(CH_3)_2CH_2CH(CH_3)CH_3$ の構造式を書き，規則名で命名せよ．

陥りやすい間違い例

・$CH_3C(CH_3)_2CH_2CH(CH_3)CH_3$ の構造式を下記のように書いている．つまり，示性式中の $(CH_3)_2$ を C_2H_5 にしてしまっている！：　$(CH_3)_2$ の意味は，$-CH_3$ が 2 個あるということなのでエチル基（C_2H_5-）とは異なる．

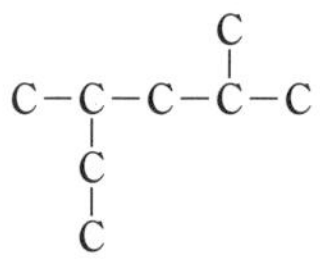

```
        C
        |
C-C-C-C-C
  |
  C
  |
  C
```

左の構造式に合わせて名前を付けると，2-エチル-4-メチルペンタンとなる．示性式で書けば，$CH_3CH(C_2H_5)CH_2CH(CH_3)CH_3$ となり，問題の示性式とは異なり，間違った構造式であることがわかる．

この構造式では，一番長い一筆書きの炭素鎖は C_6 なので（構造式の左下と右端を逆方向に引っぱってみよ），これが分子骨格である．したがって，この構造式の分子なら，名称は 2,4-ジメチルヘキサンとなる（3,5-ジメチルヘキサンとも命名できるが，命名の約束は小さい数字優先である）．

Question

・$CH_3C(CH_3)_2CH_2CH(CH_3)CH_3$ の $(CH_3)_2$ は C_2H_6 とまとめてはいけないの？：　上と同じ間違いをしている．まとめていいはずがない．何のために $(CH_3)_2$ と書いているのかを考えよう．メチル基が 2 個あるという意味である．C_2H_6 と書けばエタンになる（p.27）．分子骨格の炭素とつなぐ手がなくなること．“好き勝手”に考えてはいけない．ものごとには約束・ルールがあり，これを学ぶのが勉強である．CH_3 と書いたらメチル，（　）$_2$ と書いたら（　）中のものが 2 個あるという意味である．

答 2-14

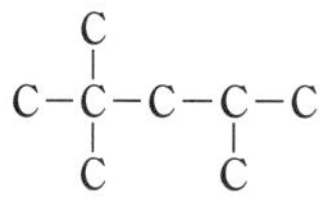

```
  C                     C     C
  |                     |     |
C-C-C-C-C   または   C-C-C-C-C（炭素骨格のみの省略構造）
  |   |                 |
  C   C                 C
```

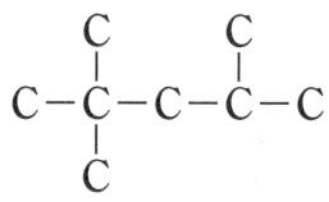

2,2,4-トリメチルペンタン

まず，示性式中の（　）のところを除いて炭素骨格を書く：$CH_3-C-CH_2-CH-CH_3$

次に，（　）の前の C に，分岐した CH_3- をつなぐ．

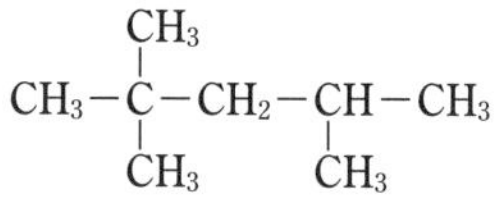

```
       CH3
       |
CH3 - C - CH2 - CH - CH3
       |          |
       CH3        CH3
```

Question

・何で 2,2,4-トリメチルペンタンになるの？：　2,4-トリメチルペンタンと間違って答えている人もいるようだが，p.33「命名の手順(6)」（📖 p.45, 47）では，置換基の数だけ場所を示す数字が必要だ，と強調している．このような注意にきちんと着目すること．また，授業中に注意したことは，ノートまたは教科書にしっかりとメモして，復習するときや試験勉強のときに確認できるように，目立つように印をつけておこう．

なお，2,2,4-トリメチルペンタンという答に，“なぜ？”とは質問してほしくない．筆者からすれば，なぜ，2,4-トリメチルと 2 個でよいのかを逆に質問したい．p.33(6)，35(6)（📖 p.47⑥）をしっかりと読むこと．「おかしいな」「なぜ」と思ったら，前に学んだ命名法のところに戻って，自分で復習する．それが「勉強する」ということである．

問題 2-15 ① C_4H_{10}，② C_5H_{12}，③ C_4H_8，④ C_5H_{10} の構造異性体の構造式をすべて，通常の書き方，および線描[a]による略式の書き方の両方で書け（飽和・不飽和は問わない）．なお，①は2個，②は3個，③は6個，④は11個の構造異性体が存在する（シス・トランスを含む）．

a）線描構造式の書き方は p.40，87（詳しくは，📖 p.48, 49）参照．

答 2-15

構造異性体は，直鎖部分の炭素数を1つずつ減らして順序だてて考える．

① C−C−C−C　または　；　C−C−C（中央のCにCが結合）　または

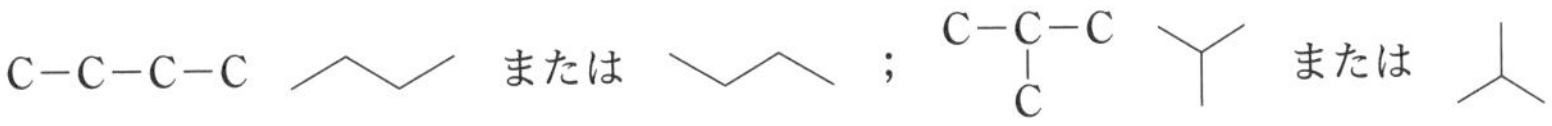

② C−C−C−C−C　または　；　C−C−C−C（2番目のCにCが結合）　または　；

C−C−C（中央のCの上下にCが結合）　または

③ まず，—C—C—C—C— と書いて，Hの数を確認する（C_4H_{10}）．この構造に，このままHを付けるとHが2個足りないので，2カ所の手を前もってつなぐ必要がある．つまり，環状構造（シクロアルカン）か二重結合を考える必要がある．

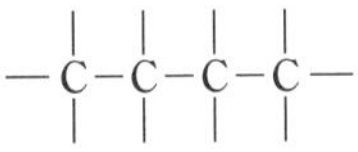

環　状：四員環　C−C／C−C　；　三員環　C／C−C

二重結合：4種類

C=C−C−C　；　C−C=C−C（H が上下）トランス　（p.106；📖 p.144）　C−C=C−C（H が同じ側）シス　；　C=C（C, C）

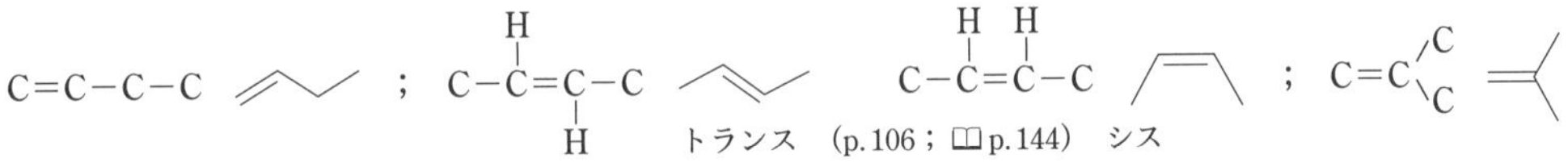

以上は上下・左右が逆の構造式でもよい．

④ ③と同様に，Hが2個足りないので，環状構造か二重結合を考える必要がある．

環　状：五，四，三員環が可能，三員環は3種類ある．

五員環　C／C　C／C−C　；　四員環　C−C／C−C−C

三員環　C／C−C−C−C　；　C／C−C−C−C　；　C／C−C−C（C）

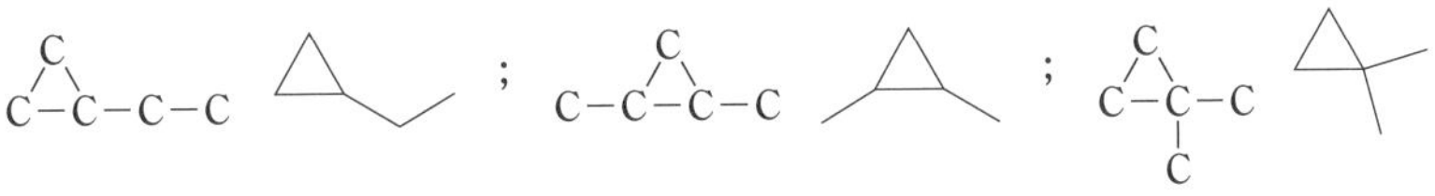

二重結合：二重結合の位置を"1つずつ"ずらして考える（以下は上下左右逆でもよい）．

C_5：

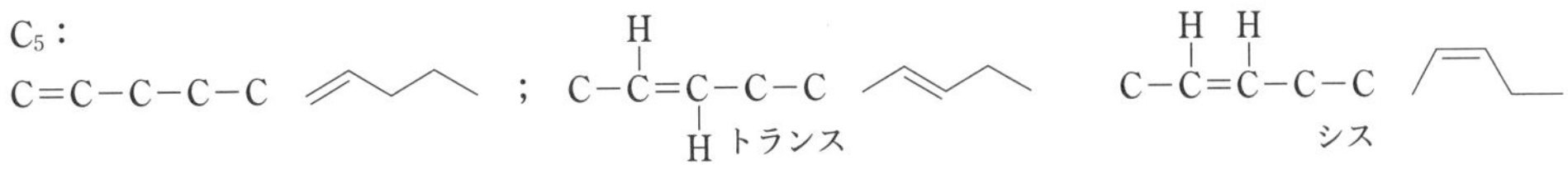

C=C−C−C−C　；　C−C=C−C−C（H が上下）トランス　　C−C=C−C−C（H が同じ側）シス

C_4+C_1（分岐鎖）：二重結合の位置を"1つずつ"ずらして考える（上下左右逆でもよい）．

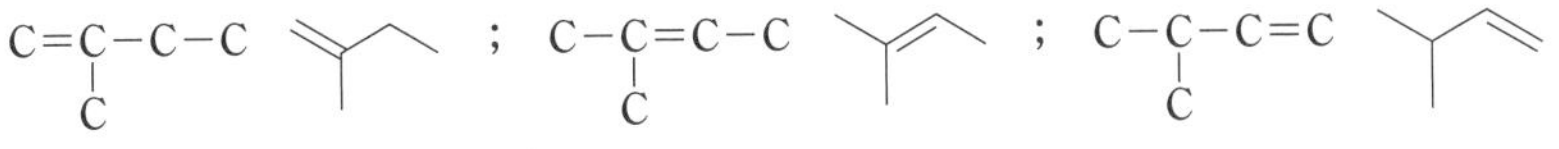

C=C−C−C（C）　；　C−C=C−C（C）　；　C−C−C=C（C）

Question

・<u>略式構造式の書き方がわからない</u>： 分子模型で分子を組み立て，形を観察，スケッチしてみよう（📖 p.230〜246）．書き方は，通常の構造式から C，H 原子と C−H 結合を省略し，C−C 結合のみを実線 − で表す．したがって，折れ線の折れ曲がったところ，および線の端には C 原子がある．アルカンの略式構造式は分子模型（実際の分子）の形状に合わせて，直線ではなく，ジグザグ線で書き表す（p.87）．基本的には隣り合う線（結合を示す線＝価標）同士の角度が，おおよそ 120° となるような形で表すこと．下の ◌ で囲んだ構造式は間違っているとはいえないが，通常，こういう書き方はしない．

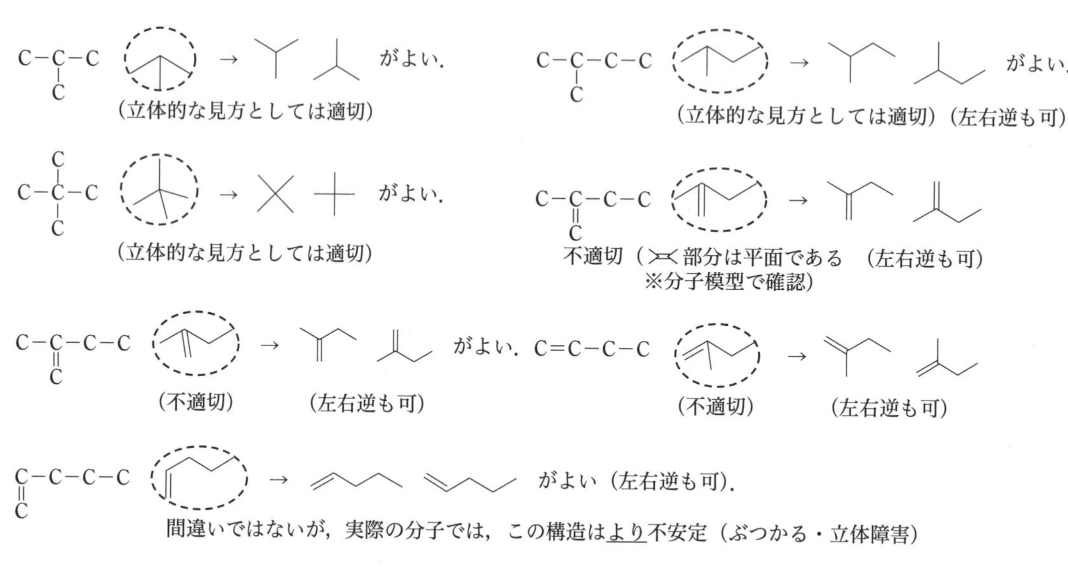

・答③の <u>2 つの構造式は</u>別物なのか？ <u>同じではないの？</u>： 別物である．両者はシス-トランス異性体（幾何異性体）である．p.106（📖 p.144，237，238）を読むこと．<u>分子模型をつくればすぐにわかる</u>．単結合は左下図のように回転できるが，二重結合は右下図のように，自由に回転はできない．

H(C)C=C(H)(C) と H(C)C=C(H)(C) （H(C)C=C(C)(H)）

C−C−C−C ⇄ C−C−C−C　　C−C=C−C と C−C=C−C

・C−C−C（C） → は正しいか？： これは C−C−C−C のことである（間違いではないが，より不安定・立体障害）． または と書く方がよい（配座異性体，📖 p.245）．

問題 2-16 ヘキサン C_6H_{14}，シクロヘキサン C_6H_{12}，ベンゼン C_6H_6 の構造式を通常式と線描式で書け．

問題 2-17 アルカンのまとめ（p.23，27；📖 p.30）を用いて名称・性質などの知識を確認せよ．

問題 2-18 以下の線描の構造式を基に，C，H を付けた正式の構造式を書け．

答 2-16 （要記憶）

通常の構造式

ヘキサン C_6H_{14}　　シクロヘキサン C_6H_{12}　　ベンゼン C_6H_6

上記のヘキサン，シクロヘキサン，ベンゼンはしばしば次のような線描式に略記される（これは約束）．

線描の略式構造式：自分で何度も書いてみること，手を動かすこと！

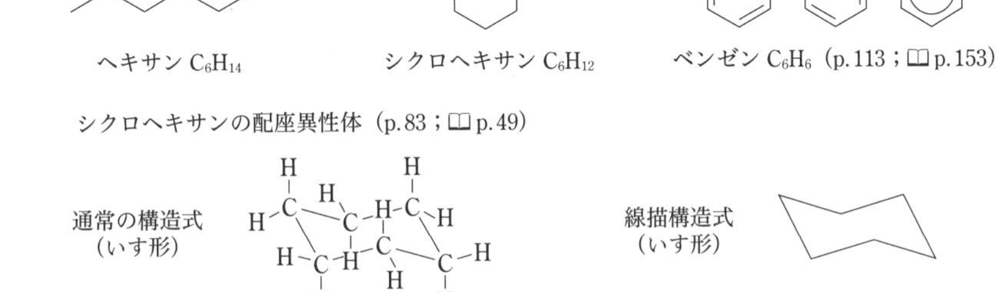

ヘキサン C_6H_{14}　　シクロヘキサン C_6H_{12}　　ベンゼン C_6H_6（p. 113；📖 p. 153）

シクロヘキサンの配座異性体（p. 83；📖 p. 49）

通常の構造式（いす形）　　線描構造式（いす形）

参考①：シクロヘキサン（📖 p. 48）→ シクロとは“輪・円 cyclo”のこと．cyclo 円（の）＝cycle 周期，循環（「円」が原義）＝circle 円，輪．自転車を bicycle という．これは，bi（ジ di と同じ意味で）2つの，cycle 輪，2輪車という意味である．つまり，シクロヘキサンとは輪になったヘキサン（C が6個で輪になった飽和炭化水素 C_6H_{12}）．

参考②：配座異性体（📖 p. 49，245）α, β 異性体（アノマー）の構造を理解する → グルコース（ブドウ糖）の構造（p. 83；📖 p. 118）を学習のこと．

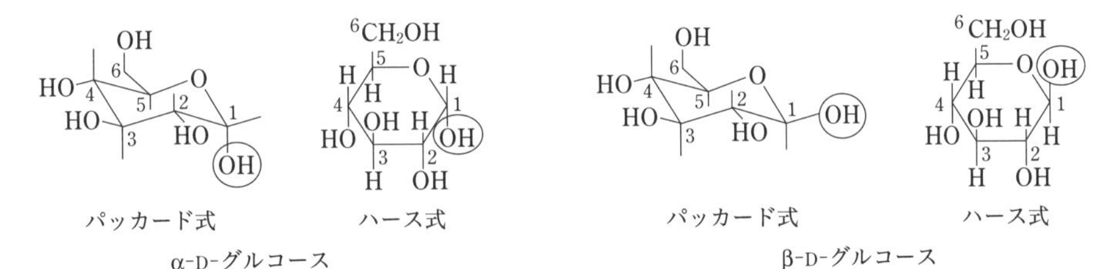

パッカード式　　ハース式

α-D-グルコース

パッカード式　　ハース式

β-D-グルコース

＊ パッカード式は実際の分子に対応，ハース式は食品学，生化学，栄養学分野の書き方．

シクロヘキサン環の面に対して，縦方向をアキシアル axial（軸方向，地球に例えると北極・南極の地軸方向），α-グルコースの C^1-OH など），横方向をエカトリアル equatorial（赤道方向，β-グルコースの C^1-OH など）という．

答 2-17　記載なし（各自で確認すること）．

答 2-18

確認テスト：構造異性体（分岐炭化水素）の命名法

問　題：次の名称の下に対応する構造式，構造式の上に名称を書け．

名　称	2-メチルヘキサン	3-エチルペンタン	2,4-ジメチルペンタン	2,2-ジメチルブタン
構造式				
名　称				
構造式	C−C−C−C 　 | 　 C 　 | 　 C 　 | 　 C	C | C−C−C−C | C | C	C−C−C−C |　　 |　| C　　 C　C	C 　 | C−C−C−C 　 | 　 C 　 | 　 C
名　称				
構造式	C　C 　 |　| C−C−C−C 　 | 　 C	C−C−C−C 　 |　|　| 　 C　C　C	C | C−C−C−C |　　 | C　　 C	C−C−C−C |　　 | C　　 C | C
名　称				
構造式	C 　　 | C−C−C−C 　 | 　 C 　 | 　 C	C　　 C−C |　　 | C−C−C	C | C−C−C 　 | 　 C	C 　 | C−C−C |　　 | C　　 C
名　称				
構造式	C 　　　　 | C−C−C−C−C 　　 | 　　 C 　　 | 　　 C	C 　　　　 | C−C−C−C−C 　　　　 | 　　　　 C		

＊このテストのできが不十分だったら，できなかった問題に印をつけておき，p.31～38 の命名法，（📖p.45～48）を再度学習した後で，この問題を解いてみる．完全にできるようになるまで繰り返すこと！

＊ペンタン（3 種類，p.31～33），ヘキサン（5 種類，p.33～36），ヘプタン C_7H_{16}（9 種類，次ページ下）の構造異性体の構造式と名称をすべて書けるようにせよ．

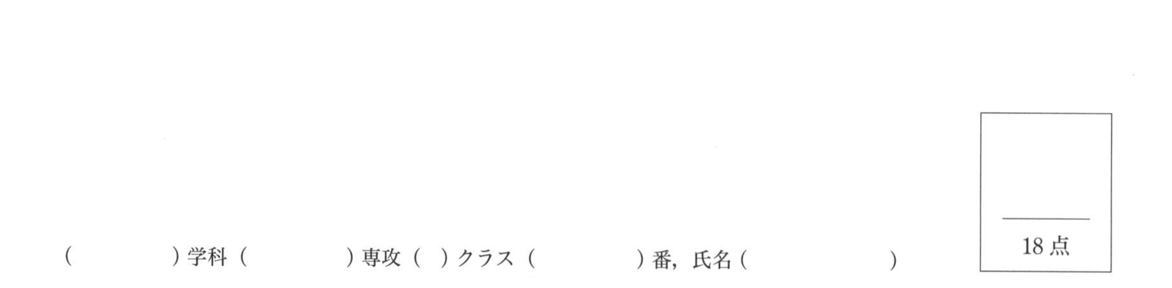

（　　　　）学科（　　　　）専攻（　）クラス（　　　　）番，氏名（　　　　　　）

18 点

確認テスト：構造異性体（分岐炭化水素）の命名法［答え］

問　題：次の名称の下に対応する構造式，構造式の上に名称を書け．

<table>
<tr><td>名　称</td><td>2-メチルヘキサン[a]</td><td>3-エチルペンタン[a]</td><td>2,4-ジメチルペンタン[a]</td><td>2,2-ジメチルブタン</td></tr>
<tr><td>構造式</td><td>C−C−C−C−C−C
　|
　C</td><td>C−C−C−C−C
　　|
　　C
　　|
　　C</td><td>C−C−C−C−C
　|　　|
　C　　C</td><td>　C
　|
C−C−C−C
　|
　C</td></tr>
<tr><td>名　称</td><td>3-メチルヘキサン[a]</td><td>3-メチルヘキサン</td><td>3-メチルヘキサン</td><td>3,3-ジメチルペンタン[a]</td></tr>
<tr><td>構造式</td><td>C−C−C−C
　|
　C
　|
　C
　|
　C</td><td>C
|
C−C−C−C
|
C
|
C</td><td>C−C−C−C
|　　|　|
C　　C　C</td><td>　C
　|
C−C−C−C
　|
　C
　|
　C</td></tr>
<tr><td>名　称</td><td>2,2,3-トリメチルブタン[a]</td><td>2,3-ジメチルペンタン[a]</td><td>2,4-ジメチルペンタン</td><td>2-メチルヘキサン</td></tr>
<tr><td>構造式</td><td>　C　C
　|　|
C−C−C−C
　|
　C</td><td>C−C−C−C
　|　|　|
　C　C　C</td><td>C
|
C−C−C−C
|　　|
C　　C</td><td>C−C−C−C
|　　|
C　　C
|
C</td></tr>
<tr><td>名　称</td><td>2,3-ジメチルペンタン</td><td>ヘキサン</td><td>2-メチルブタン</td><td>3-メチルペンタン</td></tr>
<tr><td>構造式</td><td>　　C
　　|
C−C−C−C
　|
　C
　|
　C</td><td>C　　C−C
|　　|
C−C−C</td><td>C
|
C−C−C
　|
　C</td><td>　C
　|
C−C−C
|　　|
C　　C</td></tr>
<tr><td>名　称</td><td>3-エチル-2-メチルペンタン[b]</td><td>2,2-ジメチルペンタン</td><td></td><td></td></tr>
<tr><td>構造式</td><td>　　　C
　　　|
C−C−C−C−C
　　|
　　C
　　|
　　C</td><td>　　　C
　　　|
C−C−C−C−C
　　　|
　　　C</td><td></td><td></td></tr>
</table>

a)　ヘプタンの構造異性体（ヘプタンを含めて 9 種類ある）：ヘプタン，2-メチルヘキサン，3-メチルヘキサン，2,2-ジメチルペンタン，3-エチルペンタン，2,3-ジメチルペンタン，2,4-ジメチルペンタン，3,3-ジメチルペンタン，2, 2, 3-トリメチルブタン（下線以外のものは本ページに構造式あり）．

b)　命名のルールは abc 順なので e（エ），m（メ）の順だが，2-メチル-3-エチルペンタンでも可とする．

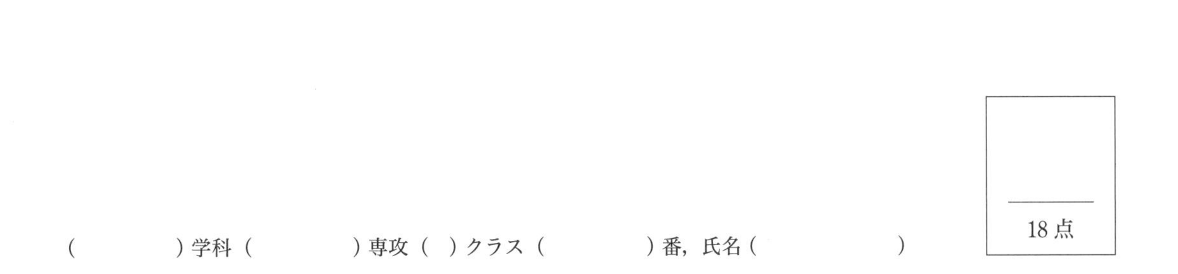

（　　　　）学科（　　　　）専攻（　）クラス（　　　　）番，氏名（　　　　　　）

18 点

3章 13種類の化合物群について理解すること・頭に入れること

📖 p.52〜65

アルカン，ハロアルカン，アミン (📖 p.56〜58)

グループ名は，アルカン・ハロアルカン，アンモニア・アミン・アミノ酸，とセットで覚えること．

アルカン C_nH_{2n+2} とは，CとHのみが単結合でつながった飽和炭化水素であり，**R−H** で表す．脂肪族飽和炭化水素，メタン系炭化水素ともいう．炭素数 n が異なる複数のアルカンとシクロアルカン（p.40,41；📖 p.48）の混合物がガソリンや灯油である．つまり，アルカンは油であり水に溶けない．

ハロアルカンとは，アルカンのHの一部，または全部をハロゲン元素Xで置き換えたもの．Hを1個だけXで置き換えたもの（一置換体）を $C_nH_{2n+1}-X$（**R−X**）で表す．ハロアルカンは油の親戚である．代表例はクロロホルム（トリクロロメタン）．アルカンに比べてわずかに極性（p.53）をもつ．

アミンはアンモニア $\mathbf{NH_3}$ $\left(\begin{array}{c}H-N-H\\ |\\ H\end{array}\right)$ の親戚．Hの1〜3個をC，つまりRに置き換えたものである．

$\begin{array}{c}R-N-H\\ |\\ H\end{array}$, $\begin{array}{c}R-N-H\\ |\\ R'\end{array}$, $\begin{array}{c}R-N-R''\\ |\\ R'\end{array}$（第一級，第二級，第三級アミン）．これらはすべて NH_3 と似た性質，つまり，アンモニア臭（腐った生ごみの刺激臭[a]），水溶液は塩基性（アルカリ性）を示す．$-\mathbf{NH_2}$ をアミノ基という．アミンの代表例はメチルアミン（メタンアミン）CH_3-NH_2，トリメチルアミン[b] $(CH_3)_3N$ である．タンパク質を構成するアミノ酸はアミノ基をもつ酸であり，その一般式は $\begin{array}{c}H\\ |\\ R-C-COOH\\ |\\ NH_2\end{array}$.

a) メチルアミン：動植物が腐敗分解するときにアンモニアとともに生じる，b) *N*,*N*-ジメチルメタンアミン．

問題 3-1 (1) C_4H_{10}，C_6H_{14}，(2) $CHCl_3$，(3) ① CH_3NH_2，② $(CH_3)_2NH$，③ $(CH_3)(C_2H_5)NH$，④ $(C_2H_5)_3N$，⑤ $(CH_3)_2(C_2H_5)N$ について，グループ名を述べよ．わからなければ構造式を書いて考えよ（次の例を参考にせよ）．また，名称も考えてみよ．

例） CH_3Cl は，グループ名・ハロアルカンで，化合物名・クロロメタン．

グループ名：CH_3Cl は CH_3-Cl，CH_3- はメチル基，これはアルキル基の一種だから R− と書ける．したがって，CH_3-Cl は $R-Cl(RCl)=R-X(RX)$ なので CH_3Cl は $R-X(RX)$・ハロアルカンとわかる．名称：CH_3Cl はCが1個だからメタン，このメタン CH_4 のHの1つがCl（クロロ）に置き換わったものなので，（モノ）クロロメタンとなる（モノは省略するのが約束）．

答 3-1

(1) C，Hの化合物で，単結合のみの化合物（飽和炭化水素 C_nH_{2n+2}，構造式を書いてみる：

$-\overset{|}{\underset{|}{C}}-\overset{|}{\underset{|}{C}}-\overset{|}{\underset{|}{C}}-\overset{|}{\underset{|}{C}}-$）→ アルカン → Cが4個はブタン，Cが6個はヘキサン（覚えたことを思い出すこと！）

(2) C，HとClから成り立っているのでハロアルカン（Cが1個だからメタン，Clが3個だからトリ・クロロ → トリクロロメタン）．

Question

・答 3-1(2) の $CHCl_3$ はクロロホルムではだめなの？：　前ページにクロロホルムと記載しているので悪いはずはないが（自分で判断できるはず），クロロホルムは慣用名（習慣的に使ってきた名称）であり，規則名（IUPAC 置換命名法）はトリクロロメタンである（📖 p.68）．つまり，同じ物質に2つの名称がある場合がある（下記囲み参照）．クロロホルムという名称ではどのような化学式かわからないが，トリクロロメタンといえば，C が1個で Cl が3個，$CHCl_3$ とすぐわかる．ここでは IUPAC 名で記載している．

・$CHCl_3$ がなぜトリクロロメタンかわからない？　なぜメタンになるの？：　当然“メタン”ではない．よって，トリクロロと書いて“メタン”と区別している．何という名前にしたら納得するだろうか．何という名前だと良いだろうか．わからなかったり，納得いかなかったら構造式を書いてみること．この構造をなぜトリクロロメタンというのか，なぜメタンという名前なのか，推測できるはずである．$CHCl_3$ 中の炭素が1個でメタンと同じ数なのでメタンという語尾がある．メタンの4個の H のうち3個を Cl に置き換えたものである．よって，トリクロロメタン（メタンの H を3個 Cl に置き換えた）という名前で何の不思議もない．そもそも，炭素が1個の場合にはメタンという名前にする，有機化合物の名称は炭素の数に合わせてつける，というのが置換命名法（本書では“規則的命名法”とも表記）の約束である（下記囲み；📖 p.45）．トリクロロは，メタンという名詞（主語）を修飾している形容詞である（クロロが3つになったメタンという意味，語尾が主語）．日常生活での例：埼玉の佐藤さん，東京の佐藤さん，神奈川の佐藤さんは，3人とも同姓だが，別人なので埼玉などの地名をつけて区別，呼称している（メタンと(モノ)クロロメタン，ジクロロメタン，トリクロロメタン，テトラクロロメタンの関係も同じ！）．

化合物の名称：昔から使いなれた名称・慣用名と，化学者のいわば国際連合・**IUPAC**（International Union of Pure and Applied Chemistry）で定めた命名法に基づく名称である**置換名と官能種類名（基官能名）**がある（1993年勧告）．2013年勧告ではさらに**優先 IUPAC 名**（置換名優先）が定められた．

答 3-1(3)

①～⑤はすべてアミンである．構造式を書いてみよ（N の手は3本，アンモニアの構造をもとに考えよ）．

① $CH_3-NH_2 = R-NH_2$ でアミン．R－がメチル基 CH_3- なのでメチルアミン（IUPAC 官能種類命名法）[c]．または C が1個のメタンの H の1つを $-NH_2$（アミノ基）に置き換えたものなので，メタンアミン（IUPAC 置換命名法）[c]．　$CH_3-N(H)-H$

c)　巻末付録1の命名法のまとめ問題参照．

② メチル基が2個だからジメチルアミン（*N*-メチルメタンアミン）（第二級アミン RR′NH，R_2NH）．

③ エチル(メチル)アミン（官能種類命名法，R は abc 順）．置換命名法では，*N*-メチルエタンアミン．第二級アミン RR′NH では，長い方のアルキル基を主，短い方を $-NH_2$ の H の置換基 *N*-○○として命名する．

④ C_2H_5-（C が2個だからエタン → エチル基）が3個だからトリエチルアミン（*N,N*-ジエチルエタンアミン）（第三級アミン RR′R″N，R_2R′N，R_3N）．

⑤ エチル(ジメチル)アミン（官能種類命名法，R は abc 順；エ(e) メ(m)）．置換命名法では *N,N*-ジメチルエタンアミン；第三級アミン RR′R″N，R_2R′N，R_3N）．魚の生臭さのもとは $(CH_3)_3N$ トリメチルアミン（*N,N*-ジメチルメタンアミン）$CH_3-N(CH_3)-CH_3$ である．

Question

・(−NH_2，−NH，−N) NH_2 でなくてもアミンとよんでよいの？　$(CH_3)(C_2H_5)NH$ がなぜアミンなの？：　前ページ冒頭（📖 p.58）に，RR′NH もアミンということ，なぜアミンというかも記載した．質問する前にいまいちど読み込んでほしい．アンモニア NH_3 の H の1～3個を C (R) で置き換えたものがすべてアミンである．これらはすべて，アンモニアに似た性質をもつ．NH_3 の3個の H のうち，1個の H を C で置き換えたものが第一級アミン RNH_2，2個置き換えたものが第二級アミン RR′NH，3個置き換えたものが第三級アミン RR′R″N である（これは，(R−)(R′−)(R″−)N のこと）．これらは少しわかりにくいかもしれないが，N の手が3本（−N(|)−）と書くとすぐに構造式が書けるだろう．すなわち，RR′NH は R−N(R′)−H，RR′R″N は R−N(R′)−R″ のことである（R，R′，R″ は N のどの位置につけてもよい）．

・何で（$(C_2H_5)_3N$ は NH ではなく，N だけになっているの？： どうしてこのような質問が出るのだろうか？ N は手が 3 本なので，エチル基（C_2H_5-）が 3 個あれば，H が付く手は残っていない．別に H が残らなくてもアミンである（p.44，62；📖 p.58，82）．NH_3 の H の 1〜3 個を R（アルキル基，C−）に置き換えたものをアミンというと記載している．つまり，H が 3 個とも C− に置き換わってもアミンであり，NH_3 と似た性質をもつ．$-\ddot{N}-$ の非共有電子対が塩基性のもと，臭いのもとである（p.62；📖 p.81, 85）．$(C_2H_5)_3N$ は $(C_2H_5-)_3N$ のこと．つまり，$C_2H_5-\ddot{N}(C_2H_5)-C_2H_5$ である．化学式を見て，それが何を示すかわからなかったら構造式を書いてみよ（N の手は 3 本！）．

アルコール・エーテル（📖 p.57）

水・アルコール・エーテルとセットで覚えること．

アルコールは，水分子 H_2O（H−O−H）の H の片方を C（R−，アルキル基）に置き換えたもの，R−O−H である．アルコールは水の性質のもとである **−O−H** 基を残しているので水の親戚．C の数が少ない C_3 までの短鎖アルコールは水によく溶ける．また，**R**− はいわば油なので，油の親戚でもある．つまり，水と油のハーフである．代表例は酒の成分のエタノール（ethanol）．

エーテルは，水分子 H−O−H の両方の H を C（R−）に置き換えたもの，R−O−R′ である．エーテルは水の性質のもとである −O−H 基を残していないので水と他人，両端が油の R− なので油の親戚である．代表例はジエチルエーテル（エトキシエタン）．沸点が低く，また水には少ししか溶けない．

問題 3-2 （1）CH_3OH，C_2H_5OH，C_3H_7OH，（2）CH_3OCH_3，$CH_3OC_3H_7$，$C_2H_5OC_2H_5$ のグループ名を述べよ．わからなければ構造式を書いてみよ．また，名称も考えてみよ．

答 3-2

（1） CH_3-OH, C_2H_5-OH, C_3H_7-OH のこと．CH_3-，C_2H_5-，C_3H_7- はアルキル基 R− なので，これらはアルコール R−OH（ROH）である．または構造式を書けば，すべて −C−OH, ……−C− のことを R− と書くから R−OH → アルコール（R−OH の R を H に変えれば H−OH＝H_2O，ROH は水由来の化合物であることがわかる）．水 H_2O は H−O−H この −O−H が水の性質のもとである．この H_2O，H−O−H の H の 1 つを R（アルキル基，C のつながり）に変えた R−O−H がアルコール，水のもと −O−H（ヒドロキシ基，ヒドロ → H（hydrogen 水素），オキシ → O（oxygen 酸素））があるので水の親戚．また，R は油なので，R−OH は水と油のハーフ．R− が大きくなれば（C−C−……C− の数が増えれば）油の性質が増す（C_3 のアルコールまでは水によく溶ける）．

名称の考え方： メタン，エタン，プロパンに対応して，メタノール（メタンアルコールをメタン・オール methanol と略称している），エタノール（エタン・オール）ethanol，プロパノール propanol（1-プロパノール，プロパン-1-オール）：置換命名法の約束はアルカンの名称（…ane の e を取って）後にアルコール alcohol の語尾オール ol をつける（…an~~e~~ol）．なお，官能種類命名法ではメチルアルコール，エチルアルコールという．

（2） CH_3-O-CH_3，$CH_3-O-C_3H_7$，$C_2H_5-O-C_2H_5$ のこと．CH_3-，C_2H_5-，C_3H_7- はアルキル基 R− なので，これらは R−O−R′（ROR′），エーテルである．または，構造式を書けばすべて −C−O−C− なので，C を R に変えて，R−O−R′ → エーテル（R−O−R′ の R, R′ を H に変えれば H−OH，つまり H_2O，ROR′ も R−OH 同様，水由来の化合物とわかる）．水のもと −OH がなくなって，−O− の両端が油である R− で占められているので，これはすでに水とは他人，油の親戚である．

名称の考え方： CH_3OCH_3 ではメチル基が 2 個だからジメチルエーテル[a]，$CH_3OC_3H_7$ はアルキル基を abc 順（m, p）に並べてメチルプロピルエーテル[a]，$C_2H_5OC_2H_5$ はジエチルエーテル[a]．

a) エーテルとアミンの2種類の化合物群の名称のみは，本書ではIUPAC官能種類命名法（下記）に基づく．エーテルの優先IUPAC名（置換命名法）では，ジメチルエーテルはメトキシメタン（メトキシとはメチルオキシ CH_3-O-），メチルプロピルエーテルはメトキシプロパン，ジエチルエーテルはエトキシエタン（エトキシとはエチルオキシ C_2H_5-O-）という．R−O−をアルコキシ基という．アルコキシとはアルコ（ール）・オキシ，オキシとは酸素O，オキシジェン oxygen のことである．

アルデヒド，ケトン，カルボン酸，エステル，アミド (📖 p.59〜63)

これらの化合物群はアルデヒド・ケトン／カルボン酸・エステル・アミドとセットで覚える．

これら5種類は，すべてアシル基 **R−CO−**（**−CO−** はカルボニル基）をもつ化合物群である．

アルデヒド **R−CHO** とケトン **R−CO−R′** は，それぞれ第一級アルコールと第二級アルコールが酸化（脱水素）されて生じたものである．両者はともに−CO−基に基づく高い反応性（後述）を示し，カルボニル化合物とよばれる．代表例は殺菌・消毒・防腐剤ホルマリンの成分であるホルムアルデヒド（メタナール）**HCHO** と，ケトンという名称のもととなった代表的溶剤であるアセトン（**2-**プロパノン 2-propanone，プロパン-**2**-オン propan-2-one）$\mathbf{CH_3COCH_3}$ である．糖もアルデヒド，ケトンの一種である（アルドース，ケトース，p.83；📖 p.118）．

カルボン酸 **R−COOH** は，代表的な有機酸であり，水溶液は酸性を示す．代表例は酢酸（エタン酸）$\mathbf{CH_3COOH}$ である．脂肪酸とはCが3個以上（天然では実質Cが4個以上）のカルボン酸のことである．

エステルとアミドは，ともにカルボン酸からできている．カルボン酸とアルコールが反応（脱水縮合）したものがエステル **R−CO−OR′** であり，代表例は酒の吟醸香でビニール風船の溶剤でもある酢酸エチル[c]（エタン酸エチル）$\mathbf{CH_3COOC_2H_5}$，中性脂肪は脂肪酸と三価のアルコール・グリセリン（グリセロール）のエステルである．カルボン酸がアンモニアや第一級，第二級アミンと脱水縮合したものがアミド $\mathbf{R-CO-NH_2}$，**R−CO−NHR′**，**R−CO−NR′R″** である．代表例は酢酸とアンモニアが反応したアセトアミド[c]（エタンアミド）$\mathbf{CH_3CONH_2}$．アミノ酸のカルボキシ基 −COOH と別のアミノ酸分子のアミノ基 $-NH_2$ が脱水縮合して生じたアミドを特にペプチドという．タンパク質はたくさんのアミノ酸がペプチド結合（**−CO−NH−**）したポリペプチドである．

c) 優先IUPAC名．

問題3-3　次の（1）〜（5）についてそれぞれのグループ名を述べよ．構造式を書いて考えよ．可能ならば化合物名も考えてみよ．
（1）CH_3CHO，HCHO　（2）CH_3COCH_3，$(CH_3)_2CO$，$C_2H_5COC_3H_7$　（3）CH_3COOH，HCOOH，C_3H_7COOH　（4）$CH_3COOC_2H_5$，$CH_3COOC_4H_9$，$C_4H_9OCOCH_3$，$C_2H_5COOC_3H_7$　（5）CH_3CONH_2，$CH_3CONH(CH_3)$，$CH_3CON(CH_3)_2$

Question

・カルボニルとケトン，アルデヒドの違いがわからない：　−CO−（$-\underset{\underset{O}{\|}}{C}-$）のことをカルボニル基という．

−CO−の左右に何が結合していても，それと関係なく，−CO−部分のことのみをカルボニル基という．右側にHが結合したものをアルデヒド基 −CO−H（$-\underset{\underset{O}{\|}}{C}-H$），これを通常 **−CHO** と書く（左側にC（R），R−CHOならアルデヒド），左右ともにC（R）が結合したものをケトン（この場合の−CO−をケトン基とよぶこともある．つまり

C−CO−C（C−C(=O)−C）がケトン基），右側に OH が結合したものをカルボキシ基 −CO−OH，−COOH という（左側に C（R），R−COOH ならカルボン酸という）．

R−C(=O)—，R−CO−，RCO− はアシル基，−C(=O)− のみはカルボニル基．カルボニル基の片方に R（C）を付けたのがアシル基 R−CO−（代表例はアセチル基 $\mathbf{CH_3-CO-}$），H−CO−はホルミル基（ギ酸 HCOOH，H−CO−OH のアシル基，アルデヒド基 HCO−は−CHO と同じだから，アルデヒド基をホルミル基ともいう．formic：あめ色の小さい蟻）．アシル基の“アシル”はアシッド（acid，酸のこと）由来の言葉である（R−COOH の R−CO−部分）メタン methane → メチル基 methyl に対し，アシッド acid → アシル基 acyl と対応している（methane → methyl 基に対応して acid（酸）→ acyl 基）．

以下，a）優先 IUPAC 名．

答 3-3

(1)　CH_3CHO は CH_3-CHO なので **R−CHO**（RCHO）でアルデヒドである．HCHO は H−CHO と書ける．R−とは通常は C−のことであるが，これのみ例外的に H を R−とみなす．一番小さいアルデヒドである．アルデヒドは alcohol dehydrogenatum（第一級）アルコールが脱水素（＝酸化）されたものという意味に由来している（p.70，78）．de → 取れる（DNA：deoxy-ribo-nucleic acid, deoxy → 酸素が取れた五炭糖のリボース 2′-deoxy-ribose（p.103），核酸），ヒドロ → hydrogen 水素（水を生むもの，水のもと）．

名称の考え方：アルカン＋アル alkan-al：アルデヒド aldehyde の語頭 al を付ける．CH_3CHO は C が 2 個でエタン → エタンアルデヒド → エタン・アル ethan-al → エタナール ethanal．慣用名ではアセトアルデヒド[a] といい，酒の悪酔いのもと（アセトアルデヒドが酸化されると酢酸，アセティック・アシッドとなる．📖 p.123），HCHO は C が 1 個でメタン → メタン・アル → メタナール．慣用名でホルムアルデヒド[a]（formaldehyde）といい新しい家で体調を悪くしてしまう病気・シックハウス症候群の原因物質の一つである．煙中に含まれており食品の燻製に利用（殺菌作用）．食品衛生・環境衛生で必ず学ぶ重要物質．ホルムアルデヒドが酸化されるとギ酸（蟻酸），フォーミック・アシッド formic acid）となる．ホルムアルデヒド水溶液をホルマリン formalin という（理科室の生物試料のホルマリン漬け・防腐剤，殺菌剤，消毒剤，📖 p.123）．

(2)　CH_3COCH_3 は RCOR（**RCOR′**）でケトン．$(CH_3)_2CO$ は R_2CO（**RR′CO**）で，やはりケトン．
構造式を書いてみよ，　○−C(=O)−○，$CH_3-C(=O)-CH_3$，R−C(=O)−R，R−C(=O)−R′

$C_2H_5COC_3H_7$ は RCOR′ でケトン．ケトンの代表例は $CH_3COCH_3 = (CH_3)_2CO$，慣用名アセトン（規則名は **2-**プロパノン，プロパン-**2-**オン）．

名称の考え方：CH_3COCH_3，$CH_3-C(=O)-CH_3$ は C の数が 3 個でプロパン→プロパンケトン → プロパン・オン（C_3 のケトン）→ C^2 の位置が C=O なので，2-プロパノン，プロパン-2-オン[a]，慣用名はアセトン．$(CH_3)_2CO$ は CH_3COCH_3 のことなので同上．$C_2H_5COC_3H_7$ は C が 6 個でヘキサン，C^3 の位置が C=O となったケトンなので，→ 3-ヘキサノン，ヘキサン-3-オン．

カルボニル基は人の顔（−C(=O)−）と書けば，どのような構造かがすぐにわかる ⟶ R−C(=O)−R′.

アルデヒドとケトンは親戚．ともにアルコールが脱水素・酸化されたものであり，反応性が高い．専門分野を学ぶうえで最も重要な化合物群である．アセトン体・ケトン体（重度の糖尿病など）は生化学・栄養学では必ず学ぶ．糖はアルデヒド・ケトンの一種である．香りのもととして香水・人工香料に用いられるものも多い．

(3)　CH_3COOH，C_3H_7COOH は **RCOOH** でカルボン酸．ギ酸 HCOOH（H−COOH）は HCHO と同様に，例外的に H−を R−とみなすと RCOOH カルボン酸．カルボン酸の代表例は酢酸 CH_3COOH．カルボキシ基 −COOH はカルボン酸のもと．水溶液は酸性，酸性のもとは H^+．専門分野で学ぶ代表的な有機酸．

名称の考え方：CH_3COOH，HCOOH，C_3H_7COOH はそれぞれ C の数（COOH の C も含む）が 2 個・1 個・4 個なのでエタン・メタン・ブタン → エタン酸・メタン酸・ブタン酸という．慣用名は CH_3COOH が酢酸，HCOOH はギ酸[a]．酢酸は食酢の酸，ギ酸は蟻が出す酸という意味．なおブタン酸はバター butter の酸という意味で，日本語では酪酸（"酪" 農）．ブタン butane も butter に由来．

以上を，より詳しく説明すれば，エタン，ブタン，プロパンが変化してできた有機酸（カルボン酸）なのでエタン酸……という．アルカンであるエタン C_2H_6，ブタン C_4H_{10}，プロパン C_3H_8 が酸化されると ROH，つまり，アルコールになる（ただし，実際には簡単には酸化されない）：エタノール CH_3CH_2OH（C_2H_5OH），1-ブタノール（ブタン-1-オール）$CH_3CH_2CH_2CH_2OH$（C_4H_9OH），1-プロパノール（プロパン-1-オール）$CH_3CH_2CH_2OH$（C_3H_7OH）．これが，さらに酸化されると RCHO，つまり，アルデヒドとなる（p.70〜72；📖 p.60，94，114）：CH_3CHO，$CH_3CH_2CH_2CHO$（C_3H_7CHO），CH_3CH_2CHO（C_2H_5CHO）．さらに酸化されて RCOOH，つまり，カルボン酸になる：CH_3COOH，$CH_3CH_2CH_2COOH$（C_3H_7COOH），CH_3CH_2COOH（C_2H_5COOH）．以上，CH_3COOH，C_3H_7COOH，C_2H_5COOH はエタン，ブタン，プロパンからできた酸（C の数が 2，4，3 の酸）だから，COOH の C を含めた炭素の数に基づいてエタン酸，ブタン酸，プロパン酸とよぶ約束である．

(4)　$CH_3COOC_2H_5$，$CH_3COOC_4H_9$，$C_2H_5COOC_3H_7$ は CH_3−CO−OC_2H_5，CH_3−CO−OC_4H_9（逆向きに書くと C_4H_9−O−CO−CH_3），C_2H_5−CO−OC_3H_7 = **RCO−OR′** = **RCOOR′** でエステル．−CO−O−，C−CO−O−C（逆向きに書くと −O−CO−，C−O−CO−C）をエステル結合という．

名称の考え方：$CH_3COOC_2H_5$，$CH_3-\underset{\underset{O}{\|}}{C}-O-C_2H_5$ は CH_3COOH 酢酸の H を R′=C_2H_5=エチル基に置換えた形なので酢酸エチル[a]（エタン酸エチル），$CH_3COOC_4H_9$ は R′=C_4H_9=ブチル基なので酢酸ブチル（エタン酸ブチル），$C_2H_5COOC_3H_7$ はプロパン酸の H を R′=C_3H_7=プロピル基に置き換えた形なのでプロパン酸プロピルと呼称する．つまり，命名法は○○酸△△．ただし，実際には○○酸△△は○○酸のアシル基 RCO−と△△アルコールのアルコキシ基 −O−R 部分が結合したものである．

エステルとは，有機酸 RCOOH（カルボン酸）や無機酸（オキソ酸 H_2SO_4，HNO_3，H_3PO_4）とアルコールが脱水縮合して生成する化合物の総称（反応式は p.50，95，96；📖 p.133）．カルボン酸のエステル RCOOR′ は花や果物の香りのもと・芳香性物質．代表例は酢酸エチル[a]（エタン酸エチル）$CH_3COOC_2H_5$（酒の吟醸香）．油脂である中性脂肪（トリグリセリドまたはトリアシルグリセロール）も長鎖カルボン酸（脂肪酸）3 分子と三価アルコールであるグリセリン（グリセロール）のトリエステルである（p.101，103；📖 p.134）．細胞膜を構成するリン脂質，遺伝子の本体 **DNA**，生体エネルギー源 **ATP**（p.102，103；📖 p.137）はリン酸エステルである．

(5)　CH_3CONH_2，$CH_3CONH(CH_3)$，$CH_3CON(CH_3)_2$ は CH_3−CO−NH_2 = **RCO−NH₂**，CH_3−CO−NH(CH_3) = **RCO−NHR′**，CH_3−CO−N$(CH_3)_2$ = **RCO−NR′R″** でアミド．アミドはカルボン酸とアンモニア・アミンが脱水縮合してアミド結合−CO−N＜したもの（p.50，93 の反応式）．

名称の考え方：CH_3CONH_2，$CH_3CONH(CH_3)$，$CH_3CON(CH_3)_2$，は CH_3COOH（CH_3CO−OH）酢酸の−OH を −NH_2，−NH(CH_3)，−N$(CH_3)_2$ に置換えたもので，アセトアミド[a]（エタン(酸)アミド），*N*-メチルアセトアミド（*N*-メチルエタンアミド）．$CH_3CON(CH_3)_2$，は *N,N*-ジメチルアセトアミド（*N,N*-ジメチルエタンアミド）．タンパク質はアミノ酸分子のカルボキシ基 −COOH と別のアミノ酸分子のアミノ基−NH_2 とが脱水縮合したポリアミドである．これを特にポリペプチド，アミノ酸同士のアミド結合 −CONH−（−CO−NH−）をペプチド結合とよぶ（反応式は p.93；📖 p.130）．

以下はすべて，カルボニル基 $-\underset{\underset{O}{\|}}{C}-$ を含む，さらにいえば（カルボン）酸（RCOOH）から－OH が取れたアシル基（$R-\underset{\underset{O}{\|}}{C}-$）に H，C，O，N をつないでできたもの．これら 5 つの構造式を何も見ないで書いてみよ（$R-\underset{\underset{O}{\|}}{C}-X$ の X＝H，C，O，N）．次に，これらが何という化合物群かを確認し，覚えよ．

アルデヒド		ケトン		カルボン酸		エステル		アミド	
$R-\underset{\underset{O}{\|}}{C}-H$	RCHO	$R-\underset{\underset{O}{\|}}{C}-R'$	RCOR′	$R-\underset{\underset{O}{\|}}{C}-OH$	RCOOH	$R-\underset{\underset{O}{\|}}{C}-O-R'$	RCOOR′	$R-\underset{\underset{O}{\|}}{C}-\underset{\underset{H}{\mid}}{N}-R'$	$RCONH_2$ RCONHR′ RCONR′R″

5 つの化合物群のでき方

1. アルデヒドとケトンは，それぞれ第一級アルコールと第二級アルコールの酸化（脱水素）により生じる（p.70～72，82；📖 p.94，111，112）．
2. カルボン酸は，アルデヒドの酸化（酸素化）により生じる（p.82；📖 p.94，114）．
3. エステルは，カルボン酸 RCOOH の－OH が切れて生じたアシル基 R－CO－（R－CO－OH ⟶ RCO－＋－OH）と，アルコール R′OH の－O－H 結合の O－と－H が切れて生じた R′－O－（アルコキシ基）とが結合（脱水縮合）したもの（p.95；📖 p.133）．

   RCO ┼ OH ＋ H ┼ OR′ ⟶ RCO－OR′ ＋ H_2O（RCOOR′，逆向きに書くと，R′OCOR）

   C－H 結合，C－C 結合は簡単には切れない！　アルコール H－CH_2CH_2OH の C－H の H を切って，R－CO－＋－CH_2CH_2OH ⟶ R－CO－CH_2CH_2OH とする人がいるがこれは間違い．

4. アミドは，カルボン酸 RCOOH の－OH が切れて生じたアシル基 R－CO－とアンモニア・アミン $H-\underset{\underset{R''}{\mid}}{N}-R'$（R′，R″は H または C）の H－と－N が切れて生じた $-\underset{\underset{R''}{\mid}}{N}-R'$ とが結合したもの．（p.93；📖 p.130）

   RCO ┼ OH＋H ┼ NR′R″ ⟶ RCO－NR′R″＋H_2O（$RCONH_2$，RCONHR′，RCONR′R″ の 3 種類あり）

Question

・答 3-3 の（1）CH_3CHO がメチルアルデヒドにならないのはなぜ？：　気持ちはわかるが，そういう名前と書いていないのは，つまり，そう言わない約束だからである．アセトアルデヒドというのが約束．約束を“なぜか”とは言わないこと（例えば，両親が付けてくれたあなたの名前と同じ）．それならば，なぜアセトアルデヒドというのか，こそを気にするべきである．アセトとは，酢酸アセティック・アシッド，ラテン語・イタリア語のアセトー（aceto 食酢）由来である．したがって，アセトアルデヒドは食酢アルデヒドという意味（酸化されて酢酸になるアルデヒド）．C が 2 個のアルデヒドなので，規則名（IUPAC 置換命名法）はエタナール（エタンアルデヒドをエタンアル ethan-al → エタナールと省略するのが約束）．

カルボン酸，エステル，アミド：これらのもとはすべてカルボン酸からできている

1. エステル：カルボン酸＋アルコール　RCO ┼ OH ＋ H ┼ OR′ ⟶ RCOOR′ ＋ H_2O
2. アミド：カルボン酸＋アミン　RCO ┼ OH ＋ H ┼ NR′R″ ⟶ RCONR′R″ ＋ H_2O

これらの反応では，RCOOH の－OH が切れて生じたアシル基 R－CO－と，アルコール R－O－H，アミン R′R″N－H の－H が切れて生じた R－O－，R′R″N－とが結合したもの．C－H 結合は簡単には切れない！

Question

・答3-3の（2）$C_2H_5COC_3H_7$ の名称になぜ3-ヘキサノン（ヘキサン-3-オン）と“3-”が付くの？：　これはあとで勉強するが，もし，今知りたいのなら，自分で該当するページ（p.79；📖 p.112）を探して勉強してみよう．3-はカルボニル基COの位置を示している．ヘキサンの炭素骨格の3番目の炭素がC=Oとなったもの．2-ヘキサノン（ヘキサン-2-オン）も存在するので，この2つを区別する必要がある．

・答3-3の（4）$CH_3COOC_4H_9$ がどうしてエタン酸ブチルなの？：　CH_3COOH はエタン酸であり，なぜエタン酸というかも説明した．p.49(3)〜50をもう一度きちんと読んでみよう．また，炭素の数で化合物の規則名が決まっていると説明した．規則名は約束である（ルール，IUPAC置換命名法，p.32；📖 p.56上）．CH_3COOH はCが2個のカルボン酸だから C_2 でエタン，酸としてはエタン酸（意味はCが2個のカルボン酸，COOHのCも含めてCが2個）という約束．カルボキシ基 −COOHのHがブチル基になっているからエタン酸ブチル（エステル），エステルという言葉が省略されている．$CH_3COOC_4H_9$ の名称は，塩（エン）の酢酸ナトリウム（エタン酸ナトリウム）CH_3COONa（CH_3COO^-，Na^+）に対応した名称ともいえる（ナトリウム → ブチル）．

・CH_3COOH をメチル酸というのは間違い？：　間違い．メチル酸とはいわない．エタン酸という（約束）．なお，メタン酸とはCが1個のHCOOH（ギ酸）のこと．

・CH_3COOH をエタン酸というのは，COOHのCも含めるとCが2個（エタン）になるから？：　その通り．これは約束！

・$C_2H_5COOC_3H_7$ がなぜプロパン酸プロピルなのか？　酢酸プロピルではないの？：　自分の答が教科書の答と異なるときは（教科書が間違いの場合もあるが），まずは，答に書いてあるようにいうのだと考えるべき．また，酢酸と C_2H_5COOH は異なる．それなら，C_3H_7COOH，C_2H_5COOH をそれぞれブタン酸，プロパン酸というのはなぜだろう？　と考えるべきではないだろうか．Cの数で（規則名は）決まると説明した．きちんと読んで，説明の意味を考える．頭を使うこと（カルボン酸の場合，RCOOHのC，アルデヒドであればRCHOのCも分子骨格（炭素骨格）のCの数として入れて，その炭素数に対応するアルカン名と化合物名を考える，これらのもとは RCH_2OH）．

アルケン，芳香族，（フェノール類）（📖 p.63〜65）❢

アルケンとは，分子中に二重結合を1つもつものの一般名．エチレン（エテン[a]）$\mathbf{H_2C=CH_2}$ はその代表であり，プラスチックの一種であるポリエチレンの原料．アルケンは反応性が高く，付加反応（p.105，132，134；📖 p.33，141，147，34，149，179）❢ などを起こしやすい．ニンジンの色素のカロテンは二重結合を11個もつアルケンの親戚・ポリエン（ポリとは，“たくさん”という意味），植物油はアルケン・ポリエンを炭素鎖とするカルボン酸・不飽和脂肪酸のエステルである．魚油成分EPA，DHAは二重結合をそれぞれ5個，6個もつ C_{20}，C_{22} の不飽和脂肪酸である．三重結合をもった物質をアルキンといい，アセチレン[a]（エチン）はその代表例である．

a)　優先IUPAC名．

芳香族炭化水素は，ベンゼン C_6H_6（⌬）に代表される，脂肪族不飽和炭化水素（アルケン，アルキン）とは異なる，別の不飽和環状炭化水素の一群，別の油の一種，である．芳香族炭化水素は二重結合をもつが，その性質，反応性はアルケンとは大きく異なる（酸化反応，付加反応が起こりにくく置換反応を起こすなど，これを芳香族性という，📖 p.159）．C，Hのみの化合物はいわば油であり，水に溶けにくい．ベンゼン C_6H_6 からHを1個取った分子をつくる部品 C_6H_5-（⌬−）をフェニル基という（ベンゼン基とはいわない）．例えば，フェニルアラニン（芳香族アミノ酸），甲状腺ホルモンのチロキシン（p.60，75；📖 p.76）や副腎髄質ホルモンのアドレナリン（p.66；📖 p.87），脳内神経伝達物質ドーパミン（p.115；📖 p.157，165）などは芳香族化合物の一種である．

フェノール C_6H_5-OH，C_6H_5OH とは，フェニル基にヒドロキシ基 $-OH$ が結合した芳香族化合物の一種（フェニル・オール → フェノール）で，からだ，健康，食品の科学にとって重要である．フェノールは $-OH$ をもつが，アルコールとは異なった性質を示す．殺菌・消毒・防腐剤（燻製），クレゾール（p.115；📖 p.157，165），サリチル酸（p.117，118；📖 p.158，165），染料などの原料物質．水に少し溶け，弱い酸性を示す．ホルモンのアドレナリン（上述）やチロキシン（上述），芳香族アミノ酸のチロシン（p.116；📖 p.157，165）はフェノールの一種である．

問題 3-4 ① エチレン C_2H_4，② ベンゼン C_6H_6，③ フェノール C_6H_5OH，④ アニリン $C_6H_5NH_2$，⑤ ナフタレン $C_{10}H_8$（ベンゼン環2個が縮合したもの，縮合環）のC，Hを省略しない構造式，および略式構造式を書け（芳香族：ベンゼン（六角形，二重結合が1つおきに3つある）の誘導体）．

問題 3-5 次のアルデヒド，ケトン，カルボン酸，エステル，アミドの慣用名・官能種類名とIUPAC置換命名法に基づく名称（化合物主鎖の炭素数で表した規則的命名法）を述べよ．

①	②	③	④	⑤	⑥	⑦
$HCHO$	CH_3CHO	$(CH_3)_2CO$	$HCOOH$	CH_3COOH	$CH_3COOC_2H_5$	$CH_3CONHCH_3$
$H-C(=O)-H$	$CH_3-C(=O)-H$	$CH_3-C(=O)-CH_3$	$H-C(=O)-OH$	$CH_3-C(=O)-O-H$	$CH_3-C(=O)-O-C_2H_5$	$CH_3-C(=O)-N(H)-CH_3$

答 3-4 これは覚えて書けるようになること！（フェノール，アニリンは芳香族，C_6H_5- はフェニル基 ⬡—）

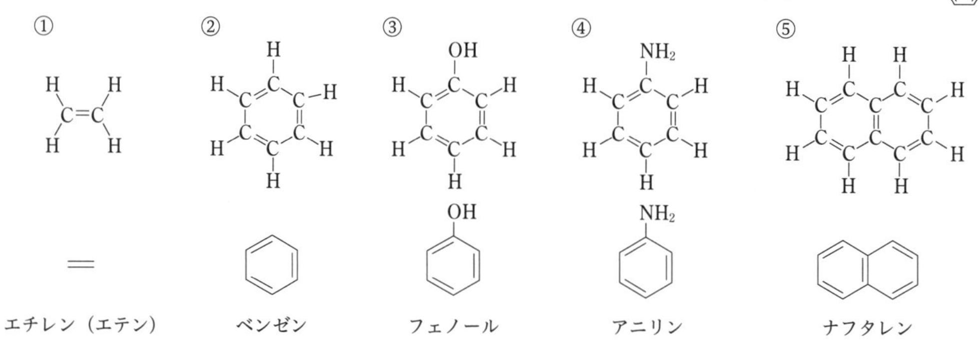

答 3-5 以下は，最初が慣用名・官能種類名，後が置換名である（p.45「化合物の名称」参照）．

① ホルムアルデヒド[a)]，メタナール　② アセトアルデヒド[a)]，エタナール

③ アセトン，2-プロパノン（プロパン-2-オン[a)]）　④ ギ酸[a)]（蟻酸），メタン酸

⑤ 酢酸[a)]，エタン酸　⑥ 酢酸エチル[a)]，エタン酸エチル

⑦ *N*-メチルアセトアミド，*N*-メチルエタンアミド

a）優先IUPAC名．

巻末の付録1の問題と答（命名法のまとめ表）および付録2のテストと答（13種類の化合物群のまとめ表）を学習のこと（この表が完全に書けるようになること．専門分野などの専門基礎として重要である!!）．

4章 簡単な飽和有機化合物：アルカンの誘導体

📖 p.66〜107

ハロアルカン

ハロアルカンの性質：ハロアルカンとは，油であるアルカンのHの一部または全部を，ハロゲン元素Xで置き換えたものである．Hを1個だけXで置き換えたもの（一置換体）を$C_nH_{2n+1}-X$（R−X）で表す．ハロアルカンは油であるアルカンの親戚であり水には微量しか溶けない（アルカンと比べて，わずかに極性がある）．

命名法：ハロアルカンは，例えば$CHCl_3$をトリクロロメタン（置換名・優先IUPAC名，慣用名クロロホルム），$CHCl_2-CHCl_2$を1,1,2,2-テトラクロロエタンと命名する．つまり，炭素鎖上の，ハロゲン元素の位置（炭素番号）と数と種類を記した，直鎖炭素数に対応するアルカンの名称とする．

問題 4-1　原子・イオン・分子の電子式を勉強せよ

問題 4-2　共有結合，配位結合について説明せよ．

問題 4-3　電気陰性度とは何か，説明せよ．また，（H，C，N，O，F，Na，Cl）を電気陰性度の小さい順に並べよ．

問題 4-4　分極（極性）とは何か，説明せよ

答 4-1 は高校教科書または📖 p.202〜206，210〜212，**答 4-2** は高校教科書または📖 p.208〜214 を参照❢.

答 4-3　電気陰性度とは，分子内で共有結合している原子が結合電子対を自分の方へ引き付ける強さを数値で示したものであり，元素が電子を好む尺度である．その順序はNa＜H＜C＜N〜Cl＜O＜Fである[a]．（要記憶）

電気陰性度が大きいものほど陰イオンになりやすく，小さいものほど陽イオンになりやすい．電気陰性度は有機・無機化合物の性質・反応性を考えるうえでたいへん重要な概念である（📖 p.197, 198 の値は📖 p.194〜197 に示したイオン化エネルギーと電子親和力の両方を組み合わせて算出したものである）．

a）周期表の右が大，左が小，上が大，下が小：（H＜）C＜N（Cl）＜O＜F（p.55 上に説明）

答 4-4　（重要概念）（高校教科書，または📖 p.70，188〜198 を前もって学習しておくこと）

アルカンのC-H結合はC，Hが電子を1個ずつ出し合い，互いにこの電子対を共有することでできた共有結合である（H・＋・C・＋・H → H：C：H，📖 p.208〜212）．一方，ハロアルカンのC−Cl結合も共有結合ではあるが，ClはCに比べて電気陰性度が大きく（答4-3；📖 p.198表），共有電子対の電子⊖を自分の方に引きつける傾向がある．その結果，Clはわずかにマイナスの電荷をもち，Cはわずかにプラスを帯びる（これを共有結合の分極，正負の極に分かれる（結合は極性をもつ）という）．このごくわずかな電荷，例えば0.05を，ギリシャ文字のδ（少し・わずかの意）を使って表す；δ+ ＝ +0.05，δ− ＝ −0.05

共有結合：C・ ＋ ・Cl ⟶ C：Cl

電子対の綱引き：C (:)→Cl　CよりClが強い

⟶ C ⋮ :Cl（δ+ ⋮ δ−）≡ $C^{\delta+}-Cl^{\delta-}$（分極）

電子対(:)（負電荷）がCl側に偏った結果，Clはδ−をもつ
Cのδ+は陽イオンのでき方と同じ（p.54 下を参照）．

［補　足］ 学術用語としての“分極”は，電気分解や電池を使用する際に観察される電流と反対向きの起電力が生じる現象をさす言葉として用いられており，高校の教科書では，ここで勉強している“分極”の意味では用いられなくなった．代わりに，結合が「分極」した状態を，一般には「極性結合」または「結合は極性をもつ」と表現する．➡ 極性分子，無極性分子．

Question

・分極とは正負の極に分かれること．では，$NaCl \longrightarrow Na^+ + Cl^-$ は分極なのか？： 分極とは，分子中で結合している２つの原子が（結合したままで）正負の“極”に分かれる（両端が少しだけ＋と－の電荷を帯びる）ことであり[a]，正負の電荷をもった“微粒子（≡イオン）”に分かれる（イオンに解離する）のではない．$NaCl \longrightarrow Na^+ + Cl^-$ はイオンの解離である．イオン解離とは＋，－の粒子・イオンより構成された塩（エン）が溶液中に溶け出し別々に離れること，または酢酸のような弱酸分子などが溶液中で＋（H^+）と－（CH_3COO^-）のイオンとなり，別々に離れることである．

a）分極した状態である極性の大きさは，正負に帯電した電荷 q と正負の電荷間の距離 l で定義される双極子モーメント $\mu = ql$ で表される．

距離 l
⊕――⊖
電荷 q　電荷 q

問題 4-5　次の結合の極性を示せ．結合はどのように分極しているか，または無極性か．

（例：$H^{\delta+}-O^{\delta-}-$；H－H は無極性）

(1) －C－Cl　(2) －O－H　(3) －O－Cl　(4) H－Cl（気体）　(5) －C－N－
(6) －C－C－　(7) －O－O－　(8) －O－C－　(9) Na－H（真空中の分子）
(10) －C－F　(11) Na－Cl（真空中の分子）　(12) －N－H　(13) －C－H

ヒント：これは暗記問題ではない．p.53（📖 p.70）を復習して電気陰性度の大小（p.53；📖 p.198 表）を基に考えよ．

例：$H^{\delta+}-O^{\delta-}$（電気陰性度の大きい原子の方に電子対が偏るので，その原子が δ－（少しだけ負の電荷），もう一方が δ＋（少しだけ正の電荷）をもつ（p.53；📖 p.70，84）．

問題 4-6　CH_3Cl，CH_2Cl_2，$CHCl_3$ は極性分子，CCl_4 は無極性分子である．その理由を説明せよ．

ヒント：C－Cl は分極している（極性をもつ）．分子全体の極性の有無は分子模型を使って立体構造を考慮して考えよ（分極した１つの結合を１つのベクトル－ → ＋とみなして全ベクトルを合成した結果，互いに打ち消し合えば無極性となる）．

答 4-5

(1) $-C^{\delta+}-Cl^{\delta-}$　(2) $-O^{\delta-}-H^{\delta+}$　(3) $-O^{\delta-}-Cl^{\delta+}$　(4) $H^{\delta+}-Cl^{\delta-}$　(5) $-C^{\delta+}-N^{\delta-}-$
(6) $-C^0-C^0-$（無極性）　(7) $-O^0-O^0-$（無極性）　(8) $-O^{\delta-}-C^{\delta+}-$　(9) $Na^{\delta+}-H^{\delta-}$
(10) $-C^{\delta+}-F^{\delta-}$　(11) $Na^{\delta+}-Cl^{\delta-}$　(12) $-N^{\delta-}-H^{\delta+}$　(13) $-C^{\delta-}-H^{\delta+}$（極性・分極の程度は小さい）

Question

・＋，－はどうやって判断するのか？　答 4-5 の（3）は，なぜそうなるの？： 電気陰性度は O＞Cl だから．

・答 4-5 の（9）は，同じ１族なのにどうしてか？： 電気陰性度は H＞Na だから．理由は問題文中のヒントに書いてある．共有結合電子対を２つの原子が綱引きし合っている．負電荷をもった電子対はこの引く力（電気陰性度）が大きい方に少しだけ移動する．その結果，引く力が大きい原子の方が電子⊖が余分になって少しだけ負 δ－（デルタマイナス）に帯電し，反対側の原子は電子⊖の一部を奪われた分だけ原子核の正電荷を中和できなくなり，その分，この原子は正電荷 δ＋をもつ．この理屈は，Na 原子から電子が失われて Na^+ ができるでき方（📖 p.205 の下）と同じである．分極の様子は，結合した2つの原子の間の電気陰性度の大小関係で決まる．電気陰性度の大きさは，Na＜H＜C＜N≒Cl＜O＜F（周期表の左下側は陽性大：Na^+ になりやすい，右上側は陰性大：F^- になりやすい）．なぜこの順になるのか，この傾向をもつのかは，📖 p.198 を参照のこと．

答 4-6

C−Cl の結合は2つの原子の電気陰性度の違いにより $-C^{\delta+}-Cl^{\delta-}$ のように分極している（極性をもつ）．この分極した結合を δ− から δ+ への矢印 →（ベクトル）で表すと，

CH_3Cl は C → Cl，CH_2Cl_2 は C＜(Cl, Cl)

この2つの矢印を合わせる（ベクトルを合成する）と ⟷，$CHCl_3$ 分子でも同様に3つの矢印（ベクトル）（—C）を合わせる（合成する）と → となり，一方方向の矢印（ベクトル）が得られる．このことは，分子中の分極した複数の結合の総和として，分子全体を＋方向と−方向に分けることができる・分子全体として＋部分と−部分に分かれていることを示している．これを分子が「極性をもっている」極性分子であると表現する．すなわち，これらの分子はわずかではあるが極性をもつ（無極性の CCl_4 に比べれば，水に少しだけ溶ける）．エタノールのような極性が大きい分子は水に溶けやすい（親水性・水溶性）．

一方，CCl_4 では C−Cl 結合は4本とも極性をもつが，分子全体としては ⟷⟷ のように，← と → が互いに分極の効果を打ち消し合うために，分子全体としては（分子を遠くから眺めれば）＋部分と−部分には分かれていない，無極性である．すなわち，CCl_4 は無極性分子（疎水性・脂溶性，水に溶けにくい，油に溶ける）ということになる．

Question

・ベクトル合成がわからない．CH_2Cl_2 は Cl−C（Cl：C）と C−Cl（C：Cl）でつり合ってしまっているのではないか？：　立体的な考えが必要なので，答 4-6 でわからなければ，文章で説明するのは難しい．分子模型を使って考えてみよう．

CH_2Cl_2

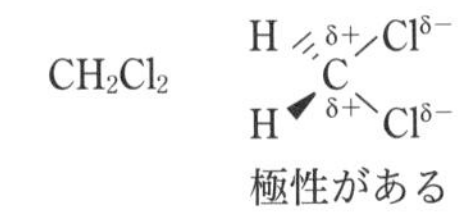

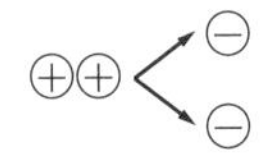

この場合の綱引きは，電子（−）が右側に偏っている．右側へ引っぱられるのは理解できよう．

CCl_4

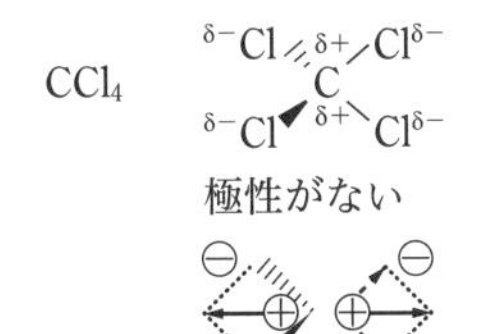

綱引きを考える．(−)←•→(−) では電荷の中心は中央のまま．左側へも右側へも移動しない．左側の2本の矢印を合わせたものと，右側の2本を合わせたものは，矢印の大きさは同じで，矢印の方向は逆向き（破線くさびは紙面上，黒くさびは紙面の上，斜線は紙面の下側）．

基礎知識テスト：化学結合と極性

問題 1　共有結合とは何か.　(配点：10 点)

問題 2　次の電子式を示せ.　(配点：各 2 点，計 16 点)

Na,　Na^{+},　Cl,　Cl^{-},　O,　O^{2-},　C,　N

問題 3　電子式で電子を 2 個ずつ対で書くのはなぜか.　(配点：10 点)

問題 4　オクテット則とは何か（共有結合は，現代的には電子対共有結合．閉殻・オクテットとは無関係．イオンの生成はオクテット則で考えてもよい）.　(配点：10 点)

問題 5　H_2，Cl_2，CH_4，H_2O，NH_3 の電子式を書け.　(配点：各 2 点，計 10 点)

問題 6　共有電子対，非共有電子対について NH_3 を例にあげて説明せよ.　(配点：10 点)

問題 7　配位共有結合とは何か，例をあげて説明せよ.　(配点：10 点)

問題 8　(1) 電気陰性度とは何か．電気陰性度の大小と内部電荷，原子の大きさ（原子番号の大きさ）との関連を説明せよ．(2) H，C，N，O，F，Cl，Na を電気陰性度の大きい順に並べよ．その理由を説明せよ.　(配点：各 10 点，計 20 点)

問題 9　分極とは何か．また，以下の結合の極性について判断せよ（原子の下に，δ+，δ−，無極性を記せ）.　(配点：各 2 点，計 12 点)

−C−Cl　−O−H　−O−O−　−O−C−　H−N−　−C−H

答!

答 1　高校教科書，または 📖 p.214（答え 8-25，8-27）
答 2　高校教科書，または 📖 p.205（答え 8-17，8-19）
答 3　📖 p.203（または p.199〜203）
答 4　高校教科書，または 📖 p.202，209
答 5　高校教科書，または 📖 p.209〜212，214（答え 8-22，8-23，8-25，8-26）
答 6　高校教科書，または 📖 p.214（答え 8-27）
答 7　高校教科書，または 📖 p.212（答え 8-28）
答 8　p.53（📖 p.198（答え 8-12））
答 9　p.53，54（📖 p.71，78（答え 4-4，4-5））

（　　　）学科（　　　）専攻（　）クラス（　　　）番，氏名（　　　　）

____ 108 点

問題 4-7　ジクロロメタン，フルオロジブロモメタン，トリクロロメタン，テトラヨードメタンの構造式を書け．

答 4-7

名称どおりに構造式を書く．○○メタンとはCが1個という意味（CH_4 のHを何個か別の元素に置き換えたもの）．モノ，ジ，トリは，1（個），2（個），3（個）という意味．F，Cl，Br，Iの位置はCの4本の手

$$-\overset{|}{\underset{|}{C}}-$$ の，どの位置でもよい（すべて同じ，分子模型で確認せよ）．

$$\mathrm{H-\overset{H}{\overset{|}{\underset{\underset{Cl}{|}}{C}}}-Cl}$$ （$$\mathrm{Cl-\overset{H}{\overset{|}{\underset{\underset{H}{|}}{C}}}-Cl}$$，他4種類の構造のどれでもよい），$$\mathrm{F-\overset{H}{\overset{|}{\underset{\underset{Br}{|}}{C}}}-Br}$$　$$\mathrm{Cl-\overset{H}{\overset{|}{\underset{\underset{Cl}{|}}{C}}}-Cl}$$　$$\mathrm{I-\overset{I}{\overset{|}{\underset{\underset{I}{|}}{C}}}-I}$$

問題 4-8［ハロアルカンの異性体］（1）ジクロロエタン，（2）トリクロロエタン，（3）テトラクロロエタンの構造異性体の構造式をすべて書き，命名せよ（この問題は，p.31（📖 p.46）の「構造異性体（分岐炭化水素）の構造式の書き方と命名法」の応用である）．

ヒント：ジクロロエタンの分子骨格はエタンだから C_2．したがって，エタンの分子式は構造式を書いてHの数を数えれば C_2H_6（p.26のテストで覚えたことを思い出せ）．ジクロロエタンは，この中の6個のHのうちの2個を塩素原子Clに置き換えたものなので，化学式は $C_2H_4Cl_2$ となる．構造式はp.4（📖 p.20）の書き方のルールに従って，$-\overset{|}{\underset{|}{C}}-\overset{|}{\underset{|}{C}}-$ にClを2個つなぐとよい．つなぎ方は構造異性体（分岐炭化水素，p.31, 32；📖 p.46）と同様に考える．C−の代わりにCl−があると考えればよい．残りの手にはHをつなぐ．p.6〜8（📖 p.21）と同じ議論によりCl−を1個だけつける場合は1種類しかない $\mathrm{Cl-\overset{|}{\underset{|}{C}}-\overset{|}{\underset{|}{C}}-}$．これにClをあと1個つける方法は $\mathrm{Cl-\overset{Cl}{\overset{|}{\underset{|}{C}}}-\overset{|}{\underset{|}{C}}-}$（同じ炭素に2個）と $\mathrm{Cl-\overset{|}{\underset{|}{C}}-\overset{Cl}{\overset{|}{\underset{|}{C}}}-}$（異なった炭素に1個ずつ）の2種類しかない（p.6, 7；📖 p.21の解説を参照）．

名称のつけ方：p.32，33，35（📖 p.45〜47）と同様に行えばよい（復習せよ）．C_2 だからエタン，分子骨格に左または右から番号を付けてClが付いている炭素の番号を示す（Clが2個だから炭素の番号は2個必要，小さい番号を優先）．Clはクロロ，これが2個だからジクロロ．以上より，上記2種類の構造式は，前者が1,1-ジクロロエタン（2,2-ではない，小さい数字優先），後者が1,2-ジクロロエタン（2,1-ではない）．

問題 4-9　（モノ）クロロプロパン，ジクロロプロパンの異性体の構造式を書き，命名せよ．

命名するときに置換基の位置を示す番号を忘れないこと．置換基が3個あれば，同じ位置（同じ番号の炭素原子）であろうとなかろうと，3個の数値を必ず付けて命名する．この数値は小さい数値となるように番号づけするのが約束だったことを思い出そう（p.32(3)，35(3)；📖 p.45）．小さい数字が優先！

答 4-8

(1)　エタン C_2 の同じ炭素に Cl が 2 個の場合，1,1-ジクロロエタン．順序よく考える（論理思考）．

```
   H  H          Cl H          Cl H
   |  |          |  |          |  |
Cl-C--C-H     Cl-C--C-H     H--C--C-H    はすべて同じ（同じ位置）
   |  |          |  |          |  |
   Cl H          H  H          Cl H
```

（p.6〜8 および下の（2）説明文参照）

エタン C_2 のそれぞれの炭素に Cl が 1 個ずつの場合，1,2-ジクロロエタン

```
   H  Cl         H  H          H  H          Cl Cl         Cl H
   |  |          |  |          |  |          |  |          |  |
Cl-C--C-H     Cl-C--C-Cl    Cl-C--C-H     H--C--C-H     H--C--C-Cl   ……はすべて同じ
   |  |          |  |          |  |          |  |          |  |
   H  H          H  H          H  Cl         H  H          H  H
```

（下の（2）説明文参照）

数値 1,1-，1,2-は，置換基が結合した炭素の位置（炭素骨格鎖の何番目の炭素かを示す），分岐炭化水素の命名法と同じ．F，Cl，Br，I はフルオロ，クロロ，ブロモ，ヨードと読む（クロロは覚えること）．

(2)　順序よく考える（論理思考）．エタン C_2 の左側の炭素に Cl が 3 個，次は 2 個，その次は 1 個，0 個と考えてみる．左側の炭素に 3 個と 0 個は左右逆にすれば同じ．2 個と 1 個も同様．右の○，×で表した構造式で，3 個の○，3 個の×は同じ位置なので（p.6〜8）エタン C_2 の 1-の位置の場合，○のどれでも可．2-の位置の場合，×のどれでも可．よって，

```
   ○ ×
   |  |
○--C--C-×
   |  |
   ○ ×
```

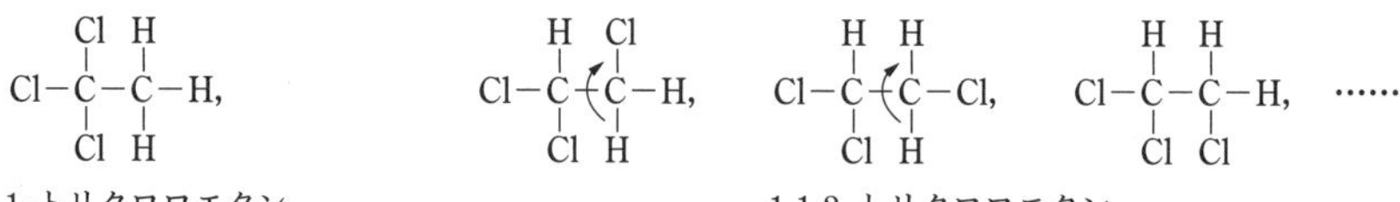

1,1,1-トリクロロエタン
（小さい数字優先だから 2,2,2-……は×）

1,1,2-トリクロロエタン
（小さい数字優先だから 1,2,2-……は×）

(3)　エタン C_2 の 1- と 2- の位置に，Cl が 3 個と 1 個，2 個と 2 個の組合せがある．

```
   Cl Cl
   |  |
Cl-C--C-H    (2 つの C に Cl が 3 個と 1 個
   |  |       なら Cl はどの位置でもよい)
   Cl H
```

1,1,1,2-テトラクロロエタン

```
   H  Cl
   |  |
Cl-C--C-Cl   (2 つの C に Cl が 2 個と 2 個
   |  |       なら Cl はどの位置でもよい)
   Cl H
```

1,1,2,2-テトラクロロエタン

Question

・命名できない？　1,1,1-○○はどういう意味？：　1,1,2-…，1,1,2,2-○○などの意味がわからなければ，p.32，35（📖 p.45〜47）の命名法のルールを復習すること（こういう質問をするのは本文を読んでいない証拠である）．

答 4-9

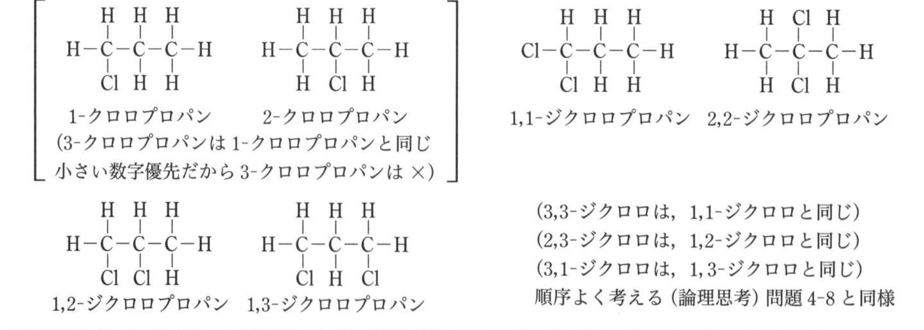

1-クロロプロパン　2-クロロプロパン
（3-クロロプロパンは 1-クロロプロパンと同じ
小さい数字優先だから 3-クロロプロパンは ×）

1,1-ジクロロプロパン　2,2-ジクロロプロパン

1,2-ジクロロプロパン　1,3-ジクロロプロパン

（3,3-ジクロロは，1,1-ジクロロと同じ）
（2,3-ジクロロは，1,2-ジクロロと同じ）
（3,1-ジクロロは，1,3-ジクロロと同じ）
順序よく考える（論理思考）問題 4-8 と同様

以上のいずれの構造式においても，Cl の位置は，数値で指定された番号（位置）の炭素に指定された個数の Cl があれば，どの位置でもよい．

Question

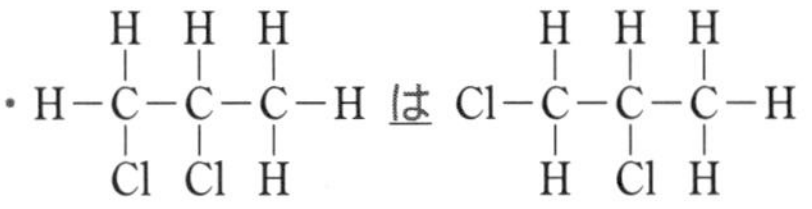

・H−C(H)(Cl)−C(H)(Cl)−C(H)(H)−H は Cl−C(H)(H)−C(H)(Cl)−C(H)(H)−H <u>ではだめか？</u>： OK．両者は同じものである．

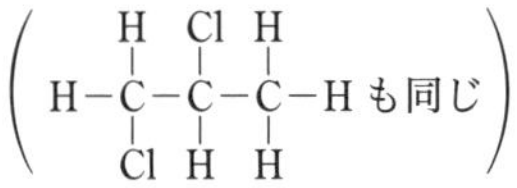

（H−C(H)(Cl)−C(Cl)(H)−C(H)(H)−H も同じ） 分子模型で確認せよ． ○−C(○)(○)− の○は同じ場所．

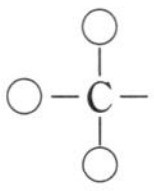

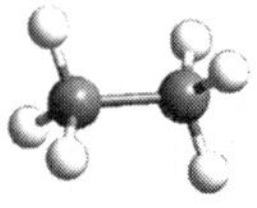

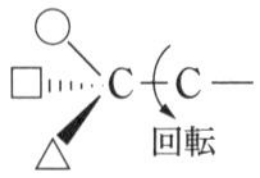

○△□は同じ場所である（C−C 軸が 120° 回転すると相互変換することになる）

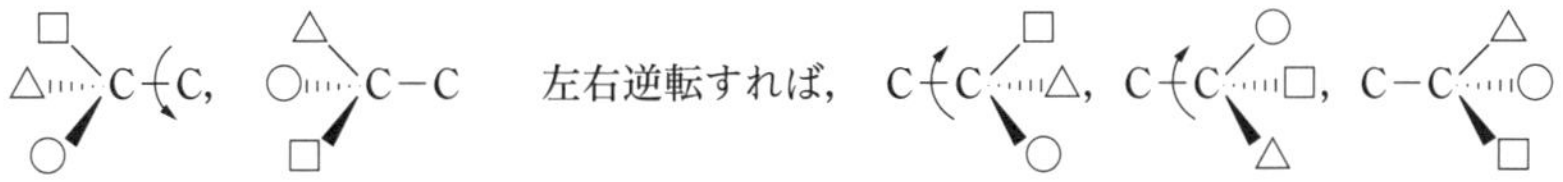

左右逆転すれば，

の○△□は同じことが理解できよう（自分で分子模型を手にとって考えてみよう．p.6～8 も確認せよ）．なお，図中の ◀ 紙面の上側，┈┈ は紙面の下側，− は紙面内にあることを意味する．

問題 4-10 フロンガスの一種であるフロン 22（$CHClF_2$），フロン 12（CCl_2F_2）を命名法に従い命名せよ．

ヒント：構造式を書いてみよ．F はフルオロという．ルールでは命名の際の Cl，Br，F……の順序はアルファベット（abc）順とする約束だが，本書では気にしなくてもよい．

答 4-10

$CHClF_2$ はクロロジフルオロメタン（ジフルオロクロロメタン），

CCl_2F_2 はジクロロジフルオロメタン（ジフルオロジクロロメタン）

Question

・<u>構造式が書けない</u>： なぜ書けないのかな？ p.4「構造式の書き方」を復習してほしい（📖 p.20）．手が 2 本以上の元素は C しかない．H，F，Cl はすべて 1 価．したがって，まず分子骨格として 1 個の C に手を 4 本書く．あとは，1 価の原子をこれにつなぐだけである（H，Cl，F の場所はどこでも可）．

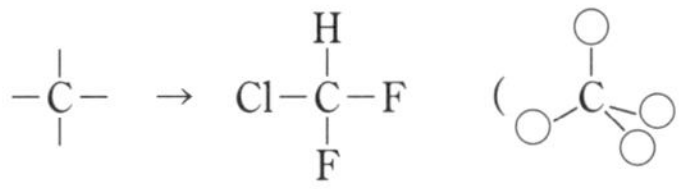

−C− → Cl−C(H)(F)−F （ ○−C(○)(○)(○) の○の 4 カ所ともに同じ場所・等価位置である）

・<u>1,1-ジフルオロ-1-クロロメタンでは，なぜだめなの？</u>： メタンは C が 1 個なので F も Cl もこの炭素に結合しているに決まっている（1 の炭素しかない）．したがって，メタンでは“1”は省略するのが約束なので，クロロジフルオロメタン（並べる元素名はアルファベット abc 順，つまり <u>C</u>l…<u>F</u>）

［補 足］ 命名法：本書では $CHCl_2F$ はフルオロジクロロメタン，ジクロロフルオロメタンのどちらでも良しとする．また分子式は $CHFCl_2$ でも良しとする．$CHBr_2F$ と $CHFBr_2$ も同様（IUPAC 命名法では，置換基はアルファベット（abc）順なので <u>C</u>hloro クロロが <u>F</u>luoro フルオロより先，分子式では C の次に H，その次はアルファベット順とする．したがって，$CHCl_2F$，$CHBr_2F$ がルールとしては正しいことになる．ただし，本質的なことではないので，本書では学習の負担を減らすため，どちらでも可とする）．

問題 4-11　構造異性体（分岐炭化水素）の 2,2-ジメチルプロパンと同じ分子量（炭素数）の直鎖状炭化水素であるペンタンとでは，どちらの沸点が低いか，またその理由を考えよ．

問題 4-12　チロキシンは甲状腺ホルモンの 1 つである．その構造式は，

HO−(I, I 置換ベンゼン環)−O−(I, I 置換ベンゼン環)−$CH_2CHCOOH$（CH に NH_2）　である．分子中の官能基・化合物群名をすべて示せ．

問題 4-13　📖 p.66, 67 のハロアルカンのまとめを確認せよ．左ページを見て右ページがわかるようになること（答はなし）．

答 4-11

アルカンの沸点を決定する分子間力は分散力（ロンドン力：近距離のみではたらく引力，📖 p.75）である．球状の構造異性体は棒状の直鎖状炭化水素に比べて分子同士で接触する場所が少ないので，その分，相互作用の数が少ない．したがって，個々の相互作用の総和としての分子間力は小さく，蒸発しやすい（沸点が低い）ことになる．長鎖炭化水素よりなる“ろう”が滑りやすい理由は，相互作用点がずれるだけで，相互作用の数・引力の総和はわずかしか変わらないことによる（📖 p.79）．

接触箇所で分散力がはたらき，弱く結合している

Question

・**どうして分子間力が小さいと蒸発しやすいの？**：　次の質問の説明を読むこと（📖 p.84，91）．

・**説明がわかりにくい**：　液体状態の分子は，周りの分子と必ず相互作用している（引力，弱い結合力・分子間力がはたらいている）．蒸発する（1 人で外へ飛び出す）ためにはこの結合を切る必要がある．“お父さんが蒸発した！”とは，家族の絆を断ち切って，お父さんがどこかへ行ってしまったということ．この“絆”が分子間力である．

・**相互作用の数が変わらないと，なぜ滑りやすいの？**：　分子の接触面がずれることにより相互作用の数が減るということは，ずれたことにより減った分だけ結合（相互作用）が切れたということ．切れるためにはエネルギーが必要である．つまり，引き離す必要がある変化，相互作用の数が減るような変化は起こりにくい．ろうの場合，このような相互作用の数があまり減らないで 2 つの分子の接触面がずれることができるので（答 4-11 図），ずれは起こりやすい＝滑りやすい．

答 4-12

フェノール類（芳香族，ヒドロキシ基−OH），ハロアルカンの親戚（C−X，ハロゲン化芳香族化合物）・ハロゲン元素，アミン（C−N(H)−）・アミノ基（−C−NH_2），カルボン酸・カルボキシ基（−C−COOH），エーテル・エーテル結合（−C−O−C−）．

解　説：こういう問題は C，H 以外の元素の O，N に着目して，−O−と結合した元素が何か，−N(|)−と結合した元素が何か，CO 基，二重結合，芳香環の有無を見る．この結果を，覚えた 13 種類の一般式に合わせて判断する．次ページの「複雑な化合物の見方」も参照のこと（C−OH はアルコール，C−O−C はエーテル）．

C−C(=O)−H	C−C(=O)−C	C−C(=O)−O−　…　−H / …　−C	C−C(=O)−N(|)−　…−H / …−C	C−N(|)−…(H，C)
アルデヒド	ケトン	カルボン酸（−H） エステル（−C，−R）	アミド（−H，−C）	アミン （第一級，第二級，第三級）

複雑な化合物の見方

複雑な化合物の構造式から，その中に含まれる化合物群名を見い出すには，次のやり方を行うとよい．

(1)　線描構造式では，省略されたC原子をまず書き込んでから，以下を考える．

(2)　ベンゼン環があれば芳香族炭化水素．

(3)　(2) のベンゼン環に－OHが結合していればフェノール（アルコールではない）．

(4)　ベンゼン環以外のC=C二重結合があればアルケン．

(5)　構造式中のC，H以外の元素O，Nに着目し，その元素が13種類のどれにあたるか判断する．

①　－O－の左右にいかなる原子があるか，CをRに置き換えてグループ名を考える．左右がC，HならアルコールC，Cならエーテル，片方にCOがあれば（カルボン酸，エステル）のいずれか．

②　>C=O（>=O）があればカルボニル基をもつ5種類の化合物，アルデヒド，ケトン/カルボン酸，エステル，アミドのいずれか，－CO－の両端にどの元素が結合しているかを見て判断する．CはRに置き換えて考える．R－CO－H（C－CO－H, H－CO－C, C－CHO, OHC－C）はアルデヒド，R－CO－R′（C－CO－C）はケトン，R－CO－OH（C－CO－OH, HO－CO－C, C－COOH, HOOC－C）はカルボン酸，R－CO－OR′（C－CO－O－C, C－O－CO－C）はエステル，R－CO－NRR′（C－CO－N<, >N－CO－C）はアミド．

③　N原子の左右上（下）に何が結合しているかを見る．COならアミド，CかHならアミン．CはRに置き換えて考える．

Question

・チロキシンって何？：　問題4-12に甲状腺ホルモンと記載した．そのはたらきは電子辞書やネットなどで調べてみよ．一種のアミノ酸である．アラニン（アミノ酸）のメチル基CH_3－のH原子の1個をフェニル基に置き換えたフェニルアラニン（必須アミノ酸の一種，フェニルケトン尿症の原因物質）のフェニル基（ベンゼン環）にヒドロキシ基が付いたもの（フェノール）がチロシン（アミノ酸の一種）である．ヒトの喉のところにある甲状腺（甲の形をしているので甲状腺という）を英語でtyroid（チロイド，タイロイド）といい，この分泌ホルモンの1つがチロキシンである．チロシンからチロキシンが合成されるので，名称からも納得がいく．

問題 4-14　次の求核的置換反応（ハロゲン原子の置換）の式を完成せよ．

(1) $CH_3CH_2Br + CH_3CH_2ONa \rightarrow$　(2) $CH_3CH_2Br + CH_3COONa \rightarrow$　(3) $CH_3CH_2Br + 2\,NH_3 \rightarrow$

答 4-14

(1)　$CH_3CH_2Br + CH_3CH_2ONa \longrightarrow CH_3CH_2OCH_2CH_3 + NaBr$　〈エーテルの生成〉

$$CH_3-\overset{\delta+}{CH_2}-\overset{\delta-}{Br} + CH_3CH_2\text{-}O^-Na^+ \longrightarrow CH_3-\overset{\delta+}{CH_2}-\overset{\delta-}{Br}\ \ {}^-O-CH_2CH_3\ \ Na^+ \longrightarrow CH_3CH_2OCH_2CH_3 + Na^+Br^-$$

分極（極性結合）　　求核攻撃（配位）　　－Brが－O－CH_2CH_3に置換された

求核的置換反応とは，求核の核とは陽子をもつ原子核の核，転じて＋の電荷をもった炭素原子（極性結合により少しだけ＋に帯電しδ+となった炭素原子）をさす．このδ+となった炭素原子を，陰イオン，または非共有電子対を持った原子を含む分子が攻撃し配位共有結合することにより，Cに結合していた原子・原子団と入れ替わる（置き換える）反応のこと．

(2)　$CH_3CH_2Br + CH_3COONa \longrightarrow CH_3COOCH_2CH_3(CH_3CH_2O\text{-}COCH_3) + NaBr$　〈エステルの生成〉

$$CH_3-\overset{\delta+}{CH_2}-\overset{\delta-}{Br} + CH_3-CO-O^-Na^+ \longrightarrow CH_3\overset{\delta+}{CH_2}-\overset{\delta-}{Br} + {}^-O-CO-CH_3\ \ Na^+$$

$$\longrightarrow CH_3CH_2-O-CO-CH_3 + Na^+Br^-$$

分極（極性結合）

(3)　$CH_3CH_2Br + 2NH_3 \longrightarrow CH_3CH_2NH_2 + NH_4Br$　〈アミンの生成〉

配位（求核攻撃）　　　　　　　　　　　　　　　　　　　配位

$CH_3-\overset{\delta+}{CH_2}-\overset{\delta-}{Br}+H-\ddot{N}(H)-H \longrightarrow CH_3-CH_2(NH_3^+)\ Br^- \longrightarrow CH_3-CH_2-\ddot{N}H_2+H^+Br^-$，$H^+Br^-+\ddot{N}H_3 \longrightarrow NH_4^+Br^-$

$(CH_3-CH_2-NH_3^+Br^-)$

分極（極性結合）

アミン（📖 p.80〜87）

アミンは，アンモニア NH_3 の親戚なので刺激臭（アンモニア臭）をもち，水溶液は塩基性を示す．生体中では中和されて陽イオン（アンモニウムイオン$-NH_3^+$）となっている．NH_3 の H を R（アルキル基；メチル基，エチル基……）に置き換えたもの．NH_3 の H の 1 個を C（R）に置き換えたものを第一級アミン **RNH_2**，H の 2 個を C（R）に置き換えたものを第二級アミン **RR′NH**，R_2NH，3 個全部を置き換えたものを第三級アミン **RR′R″N**，R_3N と呼称する．名称はいずれも○○アミン．代表例はメチルアミン，(トリメチル)アミン．アミノ基 **$-NH_2$**，α-アミノ酸の一般式は $R-\underset{NH_2}{\underset{|}{CH}}-COOH$　命名法：官能種類命名法（優先 IUPAC 名または置換命名法）は，CH_3NH_2 はメチルアミン（メタンアミン），$(CH_3)_3N$ は（トリメチル)アミン（*N,N*-ジメチルメタンアミン）．巻末付録 1 を参照のこと．

問題 4-15　次のアミンは第何級アミンか．構造式（または示性式）と名称も書け．

ヒント：アルキル基名は，アルファベット（abc）順に並べるのが約束．

(1) エチル(メチル)アミン　(2) ブチル(エチル)(メチル)アミン　(3) プロピルアミン

(4) $(CH_3)_2(C_3H_7)N$　(5) $(C_2H_5)_2(C_4H_9)N$　(6) $(C_3H_7)(C_4H_9)NH$　(7) $(C_2H_5)_3N$

(8) $(CH_3)(C_2H_5)(C_3H_7)N$

問題 4-15-2　アンモニア，アミンの水溶液が塩基性を示す理由を説明し，その反応式を示せ．

問題 4-16　(トリメチル)アミンと酢酸の反応式を書け．

問題 4-17　コリンは第四級アンモニウムイオンであり，規則名（IUPAC 名）は *N,N,N*-トリメチル-2-アミノエタノール（*N,N,N*-トリメチル-1-ヒドロキシ-2-アミノエタン）である．構造式を書け．また，ドデシル(トリメチル)アンモニウムイオン $C_{12}H_{25}-N^+(CH_3)_3$ の構造式を線描の略式構造式で書いてみよ．

ヒント：*N,N,N*-トリメチルとはどういう意味かを推定してみよう．アミノエタノール分子中には N は 1 個しかない．ドデシルはドデカ → ドデカン → ドデシル；ヘキサ → ヘキサン → ヘキシル．

答 4-15

(1) 第二級アミン；$C-C-\underset{C}{\underset{|}{N}}-H = C_2H_5-\underset{CH_3}{\underset{|}{NH}}$

(2) 第三級アミン；$C_4H_9-\underset{C_2H_5}{\underset{|}{N}}-CH_3$

(3) 第一級アミン；$C_3H_7-NH_2$

(4) 第三級アミン；ジメチル(プロピル)アミン[a)]　$CH_3-\underset{CH_3}{\underset{|}{N}}-C_3H_7$

(5) 第三級アミン；ブチル(ジエチル)アミン[a)]　$C_4H_9-\underset{C_2H_5}{\underset{|}{N}}-C_2H_5$

(6) 第二級アミン；ブチル(プロピル)アミン[a)]　$C_4H_9-\underset{C_3H_7}{\underset{|}{NH}}$

(7) 第三級アミン；(トリエチル)アミン　$C_2H_5-\underset{C_2H_5}{\underset{|}{N}}-C_2H_5$

(8) 第三級アミン；エチル(メチル)(プロピル)アミン[a)]

a)　Nに結合した2〜3個のアルキル基（R，R′，R″）名をabc順に並べ，これにアミンをつける．名称中の2つ目，3つ目のアルキル基名は（　）でくくる（例：エチル(メチル)(プロピル)アミン）．これらはIUPAC官能種類命名法に基づく名称である．IUPAC置換命名法に基づく名称は，一番大きいアルキル基を骨格として，その他のアルキル基はNH_2基のHの置換体として命名する．(1) *N*-メチルエタンアミン，(2) *N*-エチル-*N*-メチルブタン-1-アミン，(3) プロパン-1-アミン，(4) *N,N*-ジメチルプロパン-1-アミン，(5) *N,N*-ジエチルブタン-1-アミン (6) *N*-プロピルブタン-1-アミン，(7) *N,N*-ジエチルエタンアミン，(8) *N*-エチル-*N*-メチルプロパン-1-アミン．

上記の構造式でアルキル基の相対位置はどれでもよい．すなわち，

$$\underset{\substack{|\\R'}}{R-NH} = \underset{\substack{|\\H}}{R-N-R'} = \underset{\substack{|\\R}}{R'-N-H} = \underset{\substack{|\\H}}{R'-N-R} = \underset{\substack{|\\R}}{H-N-R'}\ ;\ \underset{\substack{|\\R'}}{R-N-R''} = \underset{\substack{|\\R''}}{R'-N-R} = \cdots$$

Question

・<u>答4-15の（8）でメチルエチルプロピルアミンとこの優先IUPAC名 *N,N*-エチルメチルプロパンアミンは，なぜ答として間違っているのか？</u>：　化合物の命名に際しては，アルキル基，その他の置換基や元素も，習慣的な例外を除き，アルファベット（abc）順に並べるのが学問上の約束である．メチル <u>m</u>ethyl とエチル <u>e</u>thyl であれば，アルファベット順は（abc,…),e…,m…，ということである．2つ目，3つ目のアルキル基名はエチル(メチル)(プロピル)アミンのように（　）でくくる．また，優先IUPAC名（置換名）で2種類の置換基がある場合は，*N*-エチル-*N*-メチルプロパンアミンのように，置換基ごとにその結合位置を分けて示し，アミノ基の結合位置も示す．*N,N*-エチルメチルプロパンアミンとはいわない．

答4-15-2　アンモニアNH_3，アミン$R-NH_2$のN原子上の非共有電子対（孤立電子対，ローンペア，$-\ddot{N}-$）が，H_2OからH$^+$を引き抜き，H$^+$と配位結合するために起こる反応である（📖 p.85）．

$$NH_3 + H_2O \longrightarrow NH_4^+ + OH^-$$（このOH$^-$が塩基性のもと）

（配位　$H_3N\!:\ + H^{\delta+}-O^{\delta-}-H \longrightarrow H_3N:H^+ + OH^-$　配位結合　（$H_3N:H^+$は，NH_4^+のこと））

答4-16　$(CH_3)_3N + CH_3COOH \longrightarrow (CH_3-\underset{\substack{|\\CH_3}}{\ddot{N}}-CH_3 + \underline{CH_3COO^- + H^+}) \longrightarrow (CH_3)_3N:H^+ + CH_3COO^-$

N：がH$^+$に配位結合して（トリメチル)アンモニウムイオンとなる．

$(CH_3COO^-)[(CH_3)_3N{:}H^+]$ または $[(CH_3)_3N{:}H^+)](CH_3COO^-)$ 酢酸（トリメチル)アンモニウム(塩)

> この反応は，$NH_3 + HCl \longrightarrow NH_4^+Cl^-$（$NH_4Cl$, HClのH$^+$に$-\ddot{N}-$が配位結合してアンモニウムイオン$NH_4^+$，Nの手が4本となる）．つまり，塩化アンモニウム$NH_4Cl$の生成と同じ（NaClとは$Na^+Cl^-$のこと）．酢酸$CH_3COOH$は酸だから，解離してH$^+$を放出し，酢酸イオン$CH_3COO^-$となる．

Question

・<u>わからない</u>：　アンモニア + HCl（⟶ $NH_4^+Cl^-$ 塩化アンモニウム）と全く同じ理屈，反応式である．

$$H_3C-\underset{\substack{|\\CH_3}}{\ddot{N}}-CH_3 + CH_3-CO-O-H$$（$CH_3COO\underline{H}$の<u>H</u>がH$^+$として取れて酢酸イオンCH_3COO^-となる）

取れたH$^+$に$-\ddot{N}-$が配位結合し，(トリメチル)アンモニウムイオン（$(CH_3)_3NH^+$，Nの手は4本となる．

答 4-17

$$HO-\underset{H}{\overset{H}{C}}-\underset{H}{\overset{H}{C}}-\underset{CH_3}{\overset{CH_3}{N^+}}-CH_3 \quad \left(CH_3-\underset{CH_3}{\overset{CH_3}{N^+}}-CH_2-CH_2-OH, \quad (CH_3)_3N^+CH_2CH_2OH \right)$$

2-アミノエタノールは $H_2N-CH_2CH_2OH$，このアミノ基がトリメチル化したものが上記の化合物．2 個の H が CH_3- に置き換わり，さらにもう 1 個の CH_3- が結合（配位結合）して，(トリメチル)アンモニウムイオン（$-NH_3^+$ に対応するもの）となったもの．

$$\text{(dodecyl chain)}-N^{\oplus}(CH_3)_3$$

ドデシル(トリメチル)アンモニウムイオンは，ドデシルアミン $C_{12}H_{25}-NH_2$ がトリメチル化したもの．

Question

・なぜ，N は 3 本しか手が出ないのに，ここでは 4 本と結ばれているの？： 不思議に思うのはわかるが，前ページのアンモニアからアンモニウムイオンが生じる説明を読んでみよ．配位結合（配位共有結合）の勉強もすること（📖 p.212, 213）❢．NH_4^+（アンモニウムイオン）と同じ原理で，手が 4 本出る（第四級アルキルアンモニウムイオン）．問題文中にもそのように書いてあるはずである．配位結合で生じた結合は共有結合そのものである．

・N の上の＋（N^+）は何？： 📖 p.85 のアンモニウムイオン NH_4^+，および p.212, 213 の配位結合の説明❢をよく読むこと．この化合物は第四級アルキルアンモニウムイオン，アンモニウムイオン NH_4^+ の H を 4 個とも C (R, R′ など）に変えたものである．NH_3 の N が非共有電子対を用いて配位結合により 4 本目の結合をつくると，N 原子（7 番元素：原子核は陽子 7 個で＋7）は結合相手の原子に電子を 1 個与えることで電子が 1 個不足する（電子 6 個で－6）．つまり，N は＋7－6 ＝ ＋1 で N^+ となる．

・この *N,N,N*-はどのようにして書けばよいのか書き方がわからない．*N,N,N*-とは何か意味がわからない： ヒントを読んでみよ．答の構造式を見て *N,N,N*-の意味を考え，納得すること．こういう構造式を *N,N,N*-トリメチル-2-アミノエタノール，または *N,N,N*-トリメチル-1-ヒドロキシ-2-アミノエタンというのだとすれば，意味も自ずとわかるはずである（$HO-CH_2CH_2-NH_2$，1-ヒドロキシ-2-アミノエタン）．1,1,1-とはどういう意味だったか？ これとの関連で類推できるはずである．つまり，N 原子にメチル基が結合している（3 個のメチル基ともに N 原子に結合している）という意味である．なぜ，*N,N,N* ？ と疑問なら，なぜ 1,1,1 なのか．置換基の結合位置は置換基の数だけ付けるのが命名法の約束である．1 番目の炭素に 3 つの同じ置換基が結合しているときにも結合位置を 3 カ所書く必要があるので，1 番目の炭素，1 番目の炭素，1 番目の炭素，これを略して，1,1,1-○○と書く約束だったはず（CCl_3CH_3 は 1,1,1-トリクロロエタン，p.58）．*N,N,N* もこれと同じである．

・どこが 2-アミノエタノールなの？： $(H_3C)_3N^+-CH_2CH_2-OH$ は $H_2N-CH_2CH_2-OH$，2-アミノエタノール（優先 IUPAC 名は 2-アミノエタン-1-オール）のアミノ基の $-NH_2$ に H^+ が配位結合したアンモニウムイオン $-NH_3^+$，$H_3N^+-CH_2CH_2-OH$ となり，この $-NH_3^+$ の 3 個の－H がメチル基 $-CH_3$ に置き換わって，(トリメチル)アンモニウムイオン $-N^+(CH_3)_3$ に変化したものである．したがって，この名称を *N,N,N*-トリメチル-2-アミノエタノールという．これは命名法の約束である．つまり，2-アミノエタノールそのものは存在しないので，「*N,N,N*-トリメチル-」をつけて 2-アミノエタノールと呼称する．この「*N,N,N*-トリメチル」は 2-アミノエタノールの N の位置にメチル基が 3 個結合しているという意味である．

・<u>どこがエタンなの？</u>：　$(H_3C)_3N^+-CH_2CH_2-OH$ のどこがエタンなのか？　$-CH_2CH_2-$ がエタンに違いない．Cが2個つながったものをエタンとよぶのは命名法の決まりである（p.32；📖 p.45）．エタンの1の位置のHの1つがOHに置き換わった，2の位置のHの1つが $-NH_2$ に置き換わった，さらに $-NH_2$ が $-N(CH_3)_3{}^+$ に置き換わったものである．よって，*N,N,N*-トリメチル（N原子に3個のメチル基が結合した)-1-ヒドロキシ-2-アミノエタンと呼称する．また，Cの番号はアルコールでは $-OH$ が付いたCを1番目の炭素とするのが約束．したがって，$HO-CH_2CH_2-NH_2$ の名称は1-ヒドロキシ-2-アミノエタンである．

・<u>構造式のギザギザは名称のどこでわかるの？　ギザギザは何？</u>：　ドデシル(トリメチル)アンモニウム，つまり，ドデカは12という意味（📖 p.53，ウンデカ，ドデカ，テトラデカ，ペンタデカ）．したがって，$C_{12}H_{26}$ はドデカン（ペンタ → ペンタン，ドデカ → ドデカン）．これがアルキル基になるとドデシルである（メタン → メチルと同じ）．つまり，ドデシル(トリメチル)アンモニウムとは $C_{12}H_{25}-N(CH_3)_3{}^+$ のことである．ギザギザは，2章の略式構造式の書き方を見よ（p.39, 40；📖 p.48, 49）．ギザギザは $CH_3-CH_2-CH_2-$…… の略式表記法（線描構造式）である（p.87下も参照）．

問題 4-18　CH_3NH_2 と CF_3NH_2 とではどちらがより強い塩基か判断せよ．また，判断の根拠も述べよ．

ヒント：NH_3 は塩基であり，その水溶液は塩基性（アルカリ性）を示す．すなわち，

$$NH_3 + H_2O \longrightarrow NH_4{}^+ + OH^-$$（この OH^- がアルカリ性のもと）

これはN原子上の非共有電子対（孤立電子対，ローンペア[a]）が H_2O から H^+ を引き抜くために起こる反応である（答4-15-2，および📖 p.85）．したがって，H^+ を引き抜く力が大きいほど強い塩基といえる．

a)　ローン：lone，さみしい，孤独な．

答 4-18

より強い塩基は CH_3NH_2．［理　由］　Fは電気陰性度が大きいのでFが結合したC原子の共有結合電子をFの方へ強く引き付ける．その結果，C原子上の電子が減少し，Cは＋電荷を帯びる．すると，このC原子は電子不足を補うために $-NH_2$ のNの電子を自分の方へ引き付ける．N原子は電子不足となり，N原子上の非共有電子対をN原子核の内側の方に強く引き付ける（下の質問の解説を参照）．その結果，N原子上の非共有電子対を他へ与える力（塩基性）は減少する．したがって，N原子上の非共有電子対が水分子から H^+ を引き抜く力は弱くなる．すなわち，塩基性は弱くなる（📖 p.85）．

Question

・<u>CF_3-NH_2 と CH_3-NH_2 の塩基性の違いがわからない．N上の非共有電子対の密度が減少するとはどういうことか？　なぜ，FがCとの共有電子対ではなく，N原子上の非共有電子対を引っぱるの？</u>：　電気陰性度が一番大きい元素であるFがC−F結合の共有結合電子対をFに引き付けるので，相手側のC原子は電子が不足した状態である．したがって，このCは自分と結合しているC−N結合のN側の電子をC側に引き付ける．結果として，Nは電子が不足するために，自分の非共有電子対を<u>他人</u>（外からやってくる H^+）<u>に与える</u>（配位共有結合する）<u>余裕がなくなる</u>．つまり，CH_3-NH_2 のNに比べて CF_3-NH_2 のNには H^+ がくっつきにくくなる．すなわち，塩基性（H^+ を受け取る力・傾向，ブレンステッド・ローリーによる定義）は小さくなる[b]．CF_3-NH_2 のNの非共有電子対は電子が不足したN原子の原子核・内殻により強く引き寄せられることになる．

b)　酸塩基の強さを表す酸解離定数 K_a（$CF_3-NH_3{}^+ \longrightarrow CF_3-NH_3+H^+$）はより大きくなる（$pK_a=-\log K_a$ は小さくなる）❢.

問題 4-19

(1) アドレナリン，カフェイン分子中に含まれる官能基・化合物群名をすべてあげよ．

(2) ニコチン，カフェインについて，C・H を省略しない形の構造式を書け．

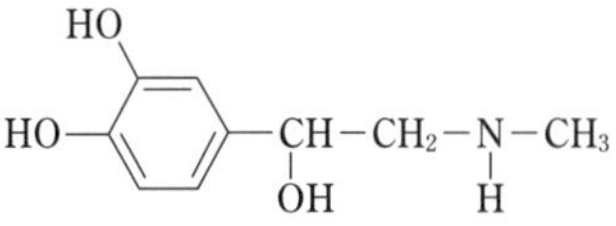

アドレナリン 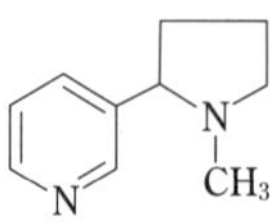　ニコチン 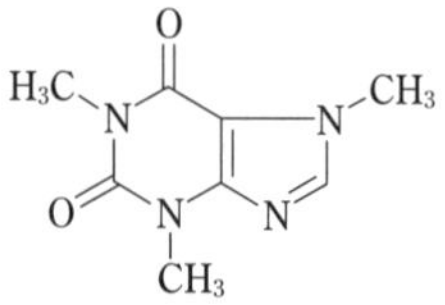　カフェイン

問題 4-19-2 📖 p.80, 81 のまとめを確認せよ．左ページを見て右ページを答えられるようになること（答なし）．

答 4-19

線描構造式では C 原子を補って考えるとわかりやすい．

(1) アドレナリン（エピネフリン）：フェノール類（ベンゼン環−OH，−OH が隣同士で 2 個ついたものはカテコール），第二級アルコール（ヒドロキシ基，>CH−OH, R−OH），（第二級）アミン（C−NH−C）

ニコチン：（第三級）アミン（分子の右上），複素環式化合物（N，O，S を環に含む広義の芳香族，異節環式化合物の一種，ピリジン C_5H_5N 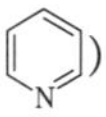 ）

カフェイン：（第三級）アミン × 2 個，イミン（C=N−C），アミド（C−N(CH₃)−C(=O)−C），カルボニル基（ケトン基ではない），アルケン（C=C 二重結合）．p.61 のチロキシンの説明を参照のこと．

N−C(=O)−N(CH₃)−C は第三級アミン C−N(C)−C

（C−C(=O)−N(CH₃)−C ではないのでアミドではない，カルボニル基＋第三級アミン）．N(CH₃)—C(=O)—N(CH₃) の CO は単にカルボニル基である．

(2) C，H を省略しない構造式：

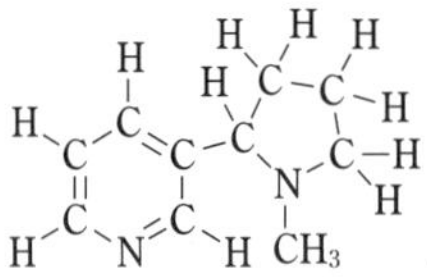

ニコチン 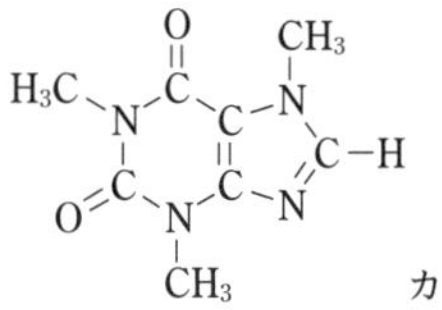　カフェイン

Question

・<u>どこにアミン，カルボニル基があるの？</u>：　C を省略しない構造式を書けばすぐにわかるはずである．それでもわからなければ，アミンとは何か，カルボニル基とは何かの定義・命名の約束（巻末付録 1，p.44，47，50，62；📖 p.250「豆テスト 2」）がわかっていないと思われるので，巻末付録 2（📖 p.250「豆テスト 2」）を復習すること．−C−N(C)−C が第三級アミン．

・カフェインのアミンとは？：　第三級アミン RR′R″N が3個ある？　$H_3C-\underset{\underset{C}{|}}{N}-C$（略式構造式でなく C をきちんと書いてみよ）．構造式の右側は第三級アミン，左側の上はアミド（C−CO−NRR′），左側の下は第三級アミン＋CO（カルボニル基：CO の左側が C ではなく N なので，アミドとはいえない（N−CO−NRR′））

・ケトン基とカルボニル基とアシル基の違いがわからない．カフェインに含まれるのがケトン基でないのは，$R-\underset{\underset{O}{\|}}{C}-R'$ ではなく，$R-\underset{\underset{O}{\|}}{C}-N$ や $N-\underset{\underset{O}{\|}}{C}-N$ になっているから？：　そのとおり．R−CO−R, C−CO−C がケトン基であり，これらはケトン基ではない．なお，R−CO−N，N−CO−N，R−CO−R，C−CO−C の −CO− はすべてカルボニル基．アシル基は R−CO−．アシル基 R−CO− に H が結合すれば R−CO−H（R−CHO，アルデヒド），OH が結合すれば R−CO−OH（R−COOH，カルボン酸），C（R′）が結合すれば R−CO−C（R−CO−R′，ケトン），O−C（O−R）が結合すれば R−CO−OR′（エステル），N が結合すれば，R−CO−NR′R″（アミド，R′R″ は H または C）である．3章を見直してみよう．勉強したはずである．わからなければ，まずは自分で教科書の対応するページを復習しよう．

・カフェインのイミンがどれかわからない：　$C-NH_2$ をアミン（$-NH_2$ をアミノ基）というのに対して，>C=N−C をイミンという（C=N の二重結合をもつ）．なお，アミノ基 $-NH_2$ に対して，アミノ酸の一種プロリンの >N−H をイミノ基とよぶ場合があるが，本来のイミノは −C=N−H である．

・ニコチン，カフェインの略式ではない構造式がわからない：　線描構造式の線の交点には C 原子がある．手の数が4本ない炭素原子 C では C−H 結合の H が省略されているので，C の手が4本となるように −H を C につけ加える（前ページの構造式で示したとおり）．

重要！　アミンは生体中（弱酸性〜中性）では中和されてアンモニウムイオン（$-NH_2 \rightarrow -NH_3^{\oplus}$）の形となっている．つまり，カテコールアミン，アルカロイド，塩基性色素などは陽イオンとして存在し，アミノ酸・タンパク質のアミノ基もアンモニウムイオン（$-NH_3^{\oplus}$）になっている．一方，酸性色素のスルホ基やカルボキシ基は陰イオン（$-SO_3H \rightarrow -SO_3^{\ominus}$，$-COOH \rightarrow -COO^{\ominus}$），脂肪酸・アミノ酸などのカルボキシ基，DNA・ATP・代謝反応中間体などのリン酸エステルのリン酸基は，すべて陰イオン（$-COO^-$，$-O-\overset{\overset{O}{\|}}{\underset{\underset{O^{\ominus}}{|}}{P}}-O-$，$-O-\overset{\overset{O}{\|}}{\underset{\underset{O^{\ominus}}{|}}{P}}-O^{\ominus}$）として存在することを理解しておく必要がある．酸性アミノ酸のグルタミン酸 $HOOC-CH_2CH_2-\overset{\overset{H}{|}}{\underset{\underset{NH_2}{|}}{C}}-COOH$ は生体中では $^-OOC-CH_2CH_2-\overset{\overset{H}{|}}{\underset{\underset{NH_3^+}{|}}{C}}-COO^-$ として存在する．

アルコール (📖 p.88~107)

アルコールとは，水分子 H−O−H の H の一つをアルキル基 R（油）で置き換えたもの R−OH である．−**OH** 基は水の性質のもと．よって，**R−OH** は水の親戚．またはアルカン R−H の H を OH 基で置き換えたもの．つまり，油の親戚でもある．短鎖のアルコールは水によく溶ける．OH 基で互いに水素結合するので（📖 p.84, 91），アルカンに比べて沸点は上昇する．代表例は酒の成分のエタノール $\mathbf{C_2H_5OH}$．命名法は，…オール（-ol）C_n のアルカン名の語尾に alcohol の-ol をつける．C_2H_5OH は C が 2 個のアルコール・エタンアルコール→エタン・オール ethan~~e~~-ol → エタノール．

アルコールの異性体

例　題　ブタノール C_4H_9OH の異性体の構造式 (4 種類) と名称を書き，第一，二，三級を区別せよ．

以下，a）優先 IUPAC 名．

答

①
```
   H  H  H  H
   |  |  |  |
H−C−C−C−C−O−H
   |  |  |  |
   H  H  H  H
```
ブタンの 1 の位置に−OH（オール）がついているアルコール；1-ブタンアルコール → 1-ブタン・オール → 1-ブタノール（ブタン-1-オール[a]）

R−OH（R−CH_2OH）　第一級アルコール

第一級アルコール，R−$\underline{C}H_2OH$：OH が結合した C（$\underline{C}$−OH）に C が 1 個結合し（R；第一級），H が 2 個結合している．この 2 個の H の存在が，アルコールの酸化（p.70）で第一級アルコールが → アルデヒド → カルボン酸へと 2 段階の酸化を受ける原因（理由）である．

②
```
   H  H  H  H
   |  |  |  |
H−C−C−C−C−H
   |  |  |  |
   H  H  O  H
         |
         H
```
ブタンの 2 の位置に−OH（オール）がついているアルコール；2-ブタンアルコール → 2-ブタン・オール → 2-ブタノール（ブタン-2-オール[a]）

```
    H
    |
R−C−R′ (RR′CHOH)
    |
    OH
```
（RR′$\underline{C}$HOH）　第二級アルコール

第二級アルコール，RR′$\underline{C}$HOH：OH が結合した C（$\underline{C}$−OH）に C が 2 個結合し（R, R′；第二級），H が 1 個結合している．H が 1 個しか存在しないことが，アルコールの酸化（p.70）で第二級アルコールがケトンへと 1 段階のみの酸化を受け，アルデヒドのように 2 段目の反応が起きない理由である（C−C 結合は簡単には変化しない）．

③
```
   H  H  H
   |  |  |
H−C−C−C−O−H
   |  |  |
   H  |  H
      |
   H−C−H
      |
      H
```
プロパンの 2 の位置にメチル基がついていて，1 の位置に−OH（オール）がついているアルコール；2-メチル-1-プロパンアルコール → 2-メチル-1-プロパン・オール → 2-メチル-1-プロパノール（2-メチルプロパン-1-オール[a]）

R−OH（R−$\underline{C}H_2OH$）　第一級アルコール

④
```
      H
      |
   H−C−H
      |
   H  |  H
   |  |  |
H−C−C−C−H
   |  |  |
   H  |  H
      |
      O
      |
      H
```
プロパンの 2 の位置にメチル基がついていて，2 の位置に−OH（オール）がついているアルコール；2-メチル-2-プロパンアルコール → 2-メチル-2-プロパン・オール → 2-メチル-2-プロパノール（2-メチルプロパン-2-オール[a]）

```
    R′
    |
R−C−R″
    |
    OH
```
RR′R″$\underline{C}$OH　第三級アルコール

第三級アルコール，RR′R″$\underline{C}$OH：OH が結合した C（$\underline{C}$−OH）に C が 3 個結合しており（R, R′, R″；第三級），C−OH の C に H は 1 つも結合していない．つまり C−H 結合は 0 個であり，3 つとも C−C 結合．これが，第三級アルコールが酸化されにくい理由である（C−C 結合は簡単には変化しない）．

アルコールの命名法とアルコールの脱水素の起こり方，酸化のされ方（📖 p.90，92〜95 に対応）

問題 4-20　以下のアルコール名は，命名法に基づかない不適切なものである．与えられた名称どおりの構造を書いたうえで，この化合物の適切な名称を示せ（(　) の中は優先 IUPAC 名）．

(1)　3-ブタノール（ブタン-3-オール）　(2)　4-ブタノール（ブタン-4-オール）

(3)　1-メチル-1-プロパノール（1-メチルプロパン-1-オール）

(4)　3-メチル-1-プロパノール（3-メチルプロパン-1-オール）

(5)　2-メチル-3-プロパノール（2-メチルプロパン-3-オール）

(6)　1,1-ジメチル-1-エタノール（1,1-ジメチルエタン-1-オール）

ヒント：与えられた名称に基づき構造式を書き，その構造式が示す化合物に基づく正しい名称を与えよ．

注　意：C−C−C−C−OH と HO−C−C−C−C は同じ．また，OH−C−C−C−C とは書かないこと．これでは O−H−C−C−C−C ということになり，O が 1 価，H が 2 価になってしまう（手の数が違う！）

答 4-20[b)]

(1)
```
C−C−C−C
  |
  OH
```
2-ブタノール
（ブタン-2-オール）

(2)
```
C−C−C−C
|
OH
```
1-ブタノール
（ブタン-1-オール）

(3)
```
C
|
C−C−C
|
OH
```
2-ブタノール
（ブタン-2-オール）
（一筆書きで C_4 となる．C…C の両端を引っぱるとわかる，p.8）

(4)
```
        C
        |
C−C−C
|
OH
```
1-ブタノール
（ブタン-1-オール）
（一筆書きで C_4 となる．以下，(3) と同）

(5)
```
C−C−C
  |   |
  C   OH
```
2-メチル-1-プロパノール
（2-メチルプロパン-1-オール）
（OH が結合した C を一番目の炭素とする約束）

(6)
```
       C
       |
HO−C−C
       |
       C
```
2-メチル-2-プロパノール
（2-メチルプロパン-2-オール）
（一番長い炭素鎖は C_3 なのでプロパン）

b)　まず，与えられた名称どおりに構造式を書く．この構造式を見て約束・ルールどおりの正しい名称をつける：分子骨格炭素鎖は OH 基が付いた炭素鎖の一番長いもの，数値は小さい番号優先（p.32, 33, 35）．

Question

・2-メチル-2-プロパノールの命名法？　1, 1-ジメチル-1-エタノールではだめ？：　これまで説明してきたとおり，C の鎖で一番長い鎖（一筆書きできる C の鎖）は C_3 である．それならば，プロパンという名称を基礎にした化合物名になってしかるべきである（p.32, 35；📖 p.20〜23，p.45〜47 を復習すること）．このプロパンの骨格に −OH がついているからプロパンオール → プロパノールである．また，その −OH がプロパンの 2 番目の炭素についているので，プロパン-2-オールという名前になりそうだが，これを 2-プロパノールと名付ける約束である．この 2-プロパノールの 2-の炭素（C の端から数えて 2 番目）に CH_3− 基が付いているから，2-メチル-2-プロパノールという名称になる（現在の優先 IUPAC 名では 2-メチルプロパン-2-オール）．

・答 4-20(5) は，どうして 2-メチル-3-プロパノールでなく 2-メチル-1-プロパノールになるの？：C に番号付けをするときは −OH の付いた C が小さい数字になるようにする約束である．したがって，分子の逆方向から炭素の番号を数え，2-メチル-1-プロパノール（2-メチルプロパン-1-オール）が正しい名称である．

問題 4-21　以下の構造式およびその酸化生成物の構造式と，生成物の化合物グループ名を示せ．

(1) 1-ブタノール（ブタン-1-オール）　(2) 2-ブタノール（ブタン-2-オール）

(3) 2-メチル-1-プロパノール（2-メチルプロパン-1-オール）

問題 4-21-2　📖p.88, 89 のまとめを確認せよ．左ページを見て右ページが答えられるようになること（答なし）．

答 4-21

```
(1) C−C−C−C   H−C−C−C−C   HO−C−C−C−C        (2) C−C−C−C   C−C−C−C
    |              ‖              ‖                      |           ‖
    OH             O  アルデヒド   O    カルボン酸         OH          O  ケトン

(3) C−C−C   H−C−C−C         HO−C−C−C
    | |          ‖ |              ‖ |
    OHC          O C  アルデヒド    O C  カルボン酸
```

Question

・答 4-21(1) の酸化したときの構造式がわからない：　本ページ下（📖p.94）のアルコールの酸化（脱水素）の式を勉強すること．あとはただ，本ページのやり方を真似して，問題中のアルコールの構造式を変形させれば，アルコールからできる酸化生成物（脱水素化合物），アルデヒドまたはケトンを書き示すことができるはずである．

```
   H  H  H  H              H  H  H  H             H  H  H  H
   |  |  |  |      −2H     |  |  |  |             |  |  |  |
H−C−C−C−C−H  ⟶   −C−C−C−C−H  ⟶  C−C−C−C−H,
   |  |  |  |              |  |  |  |             ‖  |  |  |
   O  H  H  H              O  H  H  H             O  H  H  H
   |                       |
   H

   H  H  H  H              H     H  H             H     H  H
   |  |  |  |      −2H     |  |  |  |             |     |  |
H−C−C−C−C−H  ⟶  H−C−C−C−C−H  ⟶  H−C−C−C−C−H
   |  |  |  |              |  |  |  |             |  ‖  |  |
   H  O  H  H              H  O  H  H             H  O  H  H
      |                       |
      H
```

なぜ，これらのHがとれるのかは，下の解説を参照．アルデヒド RCHO はさらにカルボン酸 R−COOH へ酸化（酸素化）されるが，ケトンはそれ以上酸化されない（CO の C に H がないケトンや通常の C−H（下記 C−H³），C−C は簡単には変化しない．

アルコールが酸化されて脱水素する際の水素の取れ方：アルコールの酸化の解説

分子中でH原子のお隣さんが迷惑な人（周りから電子を引き付ける O 原子）の場合（$-O-H^1$），

```
 |  |                  |  |                   H²                 H³ H²
−C−C−O−H¹  →  −C−C−O−  H¹              |  |                  |  |
 |  |                  |  |               −C−C−O−H¹          −C−C−O−H¹
                                            |  |                 |  |
                                    H² の隣の隣が迷惑な人（O）   H³ の隣の隣の隣が迷惑な人（O）
```

O に直接結合した H^1 は O の影響を強く受ける．上の構造式で C−O−の C に結合した H^2 は C を介して O の影響を受けるので H^1 よりは O の影響が小さい．H^3 は 2 個の C を介して O の影響を受けるので H^2 より，さらに O の影響は小さい．したがって，$-CH_2-CH_2-OH$，$-CH_2-CH(CH_3)-OH$ から H 原子が取れる際には，まず H^1 が取れ（O から逃れる），次に H^2 が取れることになる（H^3 は取れない）．

脱水素による酸化では，通常は H 原子が 2 個取れることになるので[a]，H^1 と H^2 が取れることになる．H が取れて空いた手同士をつなぐと C=O 二重結合となり，$-CH_2-CH_2-OH$ ではアルデヒド $-CH_2-CHO$（$-CH_2-C(H)=O$），$-CH_2-CH(CH_3)-OH$ ではケトン $-H_2C-C(CH_3)=O$ となる．

a)　H が 1 個取れて手が 1 本余った手がぶらぶらの状態は不安定（手を全部つないでいないと不安定，📖p.37）❢．

・第一級アルコールの酸化反応の一般式 $RCH_2OH \rightarrow RCHO \rightarrow RCOOH$（📖 p.89「まとめ(4)」）がぴったりこない：　（ROH → RCHO → RCOOH ではない．→炭素の数を合わせるためには，ROH ではなく RCH_2OH とする．R の他に C がもう一つ必要である．$-CH_2OH$（アルコール）→ $-CHO$（アルデヒド）→ $-COOH$（カルボン酸））$-CH_2OH$ から脱水素して（$-2H$）$-CHO$（$-\underset{\underset{O}{\|}}{C}-H$，アルデヒド基）さらに酸化（+O）されて $-COOH$（$-\underset{\underset{O}{\|}}{C}-O-H$，カルボキシ基）となる．これは構造式を書けば納得いく疑問である．📖 p.89 のまとめだけに頼るのではなく本文を読むこと！

多価アルコール（📖 p.96〜100）

多価アルコールは分子内に OH 基を 2 個以上もつものをいう．代表例はエチレングリコールとグリセリン（グリセロール）．1 分子で多重の水素結合（📖 p.84, 91）ができるために水によく溶け，分子間力が強く，沸点や粘性が高い．ポリエステル，医薬，化粧品などに利用される．グリセリンは中性脂肪（油脂）やグリセロリン脂質（細胞膜の成分）の成分．

問題 4-22　エチレングリコール（$CH_2(OH)CH_2OH$），グリセリン（$CH_2(OH)CH(OH)CH_2OH$, $HOCH_2-CH(OH)-CH_2OH$）の規則名（炭素数に基づいた名称，IUPAC 置換命名法）を述べよ．

問題 4-23　プロピレングリコール（$CH_3CH(OH)CH_2OH$），1,2-プロパンジオール（プロパン-1,2-ジオール）の酸化生成物の構造式をすべて示し，それぞれについて化合物グループ名を述べよ．

答 4-22　1,2-エタンジオール（エタン-1,2-ジオール）（慣用名：エチレングリコール）（利用例：不凍液）　$\underset{OH}{C}-\underset{OH}{C}$

1,2,3-プロパントリオール（プロパン-1,2,3-トリオール）（慣用名：グリセリン，グリセロール）（利用例：化粧水，ニトログリセリン，脂質[b]）　$\underset{OH}{C}-\underset{OH}{C}-\underset{OH}{C}$

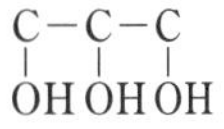

b）中性脂肪（トリアシルグリセロール・トリグリセリド），グリセロリン脂質（レシチン・ホスファチジルコリン），ニトログリセリン（ダイナマイトのもと，狭心症の発作の特効薬，生理活性物質の NO ガスを生成（📖 p.135, 138）．

答 4-23　アルコール（第一級，第二級アルコール）の酸化（脱水素化，酸素化）を考えよ（問 4-21 を要復習）．

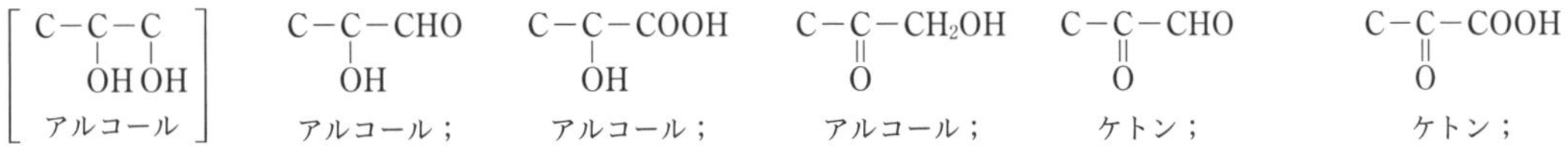

構造式	グループ名	名称
[$C-\underset{OH}{C}-\underset{OH}{C}$ アルコール]		
$C-\underset{OH}{C}-CHO$	アルコール；アルデヒド	2-ヒドロキシプロパナール α-ヒドロキシプロパナール
$C-\underset{OH}{C}-COOH$	アルコール；カルボン酸	2-ヒドロキシプロパン酸 α-ヒドロキシプロパン酸 ヒドロキシ酸 （📖 p.126）
$C-\underset{\underset{O}{\|}}{C}-CH_2OH$	アルコール；ケトン	1-ヒドロキシ-2-プロパノン[c] 1-ヒドロキシプロパン-2-オン
$C-\underset{\underset{O}{\|}}{C}-CHO$	ケトン；アルデヒド	2-オキソプロパナール[c] α-ケトプロパナール
$C-\underset{\underset{O}{\|}}{C}-COOH$	ケトン；カルボン酸	2-オキソプロパン酸 α-ケトプロパン酸 α-ケト酸，2-オキソ酸 （📖 p.126）

c）複数の官能基がある場合の命名の優先順位は，カルボン酸 > アルデヒド > ケトン > アルコールである．優先順位の低いケトンは置換基名オキソ（ケト），アルコールは置換基名ヒドロキシ，$-COOH$ はカルボキシ，$-CHO$ はホルミルを使用する．

Question

・問題の意味がわからない．“構造式をすべて示し”とはどういうことかわからない．

```
C−C−C−
  |  |
  O  O
  |  |
  H  H
```

がどのように酸化されるかわからない：　アルコールの酸化反応（p.70；📖 p.94）を復習すること．第一級アルコールは酸化（脱水素）されてアルデヒドになり，さらに酸化（酸素化）されてカルボン酸になる，第二級アルコールは酸化（脱水素）されてケトンになると学習した．迷ったら，p.70 に倣って，同じように変化させればよい．この分子にはR−OH に対応する−C−OH が２つある．この２つが酸化される．

前ページ構造式の左側のC−OH は第二級アルコールなのでケトンになる．右側のC−OH は第一級アルコールだからアルデヒドになり，さらにカルボン酸に変化する．この組合せを考えればよい．① 左はアルコールのままで右がアルデヒドに変化，③ 左はアルコールのままで右がカルボン酸に変化，② 左がケトンに変化し，④ 右がアルデヒドに変化，⑤ 左がケトンに変化し右がカルボン酸に変化，これですべて．順序よく（論理的に）考えていくこと．

```
C−C−C− ⟶ ① C−C−CHO      ⟶ ④ C−C−CHO   ⟶ ⑤ C−C−COOH
  |  |          |                 ‖              ‖
  O  O          OH                O              O
  |  |
  H  H
        ⟶ ② C−C−CH₂OH  ⟶ ③ C−C−COOH
                ‖                 |
                O                 OH
```
（①→③，②→④，③→⑤ の矢印）

・どうして

```
   H     H
   |     |
H−C−C−C−OH
   |  ‖  |
   H  O  H
```

がケトンなの？　“OH”は考えなくてよいの？：　C−OH があるから，もちろんアルコールの一種でもある（ケトンだがアルコールでもある）．炭素の骨組みだけを気にする．カルボニル基−CO−の両方の手はC とつながっているので，C−CO−C（R−CO−R）である．これをケトンという（3 章で学習した，巻末付録２のテストも参照）．質問の“どうしてケトン”という気持ちはわかるが，こういうときには，自分で「そうか，ケトンはC−CO−C だから，要は骨組みだけが重要であり，C に何が付いていてもいいのだな」と気づくのが，この問題を解いて「自分で学ぶ」ことである．こうして自分１人でも勉強できるようになっていく．いつも，なぜなぜ，と人に教わるだけでは，いつまでたっても独り立ちできるようにはならない．教わることができるのは学生時代だけ．後は自分の力で新しいことを学ぶ必要がある．宿題レポートはそのトレーニングである．

なぜ，と思ったときに，本当に“なぜ”かどうか，“自分で理解できないか・納得できないか”一度冷静に考えてみること．約束ごとに“なぜ”といってもあまり意味がない（多少は意味がある．どのようにして，どういう理由でその約束ができたのかを知ることは無意味ではない）．考えたうえで，どうしても納得できない“なぜ”なら，ぜひ，友人，教員に質問しよう！

・

```
C−C−C−H
  ‖  ‖
  O  O
```

の答の“ケトン；アルデヒド”とはどういう意味？　ケトンでもアルデヒドでもいいの？：　どちらでもよいのかではなく，左のCO はC−CO−C なのでケトン，右のCO はC−CO−H なのでアルデヒドである．見てのとおりに１つの分子中に両方の基が存在する．よって，これはケトンでもありアルデヒドでもある．何の不思議もない気がするが，不安になるのだろうか？　答どおり，素直に受け取ればよい．命名はアルデヒドを優先する．

・酸化物はどういう順でできるの？：　おそらく，次のように変化する．

```
 H  H           H
 |  |           |
−C−C−H  ⟶  −C−C−H  ⟶  −C−C−O−H  ⟶  −C−C−OH
 |  |           |  ‖          |  ‖             ‖  ‖
 O  O           O  O          O  O             O  O
 |  |           |             |
 H  H           H             H
       脱水素         酸素の付加          脱水素
      （酸化）          （酸化）          （酸化）
```

実際には

```
−C−C−H,   −C−C−H
 ‖  |        ‖  ‖
 O  O        O  O
    |
    H
```

も共存すると推測される．

これらのみを合成するには，一方の$-OH$基をいったん$-OCH_3$や$-OCOCH_3$などに変換して$-OH$基を保護した後，もう一方のOHを酸化して$-CO-$や$-COOH$とする．この生成物を加水分解して$-OH$基に戻すという操作を行う．筆者は専門家ではないが，おそらく，ケトンよりアルデヒドができやすく，アルデヒド → カルボン酸の方がアルコール → ケトンよりも起こりやすいと推測される．

問題 4-24　$CH_3-CH(OH)-CH(NH_2)-COOH$ に含まれる官能基・化合物群名をすべてあげよ．

答 4-24

p.61の「複雑な化合物の見方」を参照．ヒドロキシ基，アルコール[a]；アミノ基，アミン；カルボキシ基，カルボン酸．この化合物はトレオニン（スレオニン）というヒドロキシアミノ酸（OH基をもったアミノ酸，オキシアミノ酸ともいう）の一種である[b]．

a）CとH以外（O，N）に着目する．これらが何かを考える．➡ $-OH$，$-NH_2$，$-C(=O)-$，$-COOH$

b）糖タンパクではタンパク質のヒドロキシアミノ酸残基の$-OH$が糖との*O*-グリコシド結合（p.102）に利用される．

問題 4-24-2

(1)　気体と固体と液体の違いについて説明せよ．

(2)　アルコールの沸点が同じ分子量のアルカンより高い理由，多価アルコールの沸点が異常に高い理由を述べよ．

答 4-24-2

(1)　気体とは，（原子）分子が1個ずつばらばらになって広い空間を勝手に動き回っている状態であり，隣の分子は遠く離れているために互いの間に引力（分子間力）はほとんどはたらいていない．

液体とは，原子，分子，イオンが互いに近い距離で相互作用しながら（引力を及ぼしあいながら），熱運動（温度の高さに比例した激しさの運動を）している状態である．隣同士の距離は分子内の原子間結合（しっかり手をつなぐ）距離より大きいが，相互作用できる（弱く手をつなぐ）程度には近い．

固体とは，液体に比べて，相互の距離がより短く，整然と上下左右に規則的に並んで，勝手に動いていない・止まっている状態である（厳密には平衡点を中心に弱く熱振動している）❢．

(2)　蒸発とは，液体状態で周りの分子と相互作用（弱く結合）している分子がその相互作用（分子間力，分子間相互作用）を断ち切って，1分子だけで液体から外へ飛び出すことである（p.60 答4-11と質問も参照）．分子間力は水素結合[c]が一番大きいので（📖 p.84，91），周りの分子と水素結合できる水の沸点は，ほぼ同じ分子量のメタンより260℃も高い．水素結合できるアルコールやアンモニアNH_3も，水ほどではないが沸点は高くなる．多価アルコールはOH基を2個，3個もつので分子間でより多くの水素結合ができるので高沸点となる［グリセリン（グリセロール）は高温でも蒸発できず，360℃で分解する］．また，分子同士で強く手をつないだエチレングリコール，グリセリンでは，周りの分子と一緒に動く必要があるので，溶液の粘度も大きくなり，分子は液体中で自由に移動しにくくなる．

c）水素結合とはO・Nのような電気陰性度の大きい原子2個の間に極性結合性のH原子が介在してできる結合．例：$>C=O:\cdots H-O-$，$-N:\cdots H-N$（p.89, 90など参照．極性（p.53〜56）❢）

確認テスト：アルコールの酸化反応――脱水素の仕方，反応生成物とその名称

問題 1　メタノールの（1），（2）の酸化反応の生成物を，構造式と名称（慣用名と IUPAC 置換名）で示せ．また，この（1），（2）の酸化反応が「酸素化」なのか「脱水素」なのかを記し，脱水素の場合，どの水素が取れるのかも示せ．

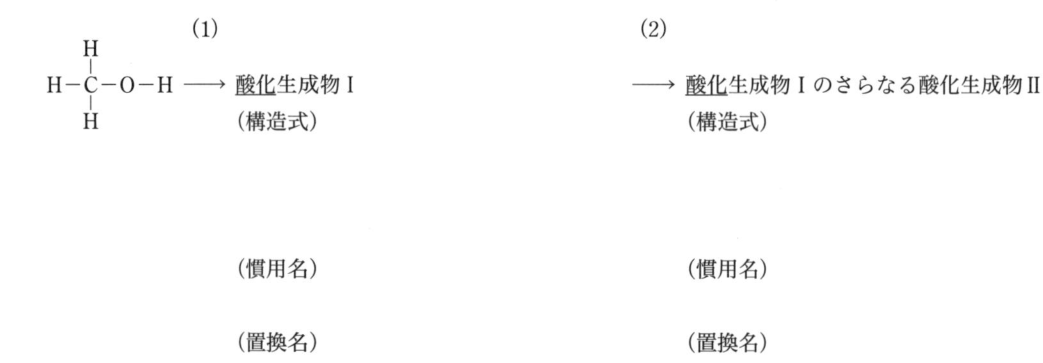

問題 2　2-プロパノール（プロパン-2-オール）の（1），（2）の酸化反応の生成物を，構造式と名称（慣用名と置換名）で示せ．また，この（1），（2）の酸化反応が「酸素化」なのか「脱水素」なのかを記し，脱水素の場合，どの水素が取れるのかも示せ．

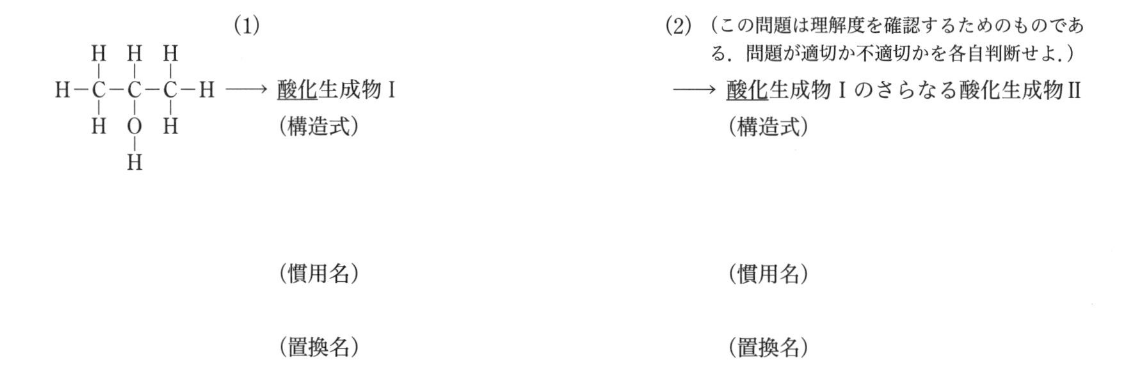

答

問題 1 および問題 2 のいずれも，構造式，慣用名，IUPAC 置換名，および酸化反応が酸素化か脱水素かは，p.82 の答 5-5-2 を見よ．また，脱水素する場合の水素の取れ方は，p.70「アルコールが酸化されて脱水素する際の水素の取れ方」の説明と，答 4-21 下の「質問」の解説および 📖 p.60，94 を参照すること．問題 2 の（2）がなぜ反応しないかは，p.68 の例題答の第二級アルコール，第三級アルコールを参照．

エーテル（📖 p. 96, 97, 100～103）

エーテルは，水分子 H_2O，H－O－H の両端の H をアルキル基（R－，C－）に置き換えたもの R－O－R′ であり，－OH 基がないので水と他人，油（アルカン）の親戚である（水に少ししか溶けない）．
命名法：IUPAC 官能種類命名法（例：$\mathbf{C_2H_5OC_2H_5}$ はジエチルエーテル）が一般的だが，優先 IUPAC 名は置換命名法（例：$C_2H_5OC_2H_5$ はエトキシエタン（エチルオキシエタンの意））である．

問題 4-25

(1)　$C_2H_5OC_3H_7$，$C_4H_9OC_4H_9$（直鎖）の名称を IUPAC 官能種類命名法と置換命名法で述べよ[a]．

(2)　エチルメチルエーテル（メトキシエタン）[a]，ジプロピルエーテル（プロポキシプロパン）の示性式を示せ．

a)　官能種類命名法ではアルキル基は abc 順（ethyl methyl），置換命名法では長鎖のアルキル基の H が短鎖の OR′（アルコキシ基）で置換されたとして命名する．

問題 4-26　C_3H_8O の分子式をもつ異性体の構造式をすべて書き，命名せよ．

問題 4-27　以下のブタノール C_4H_9OH の異性体について構造式を書き，命名せよ．

(1) 第一級アルコール，2 種類　　(2) 第二級アルコール，1 種類

(3) 第三級アルコール，1 種類　　(4) エーテル，可能なものすべて

問題 4-28　次の分子中の官能基・化合物群名をすべて記せ．また，C，H を省略しないで (2)，(3) の構造式を書け．

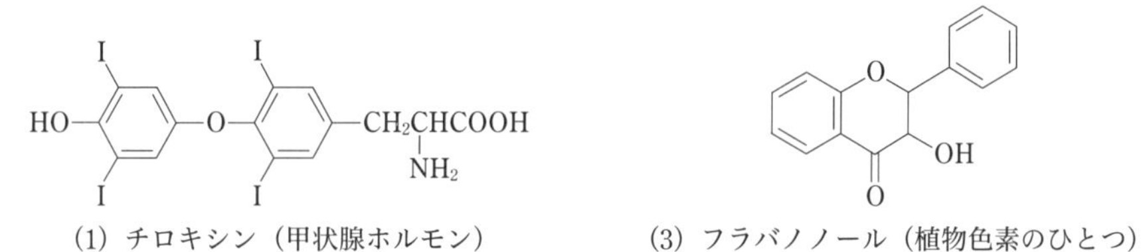

(1) チロキシン（甲状腺ホルモン）　　(3) フラバノノール（植物色素のひとつ）

HO

O

(2) ビタミン E（トコフェロール）

答 4-25

(1) エチルプロピルエーテル（エトキシプロパン[a]），ジブチルエーテル（ブトキシブタン），

(2) $CH_3-O-C_2H_5$（$C_2H_5-O-CH_3$）；$C_3H_7-O-C_3H_7$

a)　エトキシとはエチルオキシが縮んだもの，オキシとは O のこと．したがってエトキシとは C_2H_5-O-のことである．

答 4-26　構造式の書き方は p. 4，9～15，命名法は p. 32～35 を復習せよ．（　）内は優先 IUPAC 名．

C－C－C－OH
1-プロパノール
（プロパン-1-オール）

C－C－C（中央の C に OH）
2-プロパノール
（プロパン-2-オール）

C－O－C－C
エチルメチルエーテル（e, m：abc 順）
（メトキシエタン）

答 4-27

（ ）内は優先 IUPAC 名.

(1) C−C−C−C（1位にOH）

1-ブタノール
（ブタン-1-オール）
ブチルアルコール

C−C−C（1位にOH，2位にC）

2-メチル-1-プロパノール
（2-メチルプロパン-1-オール）
イソブチルアルコール

(2) C−C−C−C（2位にOH）

2-ブタノール
（ブタン-2-オール）
sec-ブチルアルコール

(3) C−C−C（2位にCとOH）

2-メチル-2-プロパノール
（2-メチルプロパン-2-オール）
tert-ブチルアルコール

(4) C−C−O−C−C

ジエチルエーテル
（エトキシエタン）

C−O−C−C−C

メチルプロピルエーテル
（1-メトキシプロパン）

C−O−C−C（O側から2番目のCにC）

イソプロピルメチルエーテル
（2-メトキシプロパン）

Question

・C−O−C−C（O側から2番目のCにC）−の名称がわからない： イソプロピルメチルエーテル[a)]，2-メトキシプロパン[b)]

a) イソプロピル基とは $(CH_3)_2CH$−のこと（📖 p.48）.
b) プロパンの 2 の位置にメトキシ基が結合.

・答 4-27(4) の 3 番目の構造式として，C−C−C（中央のCに−O−C）は間違い？： 正しい．上の質問と同じ構造式.

C−O−C−C−C と C−C−C−O−C は同じ.

答 4-28

線描の略式構造式では C を補ってから考えるとわかりやすい．より詳しくは，p.60 の答 4-12 の説明，p.61 の「複雑な化合物の見方」を参照のこと.

(1) フェノール・芳香族（フェニル基・ヒドロキシ基），ハロアルカンもどき（ハロゲン化アリール・芳香族ハロゲン化物，ハロゲン元素），エーテル（C−O−C，エーテル結合），アミン（アミノ基），カルボン酸（カルボキシ基）：チロキシンには OH 基があり一種のアミノ酸でもあるので水にそれなりに溶ける（$-NH_2$，−COOH：双性イオン $-NH_3^+$，$-COO^-$となる，📖 p.129）.

(2) フェノール・芳香族（フェニル基・ヒドロキシ基），エーテル（C−O−C，エーテル結合），脂肪族炭化水素（分岐鎖アルカン，分子式の右側の長い C の鎖部分）：OH 基，フェニル基，エーテル，長鎖アルキル基（疎水性，📖 p.127）→ わずかしか～ほとんど水に溶けない.

(3) 芳香族炭化水素（ベンゼン環・フェニル基 × 2 個），ケトン（ケトン基，C−C(=O)−C，C−CO−C），第二級アルコール（ヒドロキシ基＞CH−OH），エーテル（C−O−C，エーテル結合）：フェニル基 2 個とエーテル（疎水性）＋＞C=O と −OH 基（親水性，📖 p.127）→ ごくわずかしか水に溶けない.

Question

・カルボニル基とケトン基の違いがわからない：　3章および巻末付録2をきちんと復習すること！

$-\underset{\underset{\mathrm{O}}{\|}}{\mathrm{C}}-$ と $\mathrm{C}-\underset{\underset{\mathrm{O}}{\|}}{\mathrm{C}}-\mathrm{C}$ の違いである．

ケトン C−CO−C（R−CO−R′）の CO もアルデヒド R−CHO（R−CO−H）の CO も，（カルボン酸 RCOOH（R−CO−OH）の CO も），エステル RCOOR′（R−CO−OR′）の CO も，アミド（ペプチド），−CONH−の CO も，−CO−はすべてカルボニル基[c] である．ケトン基はこれらの中で唯一 C−CO−C（R−CO−R′）だけ．

c）カルボニル化合物とはアルデヒドとケトンのみをさす言葉である．

・答 4-28(2) で脂肪族炭化水素がどれかわからない：　脂肪族炭化水素とは鎖式炭化水素のことである．中性脂肪を構成する脂肪酸のアルキル基部分がこの鎖式炭化水素と同じなので，このようにも呼称される．つまり，CH_3CH_2−……−CH_3，が脂肪族飽和炭化水素である．そうすると，構造式を見て，その中に脂肪族炭化水素の部分があるといっているので，その部分がどこか判断できるはずである．もちろん，CH_3CH_2−……−CH_3 ではない．化合物中にこんなものがあるはずはない．なぜなら，CH_3CH_2−…….-CH_3 はそれ自身が完成された1つの分子であり，他の化合物と結合できないからである．したがって，ここでいう脂肪族炭化水素とは（分岐鎖）脂肪族炭化水素の部分，つまりアルキル基のことを意味している．アルキル基がどれかは自分でわかってほしい．なお，飽和鎖式炭化水素・アルカンをメタン系炭化水素ともいう．

ビタミン E は抗酸化性物質であり，赤血球の溶血防止（細胞膜の保護[d]）などの効果をもつ．アルキル基部分がいわば油である細胞膜中に溶け込んで，膜表面にフェノール −OH を出すことで，膜表面の活性酸素と反応する（フェノール部分が酸化される）．つまり，活性酸素を補足し，反応性が高く，からだによくないラジカルを無毒化することができる．

d）膜を構成するリン脂質のアシル基の酸化（親水性化）を防止する．

答 4-28

C，H を省略しない構造式

(2)　ビタミン E：

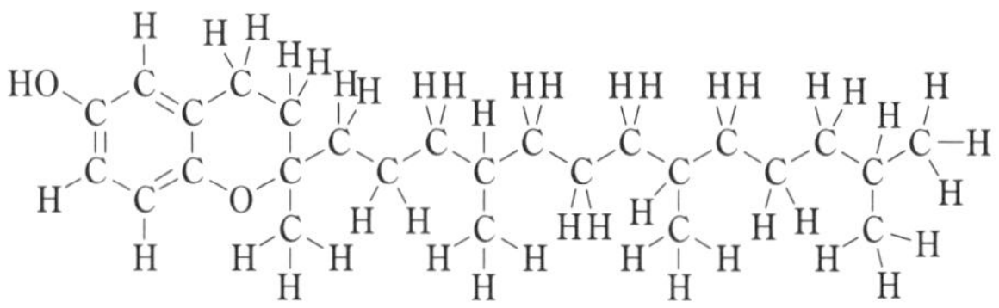

(3)　フラバノノール：

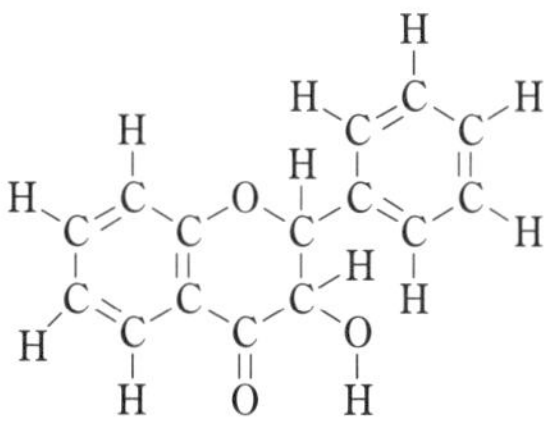

5章 不飽和有機化合物

(📖 p.108〜151)

カルボニル化合物 (📖 p.110〜121)

カルボニル化合物はアルデヒドとケトンの総称であり，反応性が高い．カルボニル基は極性をもつので（📖 p.115），C の数が少ないカルボニル化合物は水によく溶ける．

アルデヒド (📖 p.110〜121)

第一級アルコールが酸化（脱水素）されて生じたもの（alcohol dehydrogen…）．一般式は **R−CHO,** R−CO−H．反応性が高い（酸化還元反応，付加反応など）．代表例はホルムアルデヒド（メタナール，消毒・防腐剤のホルマリンはその水溶液）．グルコース（ブドウ糖）などの糖（アルドース），視物質のレチナール，バニラ・レモン・シナモン・野菜の香り成分などもアルデヒドの一種である．命名法：アルカン alkane の e を取り，語尾にアルデヒド aldehyde の al（アール）を付ける．炭素数に合わせて，メタン CH_4 → メタンアルデヒド → メタナール methane̸-al H−CHO，H−C(=O)−H；エタン C_2H_6 → エタンアルデヒド → エタナール CH_3−CHO，CH_3−C(=O)−H．

問題 5-1 ① C−C−C−C(=O)−H，② C−C−C−C−C(=O)−H，③ C−C−C−C(Cl)−CHO の置換命名法に基づく名称を述べ，構造式を例に習い略記せよ－．例 C−C−C−C(=O)−H＝ ╱╲╱╲C(=O)−H＝ ╱╲╱╲CHO

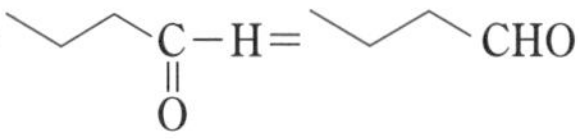

問題 5-1-2 4-ヒドロキシノナナール，5-アミノノナナールの構造式または示性式を書け．

答 5-1

① ブタナール　② ╱╲╱╲C(=O)−H ＝ ╱╲╱╲CHO（上下逆でも同じ）ペンタナール　③ ╱╲╱╲(Cl)C(=O)−H ＝ ╱╲╱(Cl)╲CHO（上下逆でも同じ）2-クロロペンタナール

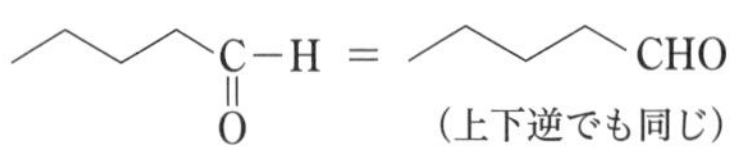

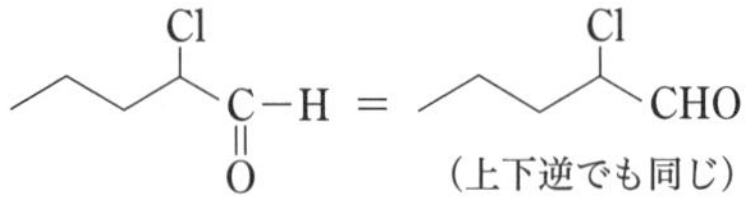

Question

・2-クロロペンタナールは 4-クロロペンタナールではだめなの？：　不適切，ルール違反である．ルールでは，アルデヒドやカルボン酸の場合，アルデヒド基 −CHO の C，カルボン酸では−COOH の C，を 1 番目の炭素とする約束．アルコール，アミンという名称の化合物では，ヒドロキシ基・アミノ基が結合した炭素鎖を分子骨格として，結合位置が小さい番号となるように命名する．

答 5-1-2

$CH_3-CH_2-CH_2-CH_2-CH_2-CH(OH)-CH_2-CH_2-CHO$

$CH_3-CH_2-CH_2-CH_2-CH(NH_2)-CH_2-CH_2-CH_2-CHO$

Question

・ノナとは何か？：　ノナとは 9 という意味（モノ，ジ，トリ……ヘキサ，ヘプタ，オクタ，ノナ，デカ……）．答の構造式はノナナール．ノナン nonane，C_9H_{20}．数詞は p.24（📖 p.35, 36）を復習せよ．

・アルデヒド基がついている場合，C^4 位の—OH 基はアルコールにはならないの？： よい質問である．—OH があるので，この分子はもちろんアルコールだが，アルデヒドでもある．この場合のようにアルコールとアルデヒドでは，アルデヒドであることを優先し，—OH は付属品（ヒドロキシ基，ヒドロキシ…）として扱う約束である．アミンの場合についても同様（アミノ基，アミノ…）．

ケ　ト　ン （📖 p.112〜121）

第二級アルコールが酸化（脱水素）されて生じたもの（alcohol dehydrogen…）ではあるが，この物質はケトンという．一般式は **R—CO—R′**，RR′CO．反応性が高い（アルデヒドの親戚・カルボニル化合物）．代表例はアセトン[a]（**2-プロパノン・プロパン-2-オン**[b]）．フルクトース（果糖）などの糖（ケトース），からだの中の多くの中間代謝産物，ジャスミンやじゃ香の香りもケトンである．命名法：分子骨格の炭素数に合わせたアルカン名の alkane の e を取り，語尾にケトン ketone の **one**（オン）を付ける．プロパン C_3H_6 → CH_3—CO—CH_3 → プロパンケトン → 2-プロパノン（プロパン-2-オン[b]），2 は CO の位置）propan~~e~~-one，CH_3—C(=O)—CH_3．

a） 糖尿病時の代謝産物．カルボニル基には極性があるので（📖 p.115）短鎖のアセトンは水によく溶ける．
b） 優先 IUPAC 名（以下も同じ）．

問題 5-2 以下の化合物を命名せよ（カルボニル基 CO の位置を数値で示すこと，p.51）．

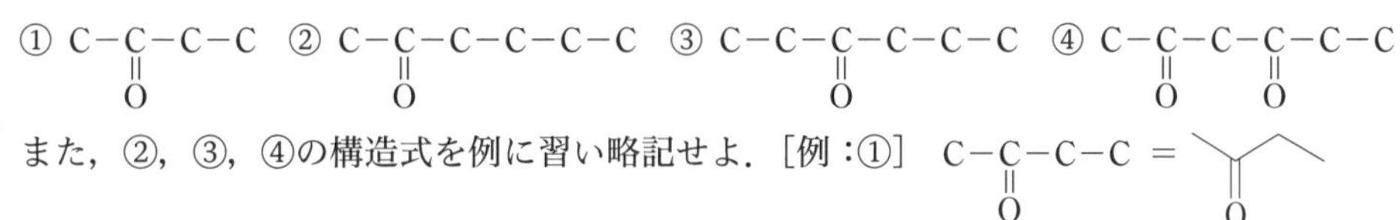

また，②，③，④の構造式を例に習い略記せよ．［例：①］

問題 5-2-2 ① 3,5-オクタンジオン（オクタン-3,5-ジオン[b]），② 2,3-ジオキソヘプタンの構造式を書け．

答 5-2

① 2-ブタノン　ブタン-2-オン[b]　(2-オキソブタン)

② 2-ヘキサノン　ヘキサン-2-オン[b]　(2-オキソヘキサン)

③ 3-ヘキサノン　ヘキサン-3-オン[b]　(3-オキソヘキサン)

④ 2,4-ヘキサンジオン　ヘキサン-2,4-ジオン[b]　(2,4-ジオキソヘキサン)

・2,4-ヘキサンジオンは 2,4-ジオキソヘキサンでもよいか？： よいが，2,4-ヘキサンジオン（ヘキサン-2,4-ジオン）を頭に入れること．

・C—C(=O)—C(=O)—C—C—C には慣用名はないの？： （おそらく）ない．

答 5-2-2

① CH_3—CH_2—C(=O)—CH_2—C(=O)—CH_2—CH_2—CH_3 → 3,5-ジオキソオクタンともいう．

CH_3—CH_2—CO—CH_2—CO—CH_2—CH_2—CH_3（CH_3—CH_2—CH_2—CO—CH_2—CO—CH_2—CH_3），

② CH_3—C(=O)—C(=O)—CH_2—CH_2—CH_2—CH_3 → 2,3-ヘプタンジオン（ヘプタン-2,3-ジオン）ともいう．

CH_3—CO—CO—CH_2—CH_2—CH_2—CH_3（CH_3—CH_2—CH_2—CH_2—CO—CO—CH_3）

Question

・〇〇ジオンとジオキソ〇〇はどう違うの？：　同じ．呼び方が，“何を主体にするか”の違い．アルカンを優先するとジオキソ（オキソとは酸素原子 O のこと，分子骨格中の CH_2 の 2 H が＝O に置換された意），ケトンであることを優先するとジオン（オン）．本書では「オン」を優先する（専門分野の学習ではオンが重要）．両者は見方を変えた命名法である．オキソは，化合物本体をよぶ名前ではなく，単なる修飾部品として見たときの名前である．〇〇オンは化合物本体（ケトン）としての名前である．

有機物の沸点，水に対する溶解度には，以下の分子間力，結合の極性および油としての性質（炭素鎖長）が関与している：分散力（分子間にはたらく普遍的な引力，📖 p.75），カルボニル基の極性（水に溶けやすく，反応性も高い，双極子・双極子相互作用する，📖 p.115），－O－H，－N－H の極性と水素結合（📖 p.84, 91），C－Cl の極性（双極子，📖 p.70）．

問題 5-3　次の各組の化合物について，沸点の低い順に並べよ．

(1)　a) $CH_3CH_2CH_2CH_2CH_3$，b) $CH_3CH_2CH_2CH_2OH$，c) $CH_3CH_2OCH_2CH_3$，d) $CH_3C(=O)CH_2CH_3$

(2)　a) CH_3CHO，b) $CH_3CH_2CH_3$，c) CH_3CH_2OH，d) $CH_2(OH)CH_2OH$

(3)　a) CCl_4，b) CH_2Cl_2，c) CHI_3

問題 5-4　次の各組の化合物について，水に対する溶解度の高い順に並べよ．

(1)　a) $CH_3CH_2CH_2CH_2OH$，b) $CH_3CH_2OCH_2CH_3$，c) CH_3CH_2CHO，d) $CH_3CH_2C(=O)CH_2CH_3$
e) CCl_4，f) CH_3CH_2OH，g) CH_2Cl_2，h) $CH_3CH_2CH_2CH_2CH_3$

(2)　a) $CH_2(OH)CH_2OH$，b) $CH_3CH_2CH_2NH_2$

答 5-3　(1)　a ≒ c ＜ d ＜ b　　(2)　b ＜ a ＜ c ＜ d　　(3)　b ＜ a ＜ c

沸点/℃：　36　35　80　118　　−42　21　78　197　　40　77　（融点 119）

解　説：沸点の高さ：分子量が同じ（分散力がほぼ同じ）ならば，分子間の相互作用が大きいほど沸点は高くなる．相互作用の強さは，強い順に，水素結合　＞　双極子相互作用（極性分子）　＞　分散力である．

(1) はすべてがほぼ同一の分子量なので，上記の相互作用の強さの順となる．つまり，沸点の低い順から，a) アルカン，c) エーテル（アルカンに似ている），(a ≒ c，分子間力は分散力である)，d) ケトン（双極子相互作用する），b) アルコール（水素結合する）となる．

(2) も (1) と同様である．b) アルカン，a) アルデヒド（双極子相互作用），c) アルコール，d) ジオール（OH 基が 2 個あるから水素結合をたくさんつくることができる）．

(3) は無極性分子と弱い極性分子（電気陰性度は Cl＞I＞C で，a は極性がないので（問題 4-6）極性の順序は b＞c＞a）．これらの分子は重原子の Cl, I を含み，弱い極性に比べて分散力がより重要となるので，分子量が大きくなる順に，b，a，c と沸点が高くなる（分散力は原子番号が大きいほど（電子の数が多いほど）大きくなる．また，原子の数が多ければ，その分だけ分散力は大きくなる．📖 p.75）

答 5-4　(1)　f ＞ c ＞ a ＞ d（d＞a でも可）＞ b ＞ g ＞ e ＞ h　　(2)　a ＞ b

溶解度：　易溶　溶　7%　5%　　−　−　0.08%　0.004%　　易溶　C_3 で片方にのみ親水基

Question

・答 5-4 で，水に対する溶解度は，水素結合物質＞極性物質（分極した物質）のはずなのに，どうして，f(水素結合)＞c(極性)＞a(水素結合)＞d(極性) の順になるの？：　同じ炭素鎖長で比べれば，水素結合性物質＞極性物質となっている．炭素鎖長が長くなれば当然ながら油に近くなる（疎水性が増す）ので水に溶けにくくなる．したがって，$CH_3CH_2CHO > CH_3CH_2CH_2CH_2OH$ の順は何の不思議もない．C が 2 個分長くなった効果が −OH の効果と—CHO の効果との差より大きい．つまり，親水基と疎水基（炭素鎖）との力のバランスを考慮する必要がある．

残りの物質は，これらより水に溶けにくい（極性が小さい〜無極性）ので，溶けやすい方から，b>g>e>h となる．この順序になる理由は，b）エーテル（油の親戚だが，O 原子の非共有電子対が水と多少は相互作用（弱い水素結合）ができる，📖 p.101）＞ g）ハロアルカン（極性あり）＞ e）ハロアルカン（分子全体としては無極性，問題 4-6；📖 p.71）＞ h）アルカン（無極性，油）である．

(2) の (a) は水の性質のもとの OH 基が 2 個あるジオールなので水素結合をたくさんつくるために（📖 p.72），水にはたいへん溶けやすい．b）は C_3 のアミンなので水に溶けるが，C_3 は多少なりとも疎水基（油）の性質・疎水性があるので，水への溶解度は C_2 の a）には及ばない．a）が b）よりはるかに溶けやすい．

生体関連のアルデヒド・ケトンとその酸化還元生成物

問題 5-5　3 種類のケトン体，(1) アセト酢酸，(2) β-ヒドロキシ酪酸（ブタン酸），(3) アセトンの構造式・示性式を書け（α-，β-，……は下述）．　ヒント：これらがなぜアセトン体・ケトン体か？

> **炭素鎖中のそれぞれの炭素の区別法**（📖 p.129）
>
> ① 数値 1, 2, 3, ……で表す：カルボン酸だから COOH が親分 → COOH の C を 1 番目の C とする（右図）．
>
> ② ギリシャ語 α，β，γ，δ，……，ω（オメガ）で表す［アルファベットの a，b，c，d，……，z に対応する：親分の COOH が結合した炭素原子を α とする（右上図）］．
>
> ```
>   5   4   3   2   1
> C…C－C－C－C－COOH
> ω   δ   γ   β   α
> (先端)
> ```

問題 5-5-2　ホルムアルデヒド，アセトアルデヒド，プロパナールの酸化生成物と還元生成物，乳酸（α-ヒドロキシプロパン酸）と β-ヒドロキシ酪酸の酸化生成物，アセトンとピルビン酸（α-ケトプロパン酸・2-オキソプロパン酸）の還元生成物の構造式と名称を示せ（命名法は付録1を参照）．

答 5-5

(1) アセト酢酸の基本骨格は酢酸，酢酸 CH_3COOH のメチル基の H の 1 つをアセチル基 CH_3-CO- で置換したもの $CH_3-CO-CH_2COOH$ であり，酢酸 $H-\overset{H}{\underset{H}{C}}-COOH$ にアセト≡アセチル基をくっつける．H−C の H をアセチル基に取り替える．−COOH がなくなれば酸ではなくなるので，−COOH はこのまま必須．

```
 (CH3－C－)CH2－COOH
        ‖
アセチル基 O   (アセト)
```

(2) β-ヒドロキシ酪酸は酪酸（ブタン酸，C_4 のカルボン酸[a]）の COOH の結合した炭素（α-炭素）の隣の炭素（β-炭素）にヒドロキシ基がついたものである．

```
      β     α
CH3－CH－CH2－COOH
      |
      OH
```

a) COOH の C 込みで C4 個；ブタンの but はバター由来．だからブタン酸は「酪」農の酪酸（酪農製品はバターとチーズ）．

(3) アセトンは既知のはずであるが（覚える），2-プロパノン（プロパン-2-オン）なので，C_3 のケトンで，

```
1  2  3
C－C－C となる．
   ‖
   O
```

アセトン　脱炭酸[a)]　アセト酢酸　　酸化（アルコールの脱水素 −2 H）　β-ヒドロキシ酪酸（ブタン酸）

$CH_3-C(=O)-CH_3 \xleftarrow{-CO_2} CH_3-C(=O)-CH_2 \,\vdots\, C(=O)-OH \rightleftarrows CH_3-CH(OH)-CH_2-COOH$

還　元（CO 基への水素の付加 +2 H）

切れる（脱炭酸，CO_2+H）　　（カルボニルの二重結合への 2 H の付加）

a) 脱炭酸（ガス）：$CO_2+H_2O \longrightarrow H_2CO_3$（炭酸）なので，二酸化炭素 CO_2 を炭酸ガスともいう．−COOH 基の脱炭酸（$-CO_2$）は生化学反応ではよく起こる反応である．例はクエン酸回路など（−COOH の隣の−CO−や，C−OH，−COOH の影響を受けて脱炭酸が起こる）．

Question

・β-ヒドロキシ酪酸の構造式がわからない？：　酪酸とはブタン酸（C_4，バター由来，📖 p.37）のことである．このβ炭素に OH 基が付いているのだから簡単に書けるはず．つまり，$CH_3-CH(OH)-CH_2-COOH$ である．アセト酢酸とはアセチル基 CH_3CO- が付いた酢酸のこと（アセトとアセチルは同じ意味）．

$CH_3-CO-CH_2-COOH \equiv CH_3-C(=O)-CH_2-COOH \longleftarrow H-CH_2-COOH \equiv CH_3COOH$（酢酸）

重要！ アセチル基（アセト，アシル基 R−CO−の代表例）

⟶（アセトアルデヒド $CH_3-C(=O)-H$，アセトン $CH_3-C(=O)-CH_3$，acetic acid 酢酸 $CH_3-C(=O)-OH$）
アセチック アシッド

答 5-5-2

$H-CH_2-O-H \xleftarrow[+2H]{還元\ a)} H-C(=O)-H \xrightarrow[+O]{酸化\ b)} H-C(=O)-O-H$；$H-CH_2-CH_2-O-H \xleftarrow[+2H]{還元\ a)} H-CH_2-C(=O)-H \xrightarrow[+O]{酸化\ b)} H-CH_2-C(=O)-O-H$

メタノール　ホルムアルデヒド[1)]　ギ酸[2)]　エタノール　アセトアルデヒド[3)]　酢酸[4)]

a) −C=O 二重結合に H 原子が 2 個結合（付加）する：>C=O ⟶（二重結合開裂）>C(−)−O(−) ⟶（+2H）>C(H)−O(H)

b) −C(=O)−H の C−H の−H が−OH となる（形式上は C−H の間に O 原子が挿入された形）．

$H-CH_2-CH_2-CH_2-O-H \xleftarrow{+2H} H-CH_2-CH_2-C(=O)-H \xrightarrow{+O} H-CH_2-CH_2-C(=O)-O-H$

1-プロパノール*　プロパナール　プロパン酸

$H-CH_2-CH(OH)-C(=O)-O-H \xrightarrow[-2H]{酸化} H-CH_2-C(=O)-C(=O)-O-H$；$H-CH_2-CH(OH)-CH_2-C(=O)-O-H \xrightarrow[-2H]{酸化} H-CH_2-C(=O)-CH_2-C(=O)-O-H$

乳酸[5)]　ピルビン酸[6)]　β-ヒドロキシ酪酸[7)]　アセト酢酸[8)]

$H-CH_2-C(=O)-CH_2-H \xrightarrow[+2H]{還元} H-CH_2-CH(OH)-CH_2-H$；$H-CH_2-C(=O)-C(=O)-O-H \xrightarrow[+2H]{還元} H-CH_2-CH(OH)-C(=O)-O-H$

アセトン[9)]　2-プロパノール*　ピルビン酸[6)]　乳酸[5)]

規則名（IUPAC 置換命名法）
1) メタナール
2) メタン酸（formic acid）
3) エタナール
4) エタン酸（acetic acid）
5) α-ヒドロキシプロパン酸
　2-ヒドロキシプロパン酸
6) α-ケトプロパン酸
　2-オキソプロパン酸
7) 3-ヒドロキシブタン酸
8) β-ケトブタン酸
　3-オキソブタン酸
9) 2-プロパノン
　（プロパン-2-オン）
＊ プロパン-1-オール，
　プロパン-2-オール

糖とその酸化還元生成物

問題 5-6

(1)　α-，β-グルコースの構造式をパッカード式，ハース式で書け．

ヒント：p.41（📖 p.119）参照．β-グルコースは C^1〜C^4 の－OH が上下上下となる．パッカード式（シクロヘキサン環のいす形構造）；ハース式（シクロヘキサン環の平面表示構造）

(2)　グルコースの酸化生成物と還元生成物の構造式と名称を示せ（答は次ページ）．

(3)　糖の直鎖 → 環状構造への変化を説明せよ（答は次ページ）．

答 5-6

(1)

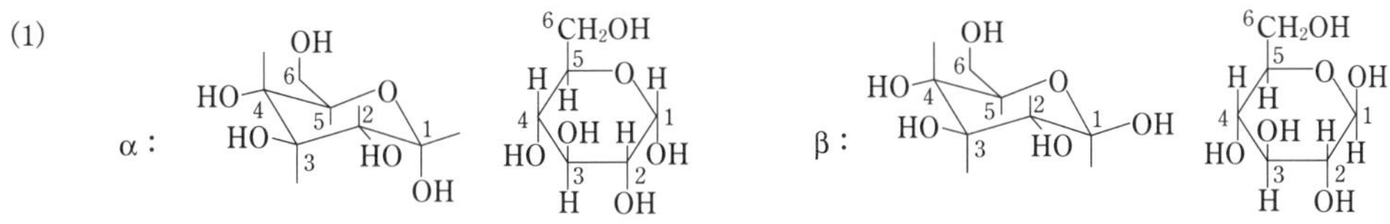

C^1 の OH（グリコシル OH）は下向き（C^5－C^6 と反対向き）　　C^1 の OH は横（上）向き（C^5－C^6 と同じ向き）

寝ている方が楽（より安定，周りとの立体障害・反発が少ない）なので，安定性は $\beta > \alpha$（存在量：β 62%，α 38%），六炭糖の中で β-グルコースが最も安定．よって，光合成でつくる糖はグルコース．分子模型で，この α，β 構造を確認すること．

① フラノース環（C_4O の環状構造），ピラノース環（C_5O の環状構造）をまず覚えて書けるようにする[c]．

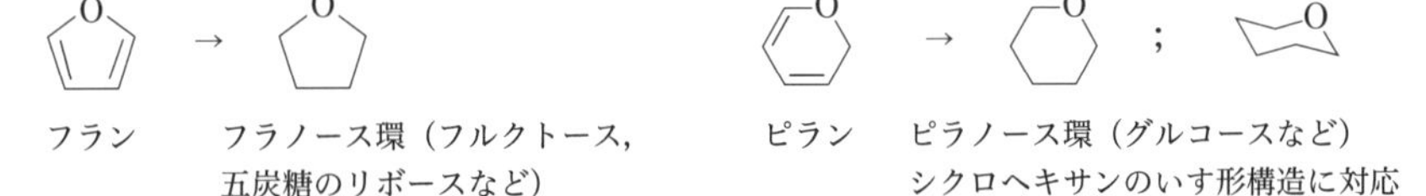

c)　糖はアルドース（アルデヒド糖，六炭糖 C_6 のグルコース・ピラノース環，五炭糖 C_5 のリボース・フラノース環など）とケトース（ケトン糖，六炭糖 C_6 のフルクトース・フラノース環など）に大別される．

② グルコースの OH 基は C^2〜C^4 ではすべて“横”向き（equatorial　エクアトリアル），地球に例えると赤道，環の横方向）．ただし，C^1 の OH は，鎖状構造の糖が環化して生じた，もともとはアルデヒド基 －CHO（ケトースではケトン基 >C＝O）の O が環化する際に－OH 基に変化したものである．環のでき方により，C^1 の－OH 基が環の面内・横上向き（エクアトリアル，β）か，環の面に垂直・下向き（axial　アキシアル，α）の方向を向いた 2 種類の異性体（アノマー α,β）を形成する（理由は p.84；📖 p.118）．

Question

・パッカード式とハース式がどうなっているのかわからない：　分子模型を組んで自分で考え納得するしかない．構造式の書き方は，テキストを真似て，まず書いてみる．そうでないと，見ただけではよくわからない．パッカード式はシクロヘキサンのいす形（p.41；📖 p.49，235）に対応する構造式の描き方，ハース式はこれを単純化して平面六角形で表す描き方である（β の－OH がすべて横向きであることはハース式ではわからない）．

・糖のいす形は書けなければいけないか：　一度は書けるようになっておく方がよい．教科書の構造式を真似て，書けるようになる．次にいす形の構造式（パッカード式）を基にハースの構造式（六角形の糖の形）が書けるようになること．つまり，同じ分子をパッカード式（いす形の構造式）とハース式と両方で書けるようになること．α-，β-グルコースの 2 種類だけで十分である．パッカード式で表した糖の構造が真の構造に近い（ハース式では理解できないことも，パッカード式（いす形）では理解できる）．専門科目で糖の構造式が出てきてもすぐに糖分子の真の構造が理解できる❢．

答 5-6

(2)　酸化生成物：①グルクロン酸（C^6 の $CH_2OH \rightarrow COOH$），②グルコン酸（C^1 の $CHO \rightarrow COOH$），
還元生成物：③ソルビトール（糖アルコール，C^1 の $CHO \rightarrow CH_2OH$）

①では C^6 が酸化されるだけなので環状構造（C^1-CHO の C へ C^5-OH の O が非共有電子対を用いて配位結合したもの）は維持されたまま．②では C^1 の $-CHO$ が酸化されてなくなったので，糖ではなくなり，糖の環状構造をとれないが，酸化で生じた COOH と δ 位炭素に結合した OH 基とが分子内でエステルをつくり，環状のラクトン[a]（ラクトン環）ができる．絹ごし豆腐の凝固剤はグルコノ-δ-ラクトン（放置によりエステルは容易に加水分解されてカルボン酸に戻り，溶液は酸性になる → タンパク質の等電点沈殿・変性が起こる．つまり，豆乳が固まり豆腐ができる）．③では C^1 の CHO がなくなり $-CH_2OH$ となったので，糖（アルデヒド基かケトン基＋多価アルコール，$-OH$ が 2 個以上）ではなくなった．

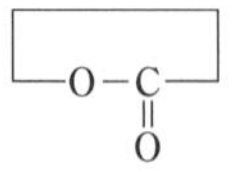

a)　分子内エステルのこと．1 つの分子中の $-OH$ 基と $-COOH$ 基が脱水縮合して環状のエステル（左図）となったもの．アスコルビン酸（ビタミン C）もラクトンである．

Question

・答 5-6(2) の構造式がわからない：

本当は答を見てわかってほしいけれど，p.41，83（📖 p.118）の糖の説明を見て，6 位の C とはどれか確認すること．またグルコン酸は，通常の環状の糖の構造（ピラノース環構造）ではなく，鎖状構造を書き，そのアルデヒド基部分を酸化してカルボキシ基にしたもの（右図），ソルビトール（糖アルコール）は，同様にアルデヒド部分を還元して（水素をつけて）ヒドロキシ基にしたもの（右端図）．つまり，ともに，分子末端の $-CHO$ を $-COOH$ と $-CH_2OH$ に変えたものである．ウロン酸は C^6（直鎖構造の一番下）の CH_2OH を COOH にしたもの．

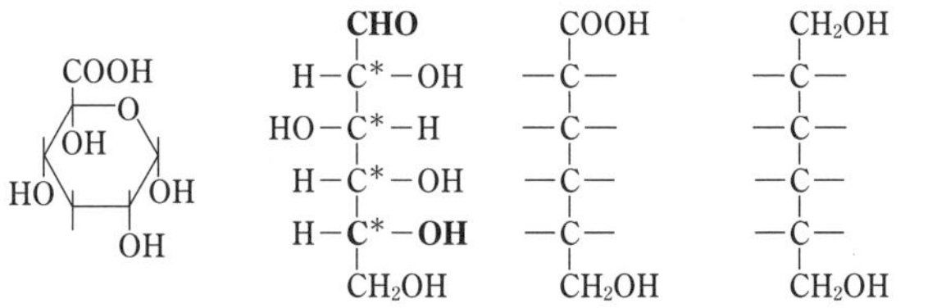

α-D-グルクロン酸（ウロン酸，酸性糖）　D-グルコースの鎖構造　D-グルコン酸（アルドン酸）　D-ソルビトール（糖アルコール）

答 5-6

(3)　① カルボニル基の立ち上がり（📖 p.115）と，② 立ち上がりで生じたカルボニル基の C^+（電子不足）へ，③ C^5-OH の O の非共有電子対が配位結合する（📖 p.85，212）．

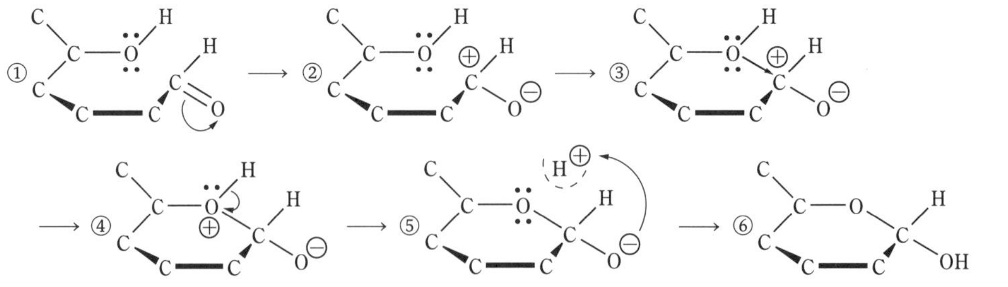

① アルデヒドのカルボニル基の立ち上がり（π 分極）で C^1 炭素が $\delta+$ となる（②）．③ この $\delta+$ の電荷を中和するために，ここに C^5-OH の O の非共有電子対が配位結合する．その結果として環化が起こる．

$-\underset{\|}{C}-H$（O）がつくる平面の上から C^5-OH が攻撃すると $-\underset{|}{C}-H$（OH）（OH が下向き，α-グルコース），$-\underset{\|}{C}-H$（O）

平面の下から攻撃すると $-\underset{|}{\overset{\text{OH}}{\overset{|}{\text{C}}}}-\text{H}$（OH が上向き・斜め上向き，$\beta$-グルコース）となる．④ 配位結合したO−HのO原子は，電子を相手に1個与えたことになり，電子が1個不足する．つまり，−O−HのOは，$-\text{O}^{\oplus}-\text{H}$ と正電荷をもつ（電子不足となる）．そこで，この⊕電荷を中和するために−O−H結合の共有電子対を構成するHの電子を $-\text{O}^{\oplus}$ が奪い取る（④）．⑤ 結果として，−O−H結合は切断され，$-\text{O}:\text{H}^{\oplus}$ となり，$\text{H}^{\oplus}$ を生じる．⑤ この $\text{H}^{\oplus}$ とカルボニルから立ち上がった $-\text{O}^{\ominus}$ が結合して−O−Hとなり（⑥），グルコースの環状構造（ピラノース構造）が完成する．📖 p.118 を参照のこと．

問題 5-7　グリセルアルデヒドは最も簡単な糖（多価アルコールのカルボニル化合物）・トリオース（三炭糖[b)]）であり，鏡像異性体（光学異性体）の D, L を決めるうえでの基準にもなっている（p.126；📖 p.169）．構造式を書け（平面構造式・D, L の区別なし）．また，ジヒドロキシアセトンとはどのようなものか，推定して構造式を書け．

b)　三炭糖とはCが3個よりなる糖のことである．ペントース（五炭糖）にはDNA・RNA・ATP・NAD^+・FAD・補酵素Aなどの糖リボース・デオキシリボース，ヘキソース（六炭糖）にはグルコース，フルクトースがある．

最も簡単な糖は三炭糖のグリセルアルデヒド（アルドース）とジヒドロキシアセトン（ケトース）である．両者は，生体内におけるグルコース代謝の第1段階である解糖系（糖を解く，$\text{C}_6 \rightarrow$ 2個の C_3 化合物とする）の2個の生成物そのものである．

答 5-7

グリセルアルデヒド：グリセリン・グリセロール（1,2,3-プロパントリオール，プロパン-1,2,3-トリオール）の端のOH（C−OH）が酸化（脱水素）されてアルデヒド基 −CHO となったもの．最も簡単な糖（多価アルコールのカルボニル化合物）・トリオースである．つまり，トリオース（三炭糖）とは炭素数が3個（トリ）の糖（オース）．アルデヒド → −CHO がある．多価アルコール → −OH が複数個ある．同じ炭素に OH が2個ついたジオールは不安定（📖 p.94），およびグリセル○○という名称から，構造は $\underset{\text{OH}}{\underset{|}{\text{CH}_2}}-\underset{\text{OH}}{\underset{|}{\text{CH}}}-\underset{\text{O}}{\underset{\|}{\text{C}}}-\text{H}$．

1,3-ジヒドロキシアセトン：アセトン（2-プロパノン，プロパン-2-オン）に−OHが2個．前述より，同じ炭素に−OHが2個ではない．アセトンの両端の炭素に−OHが1個ずつ結合している．構造は $\underset{\text{OH}}{\underset{|}{\text{CH}_2}}-\underset{\text{O}}{\underset{\|}{\text{C}}}-\underset{\text{OH}}{\underset{|}{\text{CH}_2}}$．

Question

・よくわからない：　グリセルアルデヒド：三価アルコールであるグリセリン（グリセロール）の一方の端がアルデヒドに酸化されたもの．

ジヒドロキシアセトン：アセトンに−OHが2個付いているという名称である．同じ炭素に2個の−OH基のものは不安定なので（と多価アルコールの所で学んだはず），−OHは別々の炭素についているはずである．つまり，2つのメチル基 CH_3- について，それぞれのHの1つを−OHに置き換えたものである（ジヒドロキシアセトンはグリセリンの中央の−OH基が酸化（脱水素 −2H）されてカルボニル基（ケトン基）となったものである）．

問題 5-8 以下の化合物に含まれるすべての官能基・化合物群名をあげよ．また，(3) のアルコールは第何級か．図中の六員環A，B，Cはそれぞれ何とよばれるか．

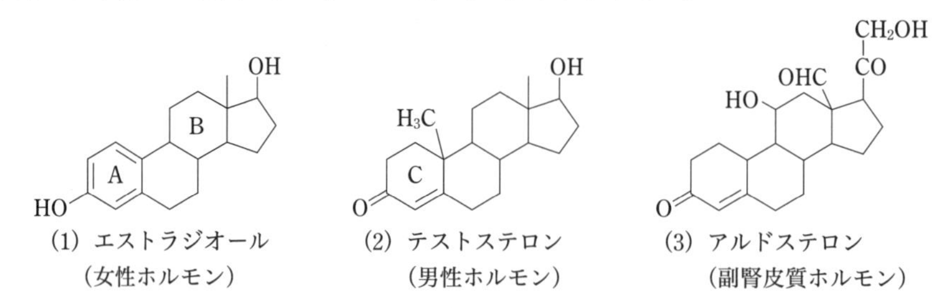

(1) エストラジオール（女性ホルモン）　(2) テストステロン（男性ホルモン）　(3) アルドステロン（副腎皮質ホルモン）

答 5-8

エストラジオール[a] はジ・オールだから分子中に－OH 基が 2 個あること（うち 1 個はフェノールの－OH），テストステロン[b] はロン（オン）だからケトンでありケトン基 C－CO－C が存在することがわかる．アルドステロン[c] も同じくケトン基（2 個）の他にアルド，すなわちアルデヒド基 CHO をもつ．

a) エストロゲンは発情（卵胞）ホルモン（黄体ホルモンとともに卵巣ホルモン（女性ホルモン）の 1 つ），エストロ：発情の意，b) テストステロンは男性ホルモン，テスタス：睾丸の意，c) ミネラル（鉱質）コルチコイド（腎臓における Na^+ 再吸収）．

構造式の見方：⌬，C=C, O, N, に注目し，それがどの化合物群（13 種類）に属するか，－O－，－N－の両端の原子が何かを確認するとグループ名がわかる．p.60 の答 4-12 の解説，p.61 も参照のこと．

(1) フェノール・芳香族（ベンゼン環 ⌬ ＋ヒドロキシ基），第二級アルコール（ヒドロキシ基，＞CH－OH），シクロアルカン（シクロヘキサン環 ⬡ × 2，シクロペンタン環 ⬠ × 1）

(2) ケトン（C－CO－C），シクロアルカン（(1)と同じ），シクロアルケン（シクロヘキセン，シクロヘキセン環 ⬡，または，アルケン C=C），第二級アルコール（(1)と同じ）

(3) ケトン× 2，第一級アルコール（ヒドロキシ基，構造式右上 $-CH_2-OH$）・第二級アルコール（構造式中央）が 1 個ずつ，シクロアルカン（(1)と同じ），シクロアルケン（(2)と同じ），アルデヒド（C－CHO，OHC－C）．

A：ベンゼン環 ⌬，B：シクロヘキサン環 ⬡，C：シクロヘキセン環 ⬡．

Question

・答 5-8(2), (3) のシクロアルケン，シクロアルカンって何？　どれ？：　シクロとは cyclo，cycle，circle と同義語であり，「輪」を意味する．したがって，上記の名称は環状のアルカン（飽和炭化水素，単結合のみよりなる），環状のアルケン（二重結合を 1 つもつ）の意味である（📖 p.48）．

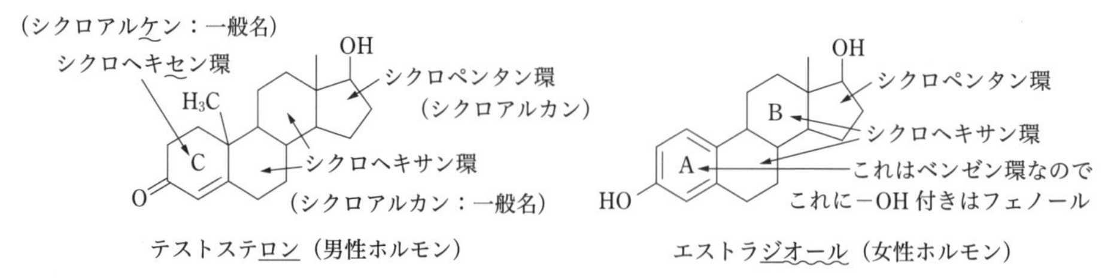

テストステロン（男性ホルモン）　エストラジオール（女性ホルモン）

・ベンゼン環とフェニル基は同じもの？：　そのとおり．

カルボン酸 (📖 p. 122～132)

一般式は **R－COOH**，R－CO－OH．代表的な<u>有機酸</u>であり，水溶液は<u>酸性</u>を示す（R－COOH → R－COO^-＋H^+，H^+が酸っぱいもと・酸性のもと）．代表例は食酢の酸，酢酸[d]（エタン酸）．<u>脂肪酸</u>とはCの数が3つ（実質C_4）以上のカルボン酸のこと．生化学，栄養学，食品学では様々なカルボン酸を学ぶ．脂肪酸は，<u>生体中では</u>酸ではなく，中和されて<u>陰イオン</u>（R－COO^-）か，<u>脂肪酸エステルとして存在</u>する．<u>命名法</u>：<u>COOHのCをも含めた炭素数</u>に対応するアルカン名＋酸．CH_3COOH，エタン酸（酢酸）．

d）直鎖カルボン酸では，ギ酸，酢酸のみが優先IUPAC名．他はプロパン酸，…が優先IUPAC名．

> **注意！** RCOOHのCOOHのCも○○酸の炭素数に含まれる．それゆえ，CH_3COOH（酢酸）はエタン酸，メタン酸ではない．メチル酸とはいわない！
>
> C_6までの短鎖カルボン酸<u>イオン</u>は水によく溶ける．長鎖脂肪酸イオン（Na塩）はせっけんであり，<u>界面活性作用</u>がある（<u>界面活性剤</u>の一種，親水基と疎水基を分子中に併せもつもの，R－が疎水基，－COO^-が親水基；界面活性剤とは，液体に溶かしたとき，その液体の表面張力を著しく低下させる性質をもつ物質）．

問題 5-9

(1) 以下の化合物を命名せよ(示性式中の水素原子は一部が省略してある)．また，これらの構造式を，官能基(ここではCOOH基)以外は炭素骨格のみを短い線で表した<u>線描の略式構造式</u>で示せ．

① C－C－COOH　② C－C－C－COOH　③ C－C－C(－C)－COOH

④ $CH_3(CH_2)_{14}COOH$　⑤ $CH_3(CH_2)_{16}COOH$

(2) ① ペンタン酸，② デカン酸，③ プロパン酸，④ 酪酸の線描構造式を書け．

答 5-9

(1) ① プロパン酸，② ブタン酸，③ 2-メチルブタン酸（カルボン酸の分子炭素鎖の<u>炭素数はCOOHのCを含めた数</u>であり，<u>炭素原子の番号付けはCOOHの炭素を1番目</u>とする．<u>アルデヒドも同じ</u>である），④ <u>ヘキサ</u>デカン酸（C_{16}のカルボン酸，…－COOHのCを含めてC_{16}，ヘキサデカとは16のこと，ヘキサデカンとは$C_{16}H_{34}$のアルカン），⑤ <u>オクタ</u>デカン酸（C_{18}のカルボン酸）．

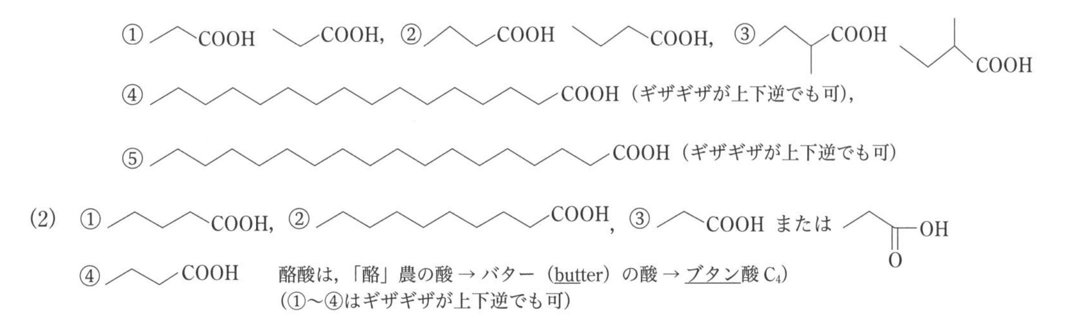
① COOH COOH，② COOH COOH，③ COOH COOH
④ COOH（ギザギザが上下逆でも可），
⑤ COOH（ギザギザが上下逆でも可）
(2) ① COOH，② COOH，③ COOH または OH O
④ COOH
酪酸は，「酪」農の酸 → バター（butter）の酸 → ブタン酸 C_4）
(①～④はギザギザが上下逆でも可)

Question

・<u>略式の線描構造式が何でこうなるのかわからない</u>： 書き方はp. 39（📖 p. 48）を参照のこと．線描構造式は実際の分子の形に対応させて書く（分子模型でつくってみよ）．例えば，ペンタン酸C_4H_9COOHは，実際の分子（分子模型）は右図の形なので，この構造式からHを除いた形は C－C－C－C－COOH，Cも除き，線だけにして，〰COOHとギザギザに書き表す．

［CH_3 CH_2 CH_2 CH_2 COOH　ペンタン酸］

・**$CH_3(CH_2)_{14}COOH$ とかは，どう考えればよいの？**： C の数を数える → C_{16} ！
どんな構造をしているのかわからない人は，1 章の構造式の書き方，示性式の書き方のところを復習すること．そうすれば，$CH_3(CH_2)_{14}COOH$ とはどういう構造か，わかるはずである．

アルカンの構造式はいちばん簡単な構造式なので書けるようになってほしい．
$CH_3(CH_2)_{14}COOH$ とは，$CH_3-CH_2-CH_2-\cdots\cdots-CH_2-COOH$ のこと．この C の数を数えれば 16 個（COOH の C も含めて数える約束！）．C_{16} のカルボン酸なので，名称はヘキサデカン酸となる（ヘキサデカとはヘキサ＋デカで 6＋10，つまり，16 のことをギリシャ語でヘキサデカという（2 章を復習せよ）．

ヘキサからヘキサンの名称がつくられたように，ヘキサデカからはヘキサデカン $C_{16}H_{34}$．これが酸化されてカルボン酸 $C_{15}H_{31}COOH$ となったのがヘキサデカン酸である（ヘキサデカン → ヘキサデカノール（アルコール）→ ヘキサデカナール：アルコールが酸化されてアルデヒド → ヘキサデカン酸：アルデヒドが酸化されてカルボン酸，p.70，71，74，82 のアルコールの酸化を復習せよ）．

アルキル基，$R-COOH$ の $R-$ の部分は $C_{15}H_{31}-$ と，ヘキサデカ（16）より 1 つ少ない 15 だが，$-COOH$ の C も，もともとはヘキサデカン $C_{16}H_{34}$ の一部分．よって，$-COOH$ の C まで入れて C の数は 16 個，つまり，ヘキサデカとなる（前ページ冒頭と答 5-9(1) を読むこと）．

以上，名称と構造式は何も矛盾していない．化合物の名称は命名法に基づいている．命名法という約束をきちんと確認し，守ること．

CH_3COOH（慣用名は酢酸）の規則名（IUPAC 置換命名法）がエタン酸（メタン酸，メチル酸ではない！），C_3H_7COOH がブタン酸（プロパン酸，プロピル酸ではない！）などは，すでに，学習したことである．問題を解いて，答が（間違っていて）納得できない，おかしいと思ったら，教科書でカルボン酸の命名法の部分を復習，確認すること．
なお，自分勝手にルールを決めないこと．$-COOH$ の C まで含めて 16 個と数えるのがルールである（教科書の説明をよく読むこと）．$C_{16}H_{33}-$（アルキル基 R）の炭素の数が 16 個のことをヘキサデカというとはどこにも書いてない．$C_{15}H_{31}-COOH$ がヘキサデカ（ン酸）である（$C_{16}H_{33}-$ はヘキサデシル基，これに $-COOH$ が結合すれば C が 1 個増すから，C_{17} のヘプタデカン酸となる）．

・**共鳴がなぜ 1.5 重結合なのかがわからない**： 📖 p.125 の（1）$R-\underset{\underset{O}{\|}}{C}-O^-$ と（2）$R-\underset{\underset{O^-}{|}}{C}=O$ が，区別できない，平均化された構造（つまり，$C=O$ と $C-O^-$ が平均化された構造，$C\overset{\cdots}{-}O$）である，と説明している．単結合（一重結合）と二重結合（1 と 2）を平均すると，$(1+2)/2=1.5$ となる．つまり 1.5 重結合である．単結合と二重結合の中間の性質：$(C-C+C=C)/2 \rightarrow C\overset{\cdots}{-}C$．$O^{\ominus}$ の負電荷も，1 つの O の上だけではなく，$O\overset{\cdots}{-}C\overset{\cdots}{-}O$，全体に広がっている．電子⊖は全体に非局在化している．つまり，$O=C-O^{\ominus}$ ではなく $(O\overset{-}{-}C\overset{-}{-}O)^{\ominus}$，${}^{-0.33}O\overset{-}{-}\overset{-0.33}{C}\overset{-}{-}O^{-0.33}$．

問題 5-10 酢酸 CH_3COOH は酸なのにエタノール CH_3CH_2OH はなぜ酸ではないのか．カルボン酸 $RCOOH$ の $-OH$ の H は酸性を示すが，アルコール $-OH$ の H は酸性を示さない理由を説明せよ．

問題 5-11 トリクロロ酢酸 CCl_3COOH と酢酸 CH_3COOH ではどちらが強い酸か．

問題 5-12

（1） RCOOH の沸点は分子量から予測される温度より相当高い．例えば分子量 58 のブタンは 0 ℃，分子量 88 の酢酸エチルは 77 ℃であるのに対して，分子量 60 の酢酸の沸点は 118 ℃である．この理由を，構造式を書いて説明せよ．

（2） R の小さい（炭素鎖長が短い）カルボン酸（ブタン酸まで）は水と任意の割合で溶ける．その理由を，構造式を書いて説明せよ．

答 5-10

「共鳴」は初めて学習する概念なので，📖 p.125の説明を繰り返し読んで意味を理解しよう．必要なら，📖 p.147，148，159，229も参考のこと❢．考え方を飲み込み，慣れることも必要である．

Question

・答がよく理解できない：　とにかく📖 p.124，125を繰り返し読み，難しい概念である「共鳴」を理解する努力をしてほしい．ベンゼンなどの芳香族化合物（📖 p.159）や，C=C−C=Cの基本構造（共役二重結合，📖 p.147）をもつアルカジエンである1,3-ブタジエンやカロテンなどの化合物の性質を理解するうえで，大切な概念である）．

答 5-11　トリクロロ酢酸は，CH_3のHの3個がClの3個で置換された酢酸である．Clは電気陰性度が大きいために，C−Clの共有結合電子対をCl原子側へ引っ張り込む傾向が強い．C−Cl結合は分極している（極性をもつ）．それが3ヵ所とも起きるので，分子中の電子は強い力で3個のCl側へ引き寄せられ，結果としてO−H結合の電子対も酢酸に比べてO原子側により強く引き寄せられる（下図とp.70を復習せよ；📖 p.131）．すると，接着剤としてのO−H共有電子対の密度が低くなるためにO−Hの結合は切れやすくなる．よってトリクロロ酢酸は酢酸よりH^+を放出しやすい・酸性のもとのH^+をたくさん放出する，酢酸より1万倍強い酸である．CF_3COOHも同様である．

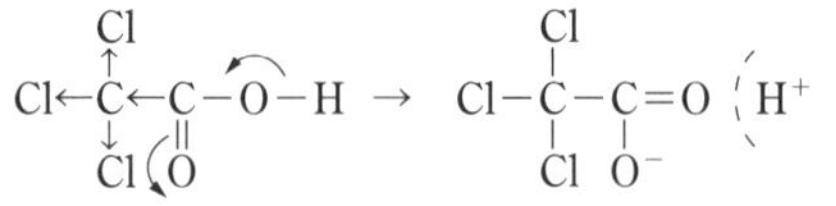

$$Cl_3C{\leftarrow}C(=O){-}O{-}H \rightarrow Cl_3C{-}C(=O){-}O^- \;\; H^+$$

答 5-12(1)　カルボン酸R−COOHの−OH基のHと−C=O基のOは次のように，$-H^{\delta+}$，$=O^{\delta-}$，と+−の電荷をもつために，カルボン酸同士が分子間で水素結合をつくり，二量体など[a]となるため．

（R−C(=O)−OHの−OHは$-O^{\delta-}-H^{\delta+}$のように大きく分極している（極性をもつ），p.53，54；📖 p.70，84）．

>C=Oも，$>C^{\delta+}=O^{\delta-}$のように大きく分極している（極性をもつ・π分極，📖 p.115）

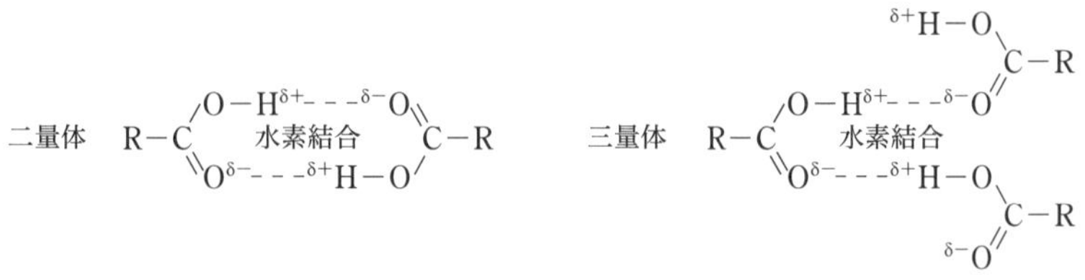

二量体　$R-C(-O-H^{\delta+}\cdots{}^{\delta-}O=)(=O^{\delta-}\cdots{}^{\delta+}H-O-)C-R$　（水素結合）

三量体　$R-C(-O-H^{\delta+}\cdots{}^{\delta-}O=C(-R)-O-H^{\delta+})(=O^{\delta-}\cdots{}^{\delta+}H-O-C(-R)=O^{\delta-})$　（水素結合）

a)　二量体：図のように同じ分子が2個で対になっている・つながっているもの，
三量体：図のように同じ分子が3個つながっているもの．

Question

・よくわからない：　分子同士の相互作用（絆）が大きい・周りのたくさんの分子と手をつないでいるので1個で飛び出しにくい・蒸発しにくいため．

蒸発・気化とは何か，p.73を参照のこと（なお，p.60答4-11の質問への説明文にあるように「父親が蒸発した」と世間でも“蒸発”という科学分野の言葉を使う）．液体中では液体分子同士が周りの分子と弱く結合している（分子間相互作用している，手をつないでいる）．蒸発とは，そのような分子が周りとの手を振り切って（結合を切って），外に1人で出て行くこと．つまり，「お父さんが蒸発した」→家族の絆を断ち切って，1人でどこかへ行ってしまった，どこに行ったかわからない，という意味．

答 5-12(2)

アルキル基RのCの数が少ないので，油の性質は弱い．そのカルボン酸が水分子と水素結合をつくり相互作用（水分子と仲良く）するために，水に溶けやすい．

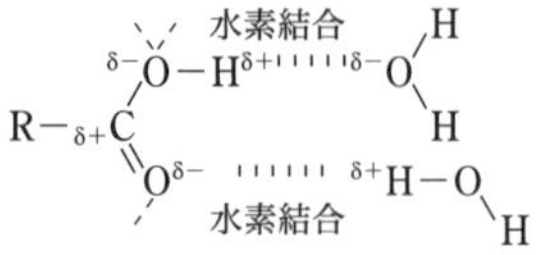

$$R-{}^{\delta+}C(=O^{\delta-}\cdots{}^{\delta+}H-O-H)-O^{\delta-}-H^{\delta+}\cdots{}^{\delta-}O(H)H$$

水素結合　水素結合

Question

・<u>二量体とは何か？：</u> 同じ分子が2個で対になっている・つながっているもの．

・<u>答 5-12(2) の答の意味がわからない：</u> 水素結合していれば，蒸発するためにはその結合を切断する必要がある（p.73，89；📖 p.84，91）．水に溶けるとは，溶ける物質が水と相互作用する（仲良くする）必要がある．水と水素結合するということは水と仲良くするということ．つまり，水に溶けるということ（p.73）．

・<u>水素結合は弱いのになぜ沸点は高いの？：</u> 分子同士の結合（分子間力，分子間相互作用）は水素結合が一番強かったはず（p.73，80）．通常の結合はたいへん強くて100 ℃，200 ℃程度に加熱しても結合は簡単には切れない（分子は簡単には壊れない）．しかし，分子同士の相互作用・引力（分子間相互作用）は弱いので，このような温度にすれば，この分子間の結合を切って，1個の分子だけで動き回る（気体になる，気化する，蒸発する）ことができるようになる．弱いといっても，互いの間に力がはたらいて結び合っているので，勝手に気体にはなることはできない．この分子間の力は，水素結合が一番強い．よって，メタン，エタンと異なり，メタンなら−160 ℃でしか液体にならないのに，水は常温で液体であり，100 ℃にならないと蒸発しないことになる．つまり，分子間力としては，水素結合はたいへん強い．この状況は水素結合がはたらいている酢酸についても同じ．

問題 5-13　シュウ酸はエタン二酸，コハク酸はブタン二酸である．それぞれの酸の構造式を書け．

ヒント：二酸とは炭素鎖の両端がカルボキシ基となったカルボン酸のこと．COOHのCを含めた炭素数のアルカン名○○を用いて，○○二酸，と命名する．

問題 5-14　次の構造式を書け．

(1)　① リンゴ酸（2-ヒドロキシブタン二酸），② 酒石酸（2,3-ジヒドロキシブタン二酸），③ クエン酸（2-ヒドロキシプロパン-1,2,3-トリカルボン酸）

(2)　乳酸［$CH_3CH(OH)COOH$］の構造式を書きIUPAC置換命名法で命名せよ．

問題 5-15　① ピルビン酸（2-オキソプロパン酸，α-ケトプロパン酸），② オキサロ酢酸（2-オキソブタン二酸，α-ケトブタン二酸），③ γ-ヒドロキシ酪酸（ブタン酸）の構造式を書け．

ヒント：ケトはケトン $C-C(=O)-C$ という意味．オキソとは $-C(=O)-$ のこと，ここでは $C-C(=O)-C$ を意味する．

問題 5-15-2 要記憶 ① グリシン，② アラニン，③ グルタミン酸の構造式（示性式・短縮構造式）を書け（これらは基本的かつ，重要なアミノ酸である）．

答 5-13　シュウ酸 $(COOH)_2$ がエタン二酸[a]で，コハク（琥珀）酸がブタン二酸であるので，コハク酸はCOOHのCまで入れてC_4のジカルボン酸である．したがって，それぞれ下図となる．

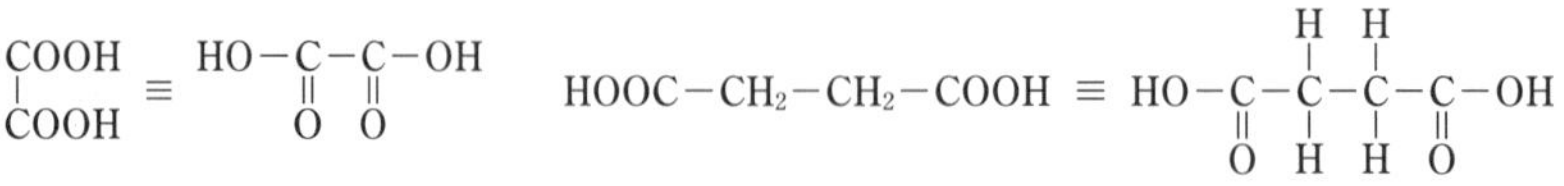

$$\begin{matrix}COOH\\|\\COOH\end{matrix} \equiv HO-\underset{\|}{\overset{}{C}}-\underset{\|}{C}-OH \ (C=O,\ C=O)$$

$$HOOC-CH_2-CH_2-COOH \equiv HO-C(=O)-CH_2-CH_2-C(=O)-OH$$

a)　二酸とは，−COOHが2個ある酸，つまり分子の両端が−COOHカルボキシ基となったもののこと．

答 5-14　名称どおりに構造式を書く（上下，左右逆でも同じもの）．

(1)　① $HOOC-CH(OH)-CH_2-COOH$

$$\begin{array}{l} -\overset{|}{C}-COOH \\ HO-\underset{|}{C}-COOH \end{array}$$

② $HOOC-CH(OH)-CH(OH)-COOH$

$$\begin{array}{l} HO-\overset{|}{C}-COOH \\ HO-\underset{|}{C}-COOH \end{array}$$

③ $HOOC-CH_2-C(OH)(COOH)-CH_2-COOH$，

$$\begin{array}{l} -\overset{|}{C}-COOH \\ HO-C-COOH \\ -\underset{|}{C}-COOH \end{array}$$

（3-ヒドロキシ-3-カルボキシペンタン二酸とも命名できる）

(2)　$CH_3-CH(OH)-COOH$

2-ヒドロキシプロパン酸

Question

・<u>③クエン酸の構造式がわからない？</u>：　答を見よ．クエン酸はレモンなどの柑橘類の酸．生化学では糖の代謝経路としてクエン酸回路（TCA 回路という）を学ぶ．TCA とは tri-carboxylic acid の略でトリカルボン酸のこと．

答 5-15

① $CH_3-\underset{\|}{C}-COOH$（C=O）　② $HOOC-\underset{\|}{C}-CH_2-COOH$（C=O）[b]　③ $CH_2(OH)-CH_2-CH_2-COOH$

α-ケト：　<u>α-炭素</u>がケトン基 $C-\underset{\underset{O}{\|}}{C}-C(OOH)$ となっている．

2-オキソ：HOOC−C−……，2番目の炭素（COOH の C が 1 番目）がオキソ化（=O），つまり，カルボニル基，>C=O となっている（HOOC−CO−C−……）．

b)　オキサロ酢酸：糖代謝の重要物質．酢酸 CH_3COOH の CH_3- の H の 1 つがシュウ酸 HOOC−COOH のアシル基（オキサロ，HOOC−CO−）で置換されたもの．

Question

・<u>オキソがわからない</u>：　O（=O）のこと，p.80 を見よ（📖 p.113）．

・<u>α, β, γの意味がいまひとつわからない</u>：　p.81 の問題 5-5（📖 p.129）を復習せよ！

$\overset{\omega}{C}-C\cdots\overset{\delta}{C}-\overset{\gamma}{C}-\overset{\beta}{C}-\overset{\alpha}{C}-COOH$ は○○酸なので，分子中の頭（親分）は −COOH．この親分が結合している炭素を α 炭素という．順に α，β，γ，……ω（a, b, c, ……z に対応するギリシャ語）．

答 5-15-2

アミノ酸の一般式は p.27，44，62 を参照．

① $H-C(H)(NH_2)-COOH$（H が点線で囲まれている）

（グリシン：最も簡単なアミノ酸，神経伝達物質の 1 つ，コラーゲンの主要な構成アミノ酸の 1 つ）
2-アミノエタン酸（α-アミノ○○）

② $CH_3-C(H)(NH_2)-COOH$（CH_3 が点線で囲まれている）

（アラニン：代謝上，重要なアミノ酸，酵素の <u>AL</u>T（GPT））
2-アミノプロパン酸（α-アミノ○○）

③ $HOOC-CH_2-CH_2-C(H)(NH_2)-COOH$（$HOOC-CH_2-CH_2$ が点線で囲まれている）

（グルタミン酸：酸性アミノ酸，神経伝達物質，代謝上重要なアミノ酸，ナトリウム塩はうま味調味料），酵素 <u>G</u>PT・<u>G</u>OT
2-アミノペンタン二酸（α-アミノ○○）

<u>R−</u>をアミノ酸<u>側鎖</u>という（グリシンの側鎖 R− は H−，アラニンは H_3C-，CH_3-，グルタミン酸は $HOOC-CH_2-CH_2-$，$-CH_2CH_2COOH$）．タンパク質・ペプチドの一部となると，ペプチド結合を除く，R を含んだもとのアミノ酸部分を<u>アミノ酸残基</u>とよぶ．ALT はアラニンアミノトランスフェラーゼ，GPT はグルタミン酸ピルビン酸アミノトランスフェラーゼ（GPT は ALT の古い表現）．

アミド（📖 p.130〜131）

アミドとは，カルボン酸 R−CO−OH のアシル基 R−CO−と，アンモニア NH_3，第一級アミン R′−NH_2，第二級アミン RR′NH から H が取れた $-NH_2$，−NHR′，−NR′R″が結合（脱水縮合）したもの．アミドの一般式は **R−CO−NH_2**，R−C(=O)−N(H)−H，**R−CO−NHR′**，R−C(=O)−N(H)−R′，**R−CO−NR′R″**，R−C(=O)−N(R′)−R″．代表例は酢酸と NH_3 が結合したアセトアミド（エタンアミド）CH_3CONH_2．アミノ酸の−COOH と別のアミノ酸分子の $-NH_2$ が脱水縮合した−CO−NH−がペプチド結合，生成物がペプチド，ポリペプチド（タンパク質）．命名法：巻末付録1参照．原料のカルボン酸（アルカン酸）の名称にあわせてアルカンアミドと命名する．アミノ基の N がアルキル基で置換されている場合，$CH_3CO-N(CH_3)_2$，*N,N*-ジメチルアセトアミド（*N,N*-ジメチルエタンアミド）のように命名する．

問題 5-16　ホルムアミド（ホルム＝form 蟻，メタンアミド）と *N,N*-ジメチルホルムアミドの構造式を書け．アミドは何と何が反応して生じるか，ホルムアミドと *N,N*-ジメチルホルムアミドの原料物質の名称と示性式を示せ（📖 p.130）．アミドの一般式は3種類ある（上記；📖 p.54，59 参照）．

問題 5-16-2　(1) 酢酸とエチルアミンより生じるアミド，(2) アミノ酸のグリシン（R[a]：H）とアラニン（要記憶 R：CH_3）よりなるペプチド，(3) 3分子のアラニンよりなるペプチドの生成反応式を構造式で示せ．

a)　アミノ酸の一般式は p.27，44，62（📖 p.58，128，129）．

答 5-16

ホルムアミド[b]（メタンアミド）
H−C(=O)−NH_2　(H−CO−NH_2)

N,N-ジメチルホルムアミド[b]（*N,N*-ジメチルメタンアミド）
H−C(=O)−N(CH_3)−CH_3　(H−CO−N$(CH_3)_2$)

ホルムアミド：ギ酸 HCOOH（HCO┼OH）とアンモニア NH_3（H┼NH_2）が脱水縮合したもの[c]．
N,N-ジメチルホルムアミド：ギ酸とジメチルアミン $(CH_3)_2NH$（H┼N$(CH_3)_2$）が脱水縮合したもの[c]．

b)　優先 IUPAC 名，c)　H と OH が取れて H_2O となる．

Question

・*N,N*-ジメチルホルムアミドは，ホルムアミドのアミノ基の H が2個のメチル基で置換されたものなの？：　そのとおり．

・アミドの構造式が全くわからない：　構造式がわかるようになるためには，アミドとは何と何が反応して，どのようにしてできるのかをまず知る必要がある．本ページの2〜7行目（📖 p.130）を復習すること．次の質問への説明，答 5-16-2 も読むこと．

・ホルムアミドのホルムとは何か？：　ホルム（form，蟻）と書いてある（p.48；📖 p.122，123）．防腐剤ホルマリンのホルム，その成分のホルムアルデヒド（HCHO，H−C(=O)−H（p.48；📖 p.111），フォーミックアシッド formic acid（ギ酸・蟻の酸，メタン酸 HCOOH，H−C(=O)−OH（p.48；📖 p.123），ホルミル基（HCO−，H−C(=O)−，📖 p.123）[d]．これらの言葉については由来もすでに説明した．この言葉の意味がわからなくては，ホルムアミドもわからない（丸暗記になってしまう）．

アミドはカルボン酸とアンモニア，またはアミンが反応（脱水縮合）したもの．この場合，カルボン酸はギ酸（メタン酸）である．アミドの一般式は前ページ冒頭，でき方は答 5-16-2.

d)　参考：アセトアルデヒド（CH_3CHO，CH_3CO-H），アセティックアシッド（CH_3COOH，酢酸，エタン酸），アセチル基（CH_3CO-，$CH_3-C(=O)-$），アセトン（CH_3COCH_3）．📖 p.123 参照.

答 5-16-2

(1)　$CH_3-C(=O)-OH + H-N(H)-C_2H_5 \xrightarrow{-H_2O} CH_3-C(=O)-\ \ -N(H)-C_2H_5 \longrightarrow CH_3-C(=O)-N(H)-C_2H_5$（OH + H：脱水縮合）

(2)　$H_2N-CH_2-C(=O)-OH + H-N(H)-CH(CH_3)-COOH \longrightarrow H_2N-CH_2-C(=O)-N(H)-CH(CH_3)-COOH + H_2O$（脱水縮合）

$H_2N-CH(CH_3)-C(=O)-OH + H-N(H)-CH_2-COOH \longrightarrow H_2N-CH(CH_3)-C(=O)-N(H)-CH_2-COOH + H_2O$（脱水縮合）

(3)　$H_2N-CH(CH_3)-C(=O)-OH + H-N(H)-CH(CH_3)-C(=O)-OH + H-N(H)-CH(CH_3)-COOH$（脱水縮合，脱水縮合）

$\longrightarrow H_2N-CH(CH_3)-C(=O)-N(H)-CH(CH_3)-C(=O)-N(H)-CH(CH_3)-COOH + 2\,H_2O$

カルボン酸 RCOOH が関係する有機反応では，RCOOH は R−CO−OH の R−CO−（アシル基）と，−OH の結合が切れる．アミド生成では，このアシル基 RCO−とアンモニア NH_3，アミン RNH_2，RR′NH の N−H の−N−と−H が切断される．N は H に比べて電気陰性度がかなり大きく，N−H 結合は$-N^{\delta-}-H^{\delta+}$と分極している．そのため，アンモニア，アミンとの有機反応では N−H 結合が−N−と−H に切断される（📖 p.167）．

ペプチド結合（アミド結合）の生成反応機構

① $R-C^{\delta+}(=O^{\delta-})-OH$ に $H-\ddot{N}(R')-R''$ が配位（$O^{\delta-}$ 立ち上がり）→ ② $H-N^{\oplus}(R')-R''$ が C に結合，$R-C(O^{\ominus})-OH$（電子の引き抜き；$O^{\ominus}$ 追い出し もとに戻る）→ ③ $H^{\oplus}$ $:N(R')-R''$ と $R-C(=O)$ ＋$OH^{\ominus}$ → ④ $R-C(=O)-N(R')-R''$ ＋H_2O（③を横書きしたもの）

①　カルボン酸のカルボニル基（C=O）が立ち上がり，$C^{\oplus}-O^{\ominus}$となると，この$C^{\oplus}$の⊕電荷を中和するために，アミンが N の非共有電子対 N：で$C^{\oplus}$に配位結合する（①，$C^{\oplus}$が N の電子を 1 つもらう；アンモニアが塩基性を示す理由 $H_3N:$ $H^{\delta+}$ $-^{\delta-}O-H \longrightarrow H_3N^+:H + OH^-$と同じ考え方）．

②　アミンの N は配位結合ではアミンの N が結合する相手の C に電子を 1 個渡すので，N は電子を 1 つ失い$N^{\oplus}$となる．そこで，H−N 共有結合を構成する H の電子を引き抜くと，

③　H−N 結合は切断され$H^{\oplus}$を放出．$N^{\oplus}$は：N となる（②→③）．
C=O が立ち上がって（①）$C-O^{\ominus}$となった⊖（②）がもとに戻ると，C=O 二重結合になり（③）C の手が 5 本になるので（②，③），C−OH の結合（②）から−OH をOH^-として追い出し（②），手を 4 本にすると（③），

④　アミドができる．放出された$H^{\oplus}$と$OH^{\ominus}$（③）は，結合して H_2O となる（④）．

エステル (📖 p.132〜139)

一般式は R－CO－O－R′ (**RCOOR′**). 代表例は $CH_3COOC_2H_5$, 酢酸エチル (エタン酸エチル). 有機酸 (カルボン酸) やリン酸・硫酸・硝酸などの無機酸 (オキソ酸) とアルコール R－OH が脱水縮合することにより生じる. カルボン酸の場合は, R－CO┼OH＋H┼O－R′ ⟶ R－CO－O－R′ ＋ H_2O. 芳香をもつ (花, 果物の香り). 分子の両端に疎水性のアルキル基 R, R′ が付いているので水にあまり溶けない. エステルはからだの科学にとってたいへん重要な物質である. 中性脂肪は脂肪酸のエステル, 遺伝子の本体 DNA, 生きるための生体エネルギー源物質 ATP はリン酸エステル, 細胞膜の構成成分のリン脂質もリン酸エステルである. 命名法：巻末付録 1 参照. 原料の酸の名称に原料のアルコールのアルキル基名をつける. 酢酸エチル (エタン酸エチル) など.

問題 5-17 バナナの香りは酢酸ペンチル (エタン酸ペンチル), オレンジは酢酸オクチル, パイナップルは酪酸エチル, あんずは酪酸アミル (ブタン酸ペンチル) である. 構造式を書け.

ヒント：○○酸△△とはエステルのことである. エステルは何と何が反応して生じるか. 一般式は? (📖 p.132) ペンチルとは何か? (メチル, エチル, プロピル, ……, p.25 参照)

問題 5-17-2 酢酸とペンタノール, 酪酸とエタノールより生じるエステルのでき方, 構造式, 名称を示せ.

問題 5-18 鯨油から得られる“ろう”はパルミチン酸セチル (ヘキサデカン酸ヘキサデシル) である. 示性式を書け. ちなみに鯨はラテン語で cetus である. cetus → cetyl. なお, ろうとは高級脂肪酸 (長鎖, 炭素数の大きい脂肪酸) と高級一価アルコールとのエステルのことである.

ヒント：ペンタデカンとは炭化水素 $C_{15}H_{32}$ である. ヘキサとは, デカとは (p.24；📖 p.36). ヘキサデカとは, ヘキサデシルとは? なお, 一価アルコールとは－OH が 1 つのみのアルコール R－OH のこと.

答 5-17

名称	構造式	名称	構造式
酢酸ペンチル[a] (エタン酸ペンチル)	$CH_3-\underset{\Vert\atop O}{C}-O-C_5H_{11}$	酢酸オクチル[a] (エタン酸オクチル)	$CH_3-\underset{\Vert\atop O}{C}-O-C_8H_{17}$
酪酸エチル (ブタン酸エチル[a])	$C_3H_7-\underset{\Vert\atop O}{C}-O-C_2H_5$	酪酸アミル (ブタン酸ペンチル[a])	$C_3H_7-\underset{\Vert\atop O}{C}-O-C_5H_{11}$

a) 優先 IUPAC 名(酢酸, ギ酸などの慣用名を用いる例外あり).

> **構造式・示性式の書き方**
>
> まず, カルボン酸の構造式, または示性式を書いて, 次に RCOOH の H をアルキル基 (エチル, ペンチル, ……) に書き換える. $CH_3-CO-O-$(H) → $CH_3-CO-O-$(C_5H_{11})
> (反応の起こり方はこれと異なり, 酢酸のアシル基 CH_3CO- と, アルコールの $-O-C_2H_5$ が結合したもの)

Question

・本にはエタン酸ペンチルと書いてあったが, 答はメタン酸ペンチルになっている： 勝手に答を変えないこと. $CH_3-\underset{\Vert\atop O}{C}-OC_5H_{11}$ の CH_3-CO- 部分は, もとは $CH_3-CO-OH$. $CH_3-\underset{\Vert\atop O}{C}-OH$ はメタン酸ではなく, 酢酸 (エタン酸) である. エタン酸とは, 炭素数が COOH を含めて 2 個のカルボン酸のことである.

・略酸アミルがなぜ C_3H_7COO……？：　ブタン酸ペンチルのこと．だとしたら，C_4 のカルボン酸ブタン酸は C_3H_7COOH である（C_3 と $-COOH$ の C を入れて C は4個）．ペンチル基は $C_5H_{11}-$．

・酪酸とは何か？：　ブタン酸と書いてあったはずである．ブタン酸と書いてあれば，次がわかるようになること：ブタン C_4H_{10} は，C が全部で4個のカルボン酸，つまり C_3H_7-COOH．必要ならカルボン酸の命名法を復習すること（$-COOH$ の C を含めて炭素の数）．C_3H_7-COOH をプロピル（カルボン）酸とはいわない約束．ブタン酸という．C_4H_9-COOH をブチル（カルボン）酸とはいわず，ペンタン酸という（C が COOH を含めて5個のカルボン酸という意味）．

・酪酸アミルの「アミル」は「アミド」とは全く無関係か？：　無関係である．アミルとはデンプン（ギリシャ語の amylum）由来の言葉であると前に説明した．アミドとは，$R-\underset{\underset{O}{\|}}{C}-NH_2$，$R-\underset{\underset{O}{\|}}{C}-NHR'$，$R-\underset{\underset{O}{\|}}{C}-NR'R''$，$R-CO-NR'R''$．カルボン酸とアンモニア，またはアミンが脱水縮合して生じたものである．

答 5-17-2

$$CH_3-\underset{\underset{O}{\|}}{C}+O-H \;+\; H+\ddot{O}-C_5H_{11} \xrightarrow{\text{配位結合}} CH_3-\underset{\underset{O}{\|}}{C}-O-C_5H_{11} + H_2O$$

（脱　水）　酢酸ペンチル　（脱水縮合：水分子が取れて残り部分が合体）

$$CH_3CH_2CH_2-\underset{\underset{O}{\|}}{C}+O-H \;+\; H+\ddot{O}-C_2H_5 \xrightarrow{\text{配位結合}} C_3H_7-\underset{\underset{O}{\|}}{C}-O-C_2H_5 + H_2O$$

（脱　水）　酪酸エチル　（脱水縮合）　（ブタン酸エチル）

カルボン酸のカルボニル基（C=O）が立ち上がり C=O の C が電子不足（$C^{\oplus}$）となったところへ，アルコール $-\ddot{O}H$ の非共有電子対が配位結合することによりエステルを生じる（詳しくは，以下と次ページ参照）．

エステルのでき方，エステルの構造式の書き方・考え方

p.93 のアミドの生成のしくみと同じ．アミドでは $R-\underset{\underset{H}{|}}{N}-H \rightarrow R-\underset{\underset{H}{|}}{N}- + -H$ と切断されたように，$R-O-H \rightarrow R-O- + -H$ と O−H の間が切断される．O−H は電気陰性度大の O と小の H が結合しているために，$-O^{\delta-}-H^{\delta+}$ と大きく分極している（−O−H 結合は極性をもつ）．有機反応ではこの R−O−H が切れて反応が進む［C−C 結合（分極していない），C−H 結合（わずかしか分極していない）は簡単には・めったには切れない（p.68, 70；ただし，2つの原子の接着剤である共有電子対が一方へ偏っていると結合は切れやすくなる）］．

酢酸 CH_3COOH がアセチル基（アシル基の一種）CH_3CO- と $-OH$ に切断され，ペンタノール $C_5H_{11}-OH$ が $C_5H_{11}-O-$（アルコキシ基 R−O−）と −H に切断される．生じたアシル基 CH_3CO- とアルコキシ基 $C_5H_{11}-O-$ が結合することでエステル $CH_3CO-OC_5H_{11}$（$CH_3COOC_5H_{11}$）を生じる．反応式で書く際には，アルコール $C_5H_{11}-OH$ を逆向きに $HO-C_5H_{11}$ と書いて，カルボン酸とアルコールから，それぞれ −OH と −H を取り除いたもの，CH_3CO- と $-O-C_5H_{11}$ をつなぐとよい．

$$CH_3-\underset{\underset{O}{\|}}{C}+O-H + H+O-C_5H_{11} \rightarrow CH_3-\underset{\underset{O}{\|}}{C}+ \quad +O-C_5H_{11}+H_2O$$

H_2O（脱水）　ここをつなぐ（縮合）

反応式で，$C_5H_{11}-OH$ を先に書く場合，カルボン酸 $CH_3-\underset{\underset{O}{\|}}{C}-OH$ を逆向きに $HO-\underset{\underset{O}{\|}}{C}-CH_3$ と書けな

いと，CH_3CO- と $C_5H_{11}-O-$ から，$C_5H_{11}-O-$ と $-\underset{\underset{O}{\|}}{C}-CH_3$ をこの順につないで，

$$C_5H_{11}-O\text{┼}H + HO\text{┼}\underset{\underset{O}{\|}}{C}-CH_3 \rightarrow C_5H_{11}-O\text{┼}\quad\text{┼}\underset{\underset{O}{\|}}{C}-CH_3 \rightarrow C_5H_{11}-O-\underset{\underset{O}{\|}}{C}-CH_3$$ （$C_5H_{11}O\underset{\underset{O}{\|}}{C}CH_3$，

$C_5H_{11}OCOCH_3$）と，逆向きにエステルができる形（R′−O−CO−R）には，書けない破目になる．

名称の付け方：カルボン酸 R−COOH の H が何というアルキル基（R′）に変化したかを判断する．つまり，カルボン酸の名称 ○○，アルキル基 △△ → ○○酸△△（例：$CH_3COOC_2H_5$，酢酸エチル）．

エステルのでき方（反応機構）　（p.93 ペプチド結合（アミド結合）のでき方と比較せよ）

$$\underset{①}{\begin{matrix}H-\ddot{O}-R' \\ \text{↓ 配位} \\ R-C^{\delta+}-OH \\ \| \\ O^{\delta-}\ \text{立ちあがり}\end{matrix}} \longrightarrow \underset{②③\ \text{もとに戻る}}{\begin{matrix}\text{共有電子対の引抜き} \\ H\text{⁄}O^{\oplus}-R' \\ | \\ R-C-OH \\ | \\ O_{\ominus}\ \text{追い出し}\end{matrix}} \longrightarrow \underset{④}{\begin{matrix}H^{\oplus}\ \ :\ddot{O}-R' \\ | \\ R-C \\ \| \\ O\end{matrix}} + OH^{\ominus} \longrightarrow \underset{⑤}{\begin{matrix}\text{④を横書きしたもの} \\ R-\underset{\underset{O}{\|}}{C}-\ddot{O}-R + H_2O\end{matrix}}$$

① カルボニル基が立ち上がり（π 分極し，$^{\delta+}C=O^{\delta-}$，極限では $^{\oplus}C-O^{\ominus}$ となり C の電子が 1 個 O に移動），電子不足となった $^{\delta+}C$（$^{\oplus}C$）にアルコールの O 原子が非共有電子対を用いて配位結合する．

② O の手は 3 本となり O の電子が 1 個 C のものとなり，O 原子は電子が 1 個不足となり $O^{\oplus}$ となるので，$O^{\oplus}$ は $H-O^{\oplus}-$ 共有結合の共有電子対を自分の非共有電子対とする（共有結合の H の電子を引き抜き $H^{\oplus}$ とする）こと，$H\frown O^{\oplus}-$，で H との結合が切れ，O の⊕電荷も中和される．

③ 立ち上がった $C-O^{\ominus}$ の⊖電子がもとに戻り，C=O となると（④）C の手が 5 本となるので（③），C−OH 結合を切断し，④ $C\frown OH$ を $OH^{\ominus}$ として追い出す．

⑤ すると，エステル RCO−OR′ が生成し，また，$H^{\oplus}$ と $OH^{\ominus}$ が反応し，水分子 H_2O を生じる．

答 5-18

$C_{15}H_{31}-CO-O-C_{16}H_{33}$（$C_{15}H_{31}COOC_{16}H_{33}$）（$C_{15}-COOH$ は C_{16} のカルボン酸，ヘキサデカン酸．ヘキサデシル基はヘキサデカン $C_{16}H_{34}$ から H を 1 個外した $C_{16}H_{33}-$．ヘキサデカ＝16）

Question

・**どうやって $C_{15}H_{31}-$ や $C_{16}H_{33}$ が出てくるの？**：　$C_{10}H_{21}$ のデシル基までしかわからない，教科書に載っていないという学生がいるが，p.25（📖 p.38）にペンタデカンの説明をした．ペンタデカン（5+10）＝15 とも書いてある．だとしたら，ヘキサデカン，ヘキサデシルくらいは推測してほしい．ヘキサデカン酸とは C が 16（COOH の C まで入れて C が 16 個）のカルボン酸なので $C_{15}H_{31}COOH$．ヘキサデシル基とは，もちろん $C_{16}H_{33}-$ のこと（ヘキサデカンは $C_{16}H_{34}$）．H の数は構造式を書いて数を数える．先端の CH_3- 以外は $-CH_2-$，$CH_3-(CH_2)_{15}-$（$C_{16}H_{33}-$）．

問題 5-19　合成繊維の 1 つであるポリエステルとは，エチレングリコール（エタン-1,2-ジオール，p.71；📖 p.97, 98）とテレフタル酸（ベンゼン-1,4-ジカルボン酸，📖 p.156）のエステルポリマー（PET）である（ポリマー：高分子・多数の分子が結合して巨大な 1 つの分子となったもの）．2 分子のエチレングリコールと 2 分子のテレフタル酸よりなるトリエステルの構造式を書け．

ヒント：芳香族（ベンゼン誘導体・置換体）化合物の置換基の位置は，六員環 C_6H_6 の炭素の位置を示す記号，*o*（オルト），*m*（メタ），*p*（パラ），または番号 1, 2, ……, 6 を用いる（p.113；📖 p.156）．

答 5-19

$$HO-CH_2CH_2-O-C(=O)-C_6H_4-C(=O)-O-CH_2CH_2-O-C(=O)-C_6H_4-C(=O)-OH$$

Question

・<u>どうつながるのか？　名前の見方がわからない</u>：　わからなければ，まず，エチレングリコール（2価のアルコール，p.71；📖 p.98），ベンゼン-1,4-ジカルボン酸の構造式を調べること．このものの構造式を推測するとよい（📖 p.156）．つまり，ベンゼンの2個のHをCOOHに置き換えたもの，$C_6H_4(COOH)_2$である．ただし，-1,4-の意味を理解する必要がある（前ページの問題5-19のヒントを参照）．あとはエステルをつくればよい．つまり，カルボン酸RCOOHから −OH，アルコールR′OHからOHのHを取って，両者をつなげばよい．

エステルのでき方：RCO┼OH + H┼OR′ ⟶ RCO−OR′+H_2O　（答5-16-2も参照）

テレフタル酸とはベンゼン-1,4-ジカルボン酸のことだと，問題文に記載した．この構造式を，下図の（1）や（2），（3）と書く学生がいるが，これらの構造式は不適切．(4)が正しい．

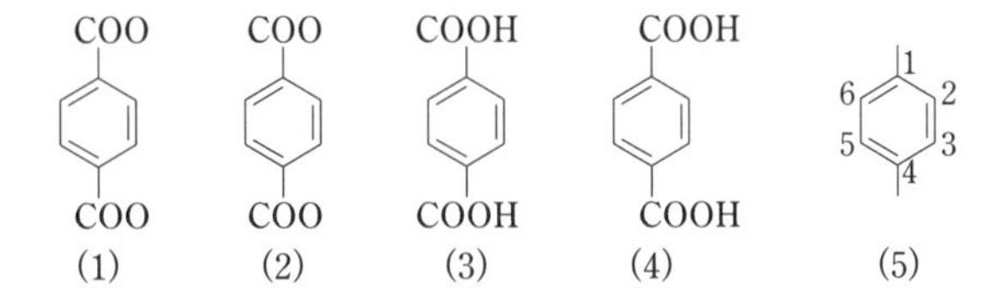

注意1　カルボキシ基はCOOではない！　カルボン酸とはR−COO<u>H</u>のこと．Hがなくては酸ではない．

注意2　<u>つなぎ方</u>：カルボキシ基COOHはどの原子でベンゼン環とつながるのか？　R−COOHと書くのだから，上図（4）のように，<u>COOH</u>基の<u>C原子</u>で<u>ベンゼン環</u>と<u>つながる</u>ように，<u>きちんと構造式を書く</u>必要がある．なお，1,4-とは，上記の構造式(5)のように，パラ置換体*p*-ベンゼン<u>ジ</u>カルボン酸のこと（カルボキシ基COOHが2個ベンゼンの1と4の炭素に結合したもの（p.113；📖 p.156）．

・<u>わからない</u>：　PETとはテレフタル酸とエチレングリコール（エタン-1,2-ジオール）のエステル（ポリエチレンテレフタラート）と記載した．R−CO┼OH + H┼O−R′ → R−CO−O−R′

$$HO-CH_2-CH_2-O-C(=O)-C_6H_4-C(=O)-O-CH_2-CH_2-O-C(=O)-C_6H_4-C(=O)-OH$$

この答を見ても，また，テレフタル酸がベンゼン-1,4-<u>ジ</u>カルボン酸だとわかっても，テレフタル酸が何かわからなければ，エステルは何と何からできるのか，どのようにしてできるのかをまず考えよ．

エチレングリコール $HO-CH_2-CH_2-OH$ と，テレフタル酸 $HOOC-C_6H_4-COOH$

アルコールR−OHからHが取れてR−O−，カルボン酸R−COOHからOHが取れてR−CO−，この2つをつなぐ．したがって，次の4つをつなげばよい．

$$HO-CH_2-CH_2-O-\ (\ )\ -OC-C_6H_4-CO-\ (\ )\ -O-CH_2-CH_2-O-\ (\ )\ -OC-C_6H_4-COOH$$

Question

・<u>ジカルボン酸とは？</u>： カルボキシ基が2個あるという意味．つまり，ベンゼン-1,4-ジカルボン酸とは，ベンゼンの1と4の位置にカルボキシ基が2個付いている化合物のことである．

間違いの例：

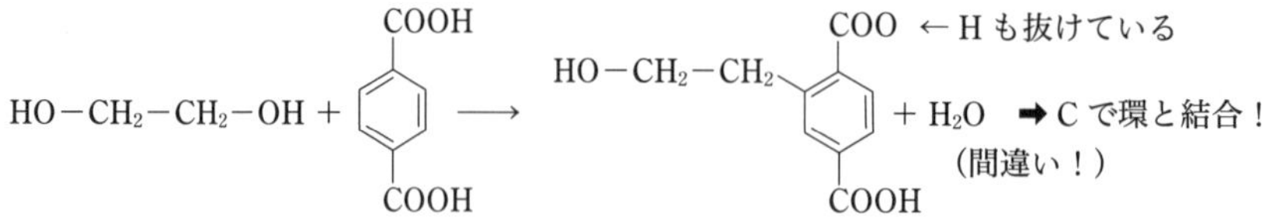

HO−CH₂−CH₂−OH ＋ (HOOC−C₆H₄−COOH) ⟶ HO−CH₂−CH₂−(C₆H₃)(COO)(COOH) ＋ H_2O ➡ Cで環と結合！（間違い！）

COO ←Hも抜けている

→エステルとは何か？!

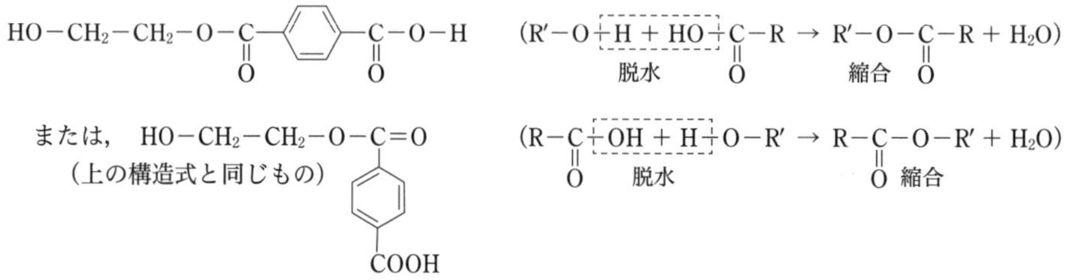

HO−CH₂−CH₂−O−C(=O)−C₆H₄−C(=O)−O−H　　(R′−O┼H ＋ HO┼C(=O)−R → R′−O−C(=O)−R ＋ H_2O)　脱水　縮合

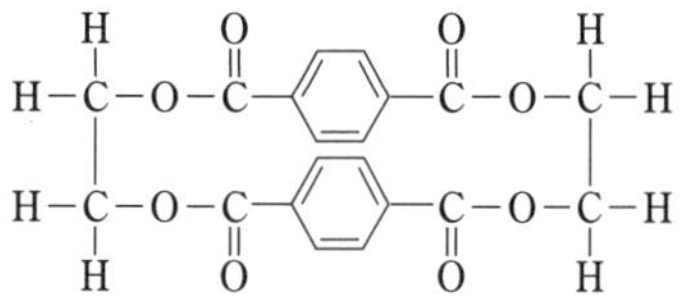

または，　HO−CH₂−CH₂−O−C=O（−C₆H₄−COOH）
（上の構造式と同じもの）

(R−C(=O)┼OH ＋ H┼O−R′ → R−C(=O)−O−R′ ＋ H_2O)　脱水　縮合

・（H−C(H)−O−C(=O)−C₆H₄−C(=O)−O−C(H)−H ／ H−C(H)−O−C(=O)−C₆H₄−C(=O)−O−C(H)−H の環状構造）<u>でもよいか？</u>： OK．ただし，これは<u>テトラ</u>エステル．
（エステル結合が<u>4つ</u>ある）

・<u>エステルはなぜ反応性が低いのか，教科書の図の意味がわからない</u>：

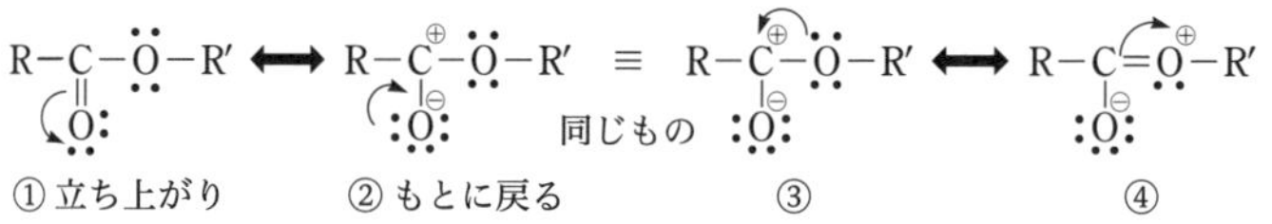

R−C(=O)−Ö−R′ ⟷ R−C⊕(−O⊖)−Ö−R′ ≡ R−C⊕(−O⊖)−Ö−R′ ⟷ R−C(−O⊖)=O⊕−R′

①立ち上がり　②もとに戻る　同じもの　③　④

① まず，カルボニル基が立ち上がりπ分極し $^{\delta+}C=O^{\delta-}$（または極限では $^{\oplus}C-O^{\ominus}$）となる．
② すると，Cの手が3本となり $C^{\oplus}$ となる．この異常な状態を正常に戻すためには，もとに戻るか（①），
③ 右隣のO原子から電子をもらいOの非共有電子対を共有結合電子とすることである．
④ すると $C^{\oplus}-\ddot{O}-$ は $C=O^{\oplus}-$ となり，Cの異常な状態は正常になる．しかし，今度はCと結合したOの手が3本となり $O^{\oplus}$ となってしまう．この状態を正常にするためにはもとの③に戻るしかない[a]．

ということで，エステルでは，電子が（高速で）動き回ることにより，この3つ（②と③は同じ）の状態を常に行き来している．この結果，カルボニル基C=Oの立ち上がりが起こっても，C=OのC原子の⊕電荷は隣のO原子との間を行き来し，Cの⊕電荷はOがないCO化合物の場合に比べて減少する．つまり，エステルはアルデヒド・ケトンに比べて反応性は低くなる[b]．また，C=Oの極性が低下する上に分子の両端にR，R′と疎水基（油の性質）をもつため，水に溶けにくくなる（上記の③④はp.93のアミドと同じ）．

a) カルボン酸では，この状態から脱するために，$C=O^{\oplus}-H$ のO−H結合電子対をつくるHの電子を $O^{\oplus}$ がHから引き抜き，Oの非共有電子対としてしまう（下式）．結果として，Oに結合していたHは $H^{\oplus}$ として分子外に放出される．

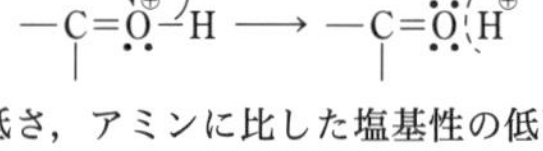

−C=O⊕−H ⟶ −C=Ö: $H^{\oplus}$

b) アミドの，反応性の低さ，アミンに比した塩基性の低下（📖p.131）も，エステルと同様に考えることができる（CO基の隣のアミノ基 $-NH_2$ のN非共有電子対がエステルのO非共有電子対と同じ効果をもつ）．

問題 5-20　育毛剤の成分，ペンタデカン酸ジグリセリドの構造式を書け．

答 5-20

ペンタデカン酸ジグリセリドとは，ペンタデカン酸 $C_{14}H_{29}-COOH$ の2分子と三価アルコールのグリセリン（グリセロール，1,2,3-プロパントリオール・プロパン-1,2,3-トリオール，$CH_2(OH)-CH(OH)-CH_2OH$）からできたジエステル．グリセリンの3個の−OH 基のうちの2個がペンタデカン酸とのエステルになったもの．次の2種類がある（エステルのでき方は，答 5-17-4 とその下を参照のこと）．

```
     H                                H      O
     |                                |      ||
  H−C−O−H                          H−C−O−C−C14H29
     |                                |
  H−C−O−CO−C14H29                  H−C−O−H
     |                                |
  H−C−O−C−C14H29                   H−C−O−C−C14H29
     |     ||                         |     ||
     H     O   1,2-ジグリセリド        H     O   1,3-ジグリセリド
```

参考：太らない油 1,3-ジグリセリド（1,3-ジアシルグリセロール）

小腸で中性脂肪トリグリセリド（トリアシルグリセロール）がリパーゼで消化される際には，1,3-のエステル結合が切れて，2分子の脂肪酸（イオン，塩）と1分子の2-(モノ)グリセリド（2-アシルグリセロール）となる．1,2-ジグリセリドの場合も1分子の脂肪酸イオン・塩と2-グリセリドとなる．長鎖脂肪酸からできた中性脂肪では，2-グリセリドは，吸収された小腸の壁細胞内で脂肪の再合成に利用される[c]．1,3-ジグリセリドは消化されると2分子の脂肪酸イオン・塩とグリセリンとなる．グリセリンは糖と同様にして代謝されるので脂肪酸は脂肪（トリグリセリド，トリアシルグリセロール）に再合成されない．つまり，脂肪の再合成が抑えられる．

c)　リポタンパク質（水に溶けない油を運ぶ船）の1つ・キロミクロン（カイロミクロン）として細胞外（リンパ管）に運ばれる．短鎖 C_4，C_6 と中鎖 C_8，C_{10} の脂肪酸イオンは，そのまま水に溶けるが，長鎖 C_{12} 以上の脂肪酸イオンは体温ではミセルをつくれないので水に溶けにくい．そこで長鎖脂肪酸イオンは中性脂肪に戻し，この状態でキロミクロンの形で運搬される❢．

Question

・<u>$-C_{14}H_{29}$ は何か？　C_{14} はどこからきたの？　何で H_{29} になるのかわからない</u>：　p.23 の問題 2-1 を見よ．ペンタデカン酸は C_{15} のカルボン酸（COOH の C を含めて 15 個の C）．よって，$C_{14}H_{29}COOH$.

R−COOH のアルキル基 R−，$C_nH_{2n+1}-$ は，

```
     H  H  H        H  H
     |  |  |        |  |
  H−C−C−C−‥‥−C−C−H
     |  |  |        |  |
     H  H  H        H  H
```

から−H を1つ取ったものである．上下各 n 個，両端 1+1 から H を1つ取れば，$14 \times 2 + 1 \times 2 - 1 = 29$.

・<u>ペンタデカン酸ジグリセリドの2つの構造式が理解できない．なぜこうなるのか，まったくわからない．どうつながるのか？　名前の見方がわからない</u>：　ペンタデカン酸2個とグリセリン（1,2,3-プロパントリオール・プロパン-1,2,3-トリオール，p.71）という三価アルコール（−OH 基を3個もつ）の1分子が反応（脱水縮合）する（より詳しくは答 5-20 参照）．<u>1,2</u>-ジグリセリド（グリセリンと脂肪酸2分子からできたジエステル，エステル結合が2個）[d]，または，<u>1,3</u>-ジグリセリドを生じる．

d)　数字（炭素の位置を示す番号）の意味は p.32(3)，35(3)（📖 p.45，47）を復習すること．

・<u>グリセリドとは何か？</u>：　グリセリンと反応して生じた<u>エステル</u>のことをこのようにいう約束．

Question

・何で C が 3 つなのか？：　グリセリンの構造式・名称を調べよ（p.71）．エステルのでき方，答 5-17-4 を再度読むこと．

→ 1,2,3-プロパン（C_3 ！）トリオール！
（プロパン-1, 2, 3-トリオール）

・何で，ジペンタデカン酸○○ではないの？：　このようにいうのが約束である．ジグリセリド（ジアシルグリセロール）とはグリセリド（グリセリン，グリセロールとのエステル結合）が 2 個あるという意味．ジペンタデカン酸○○というとペンタデカン酸グリセリドが 2 個あるという意味となり正しくない．○○酸△△とはエステルの意．ペンタデカン酸はどこにもない．ペンタデカン酸を原料としたエステルである．単なる酸なら「○○酸」（言葉の末尾が“酸”）という名称になる．

・○○酸ジグリセリド → ジ(○○酸)グリセリドではないの？：　こういう言い方はしないので仕方がない．ジグリセリドとはグリセリンの 3 個の －OH のうちの 2 カ所がエステル化したものという意味．

・○○酸ジグリセリドとジアシルグリセロールの言葉の違い：　○○酸ジグリセリドは，グリセリン（グリセロール）の 2 カ所の－OH がエステル化したという意味．一方，ジアシルグリセロールはグリセリンの 2 カ所の－OH の H が○○酸のアシル基に置き換わった，という意味．化合物は同じものだが，見方を変えると違う名前の付け方ができるということ（面倒だが・混乱するが，実際に両方の言い方をするので仕方がない）．ちなみに，中性脂肪とトリアシルグリセロール，トリグリセリドは 3 つとも同じものをさす（この 3 つともに記憶すべき言葉である）．

・「○○酸○○」という名前になるのは，もともとはそこに－OH があったから？：　そのとおり．そのエステルの原料の 1 つが○○酸．○○酸からできたエステルですよという意味．エステルとはどういうものか？　どのようにしてできたものか？　また，その命名法はどうだったか？　エステルのところに戻って本書および📖の説明を読むこと（答 5-17-4 も参照）．

・答の構造式の C_{14} はどこからきたの？　C が 14 個で，何でペンタデカン酸○○なの？：　C_{14} ではなく，C_{15} のはず．カルボン酸 R－COOH の R 部分だけではなく，COOH の C も含めて C の数を数える．約束である！

・ペンタデカン酸ジグリセリドのペンタデカンはペンタが 5 で，デカンが 10 なので，R の部分の C_{14} と CO の部分の C を足して C が 15 個という意味か？：　そのとおり．

・構造式の書き方がわからない：　📖 p.100, 133 のエステルのでき方と，以下の説明をよく読むこと．

・エステルの生成反応の書き方がわからない：　エステルとは何か，何からどういうふうにしてできるのか，p.94〜96（📖 p.133）をしっかりと復習せよ．答 5-17-4 とその下も参照のこと．いろんな略式などの構造式の書き方をしているためにわからないのならば，本ページと次ページを読むこと．

・エステルはどうやってできるの？：　カルボン酸 COOH の C を入れて C_{15} である（カルボン酸のところで学んだはず．酢酸は CH_3COOH で C が 2 個だからエタン酸という名称だったはずである）言葉の意味を大切にすること．わからないときは索引，目次を上手に利用してまずは自分で調べてみよう！

・構造式の左側は何でCが3つなの？：　グリセリドという名前は何を意味したか．IUPAC名（規則名）では何といったか．これはグリセリン（p.71）のエステル．グリセリンとはいかなる構造をしていたか．エステルとは？　本書および📖をきちんと復習すること．

```
   H      O
   |      ‖
H−C−O−C−C14H29
   |
H−C−OH
   |
H−C−O−C−C14H29
   |      ‖
   H      O
```

・何でCが3つなのか（グリセリンの構造のところ）：　グリセリンは1,2,3-プロパントリオール（プロパン-1,2,3-トリオール，C_3！）のことである（p.71を見よ）．

生体系のエステル（脂肪酸エステルとリン酸エステル）

問題 5-20-2　グリセリンと脂肪酸からの中性脂肪の生成反応式を示せ．この反応の脱水の過程を説明せよ．

問題 5-21　p.96（📖p.135，136）の酢酸エチルの生成反応についての有機電子論に基づく反応機構（反応の起こる道順）の考え方を参考にして，酢酸エチルのアルカリ触媒（NaOH，Na^+＋OH^-）による加水分解反応機構を考えてみよ．また，酸触媒（H^+）の場合も考えてみよ．

問題 5-21-2　① コレステロールエステル，② ATPとDNAの分子中のリボース・デオキシリボースとリン酸のエステル結合，③ リボース・デオキシリボースと核酸塩基との*N*-グリコシド結合（📖p.136～138の各種の構造式中のエステル結合，*N*-グリコシド結合），④ 中性脂肪のエステル結合，⑤ リン脂質（ホスファチジルコリン，スフィンゴミエリン）中のコリンとリン酸のエステル結合，⑥ スフィンゴシンと脂肪酸のアミド結合，リン酸とのエステル結合について反応式を書いて反応の過程（どのような構造式の原料がどのようにつながるか，脱水の過程）を説明せよ．

問題 5-21-3　タンパク質，脂質，糖質，DNAの結合様式について説明せよ．

問題 5-21-4　📖p.108，109を確認せよ．（左ページを見て右ページを答えることができること．答なし）

答 5-20-2

$HOCH_2CH(OH)CH_2OH + 3\,RCOOH \longrightarrow RCOOCH_2CH(OCOR)CH_2OCOR$（COR≡−C(=O)−R，−O−C(=O)−R）

1,2,3-プロパントリオール（グリセリン，グリセロール）　脂肪酸（長鎖カルボン酸）　$-3\,H_2O$（脱水）　トリアシルグリセロール（トリグリセリド，中性脂肪）　アシル基　エステル結合

```
   H            O        −3 H2O          H         O アシル基                 H     O    （エステル結合）
   |            ‖                        |         ‖                          |     ‖
H−C−O-H    HO-C−CnH2n+1              H−C−O——···——C−CnH2n+1              H−C−O−C−CnH2n+1
   |                                     |                                    |
H−C−O-H + HO-CO−CnH2n+1   ——→        H−C−O——···——CO−CnH2n+1   ——→       H−C−O−CO−CnH2n+1
   |                        脱水         |                                    |
H−C−O-H    HO-C−CnH2n+1              H−C−O——···——C−CnH2n+1              H−C−O−C−CnH2n+1
   |        ↓   ‖                        |         ‖                          |     ‖
   H       脱水 O                        H         O アシル基                 H     O    （エステル結合）
```

グリセリン　脂肪酸R−COOH（R−≡−C_nH_{2n+1}[a]）3分子　脱水　縮合（脱水縮合）

a)　Cの数（*n*）は3個の脂肪酸で互いに異なっていてもよい．中性脂肪はグリセリン（グリセロール）の3つの−OHのHがすべてカルボン酸（脂肪酸）のアシル基 −CO−R（−C(=O)−R）に置換されたもの．

📖p.135の問題5-20の上式と📖p.100の式を参照（脱水過程の詳細はp.135下～136）．

答 5-21

CO の π 電子の立ち上がり　　　　　　　　　　　　もとに戻る

$$H_3C-\overset{\overset{\displaystyle O}{\|}}{C}-O-CH_2CH_3 \longrightarrow H_3C-\overset{\overset{\displaystyle O^{\ominus}}{|}}{C^{\oplus}}-O-CH_2CH_3 \longrightarrow H_3C-\overset{\overset{\displaystyle O^{\ominus}}{|}}{\underset{\underset{\displaystyle OH}{|}}{C}}-O-CH_2CH_3 \longrightarrow$$

$^{\ominus}\ddot{O}H$　OH^- の C^+ への配位　　　　共有電子対の引き抜き

$$H_3C-\overset{\overset{\displaystyle O}{\|}}{C}-OH\ ^{a)} + {}^{\ominus}O-CH_2CH_3 \overset{a)}{\longrightarrow} H_3C-\overset{\overset{\displaystyle O}{\|}}{C}-O^{\ominus} +^{a)} HO-CH_2CH_3$$

＝(これは $CH_3COO^{\ominus}Na^{\oplus}$＋$C_2H_5-OH$ のこと)

a)　CH_3COOH は酸だから H^+ を放出，これを $C_2H_5O^-$ がもらう．

酸触媒では H^+ が CO 基の酸素に付加，CO の π 電子が立ち上がる．生じた C^+ に溶媒である H_2O が O の非共有電子対を用いて配位，あとはほぼ同じ．ただし，配位した水分子から H^+ が取れる必要がある．

Question

・立ち上がりのところの意味がわからない：　二重結合の 2 つの結合（σ 結合と π 結合，📖 p.33, 224）のうち，片方（π 結合）は手（不対電子）が余っていたから仕方なく相手と手をつないだ浮気電子同士（π 電子）の結合である．一方，酸素原子 O は電気陰性度が大きく，結合した相手原子の電子を自分の方へ引き付ける．結果として，共有結合した π 電子対（片方は C の電子）は両方とも O の方へ行ってしまう．📖 p.115 の説明を繰り返し読んで考えてほしい．難しいのは事実である．ただし，ふーんこういう考え方をするのかと思う・飲み込む必要がある．

・反応の進み方は覚えるしかないの？：　立ち上がりのみわかかれば，あとはずっと流れて行くはずである（理解できるはずである）．ただし，このような考え方（これが有機電子論の“理論”）に慣れる必要がある．

答 5-21-2　右ページ（📖 p.136, 137），① コレステロールと脂肪酸のエステル，② ATP・RNA・DNA 他のリボース（五炭糖，C_5 の糖）・デオキシリボースの－OH とリン酸のエステル（3′,5′-ジエステル），③ リボース・デオキシリボースの C^1－OH（グリコシル OH）と核酸塩基 ＞N－H の *N*-グリコシド結合，④ 中性脂肪はグリセリン（グリセロール）と脂肪酸，ホスファチジルコリン（レシチン）では，グリセリン（④ －OH 基）とリン酸（②，⑤），リン酸とコリン（*N,N,N*-トリメチル-2-アミノエタノール ⑤）とのエステル（グリセロリン脂質），スフィンゴミエリンは ⑥ スフィンゴシン[b] の $-NH_2$ 基と脂肪酸のアミド結合，－OH 基とリン酸（②，⑤），リン酸とコリン（⑤）のエステル（スフィンゴリン脂質）．

b)　代表的な脂肪酸群，ステアリン酸，オレイン酸，リノール酸，リノレン酸と同じ C_{18} の化合物．1,3-ジヒドロキシ-2-アミノ-(4*E*)-オクタ-4-エン（C_1～C_3 部分はグリセリンに似ている）．

答 5-21-3　タンパク質（ペプチド結合）：アミノ酸の－COOH 基と別のアミノ酸分子の $-NH_2$ 基との脱水縮合反応－CO－NH－（p.93；📖 p.130）．

脂質（エステル結合）：脂肪酸 R－COOH とグリセリン（④），脂肪酸とコレステロール（①），グリセリンと脂肪酸・リン酸（④，⑤，⑥），リン酸とコリン（⑤）の脱水縮合（📖 p.135～138）．

糖質（*O*-グリコシド結合）：グリコシル－OH（③グルコースの C^1－OH など，アルデヒド，ケトン由来の－OH）と（糖グリコシル OH 以外の OH ②）との脱水縮合反応（📖 p.118）．

DNA：リン酸と糖・デオキシリボースの－OH とのエステル結合（②）とデオキシリボース C^1－OH と核酸塩基 ＞N－H との *N*-グリコシド結合（③）（📖 p.137）❢．

①

$R-C(=O)-OH$ ＋ $H-O-$(コレステロール) $\xrightarrow{-H_2O}$ $R-C(=O)-O-$(コレステロール)

脂肪酸　　コレステロール　　コレステロールエステル

②

$H-O-$(リボース) ＋ $2\,HO-P(=O)(O^{\ominus})-OH$ $\xrightarrow{-2\,H_2O}$ $HO-P(=O)(O^{\ominus})-O-$ (5′, 4′, 1′, 3′, 2′) $O=P(-O^{\ominus})(OH)-O-$

リボース（OH が H ならデオキシリボース）
（五炭糖）　　（O が取れた）

リン酸

（デオキシ）リボースと
リン酸のエステル
（DNA，RNA，ATP）

③

リボース ＋ 核酸塩基（NH_2） $\xrightarrow{-H_2O}$ ヌクレオシド

リボース　　核酸塩基　　ヌクレオシド

④

H_2C-O-H, $HC-O-H$, H_2C-O-H ＋ $3\,HO-C(=O)-$〜 $\xrightarrow{-3\,H_2O}$ $H_2C-O-C(=O)-R$, $HC-O-CO-R$, $H_2C-O-C(=O)-$〜

（$HO-C(=O)-R$）

グリセリン（グリセロール）　　脂肪酸

中性脂肪，トリグリセリド
トリアシルグリセロール

⑤

$HO-P(=O)(O^{\ominus})-OH$ ＋ $H-O-CH_2CH_2-N^{\oplus}(CH_3)_3$ $\xrightarrow{-H_2O}$ $HO-P(=O)(O^{\ominus})-O-CH_2CH_2-N^{\oplus}(CH_3)_3$

リン酸　　コリン（⇔エタノールアミン）

コリンのリン酸エステル
ホスファチジルコリンの部品

⑥

$H_2N-CH(CH_2-OH)-CH(OH)-CH=CH-(CH_2)_{12}-CH_3$ ＋ $HO-C(=O)-R$（脂肪酸） ＋ $HO-P(=O)(O^{\ominus})-OH$ $\xrightarrow{-3\,H_2O}$ $R-C(=O)-NH-CH(CH(OH)-CH=CH-(CH_2)_{12}-CH_3)-H_2C-O-P(=O)(O^{\ominus})-O-CH_2CH_2-N^{\oplus}(CH_3)_3$

スフィンゴシン C_{18}　　リン酸
（コリンのリン酸エステル）

アミド　　リン酸エステル
（スフィンゴミエリン・スフィンゴリン脂質）

確認テスト：カルボニル基をもつ化合物群と基本的な有機反応のまとめ

問題1

(1) R−C(=O)− を（　　　　）基という． (配点：1点)

(2) R−C(=O)−X のXに適当な元素記号（H, C, O, N）を書き込み，カルボニル基をもつ化合物グループの一般式を5つ示し，この化合物グループそれぞれの名称を記せ． (配点：10点)

一般式　①　　　②　　　③

名　称　＿＿＿＿　＿＿＿＿　＿＿＿＿

一般式　④　　　⑤

名　称　＿＿＿＿　＿＿＿＿

問題2

(1) 1-プロパノール（プロパン-1-オール）の構造式を書き，次に，この酸化反応生成物の構造式と名称をすべて記せ． (配点：5点)

(2) 2-プロパノール（プロパン-2-オール）の構造式を書き，次に，この酸化反応生成物の構造式と名称をすべて記せ． (配点：3点)

(3) エステルの生成反応を一般式で示せ．また，具体例を1つ示し，原料化合物，生成物の名称を記せ． (配点：4点)

(4) アミドの生成反応を一般式で示せ．また，具体例を1つ示し，原料化合物，生成物の名称を記せ． (配点：4点)

答1　(1)，(2) は巻末付録2，p.47，50（📖 p.59，110）

答2　(1)，(2) は p.70，71，74，82（📖 p.60，p.94，95，問題4-21の答（p.106），p.111，112）

(3) p.49，50，94〜95（📖 p.62，p.133，問題5-17-4の答）

(4) p.49，50，92〜93（📖 p.130，131，問題5-17-2(1) の答（p.167））

（　　）学科（　　）専攻（　）クラス（　　）番，氏名（　　　　）

＿＿＿＿ 27点

アルケン（📖 p.140〜151）

アルケンとはC＝C二重結合が炭化水素鎖中に1個，ポリエンとは2個以上ある化合物のことである．代表例はエチレン（エテン[a]）**CH_2＝CH_2**と1,3-ブタジエン（ブタ-1,3-ジエン[a]）CH_2＝CH－CH＝CH_2（共役ジエン，📖 p.148）．二重結合（σ結合（分子の骨組をつくる結合）とπ結合（手が余ったので仕方なくつないだ結合）があるので結合の1本（π結合）が切れてH_2，H_2O，I_2などと結合することができる［付加反応→アルカン，アルコール，ハロアルカンを生成：p.132，134（📖 p.33，34水素添加・硬化油，141，147油脂のヨウ素価，149，179）］❢．二重結合は自由回転できないので，アルケン，ポリエンにはシス-トランス異性体（幾何異性体，📖 p.144）が存在するものが多い．命名法：巻末付録1参照．分子骨格の炭素数に対応するアルカン名の語尾アン -ane をエン -ene に変える．二重結合の位置を対応する炭素の番号を付けて命名する．CH_3－CH＝CH－CH_3 2-ブテン（ブタ-2-エン[a]），1,3-ブタジエン（ブタ-1,3-ジエン[a]）など．

問題 5-22　(1) 3-メチル-1-ブテン（3-メチルブタ-1-エン[a]）の構造式を書け．(2) 3-メチル-2-ヘキセン酸（3-メチルヘキサ-2-エン酸[a]）は体臭の原因物質の1つである．構造式を書け．

a) 優先IUPAC名.

問題 5-23　以下の略式の示性式（Hを省略）で示された化合物を命名せよ．

(1) C＝C－C－C　(2) C－C＝C－C　(3) C＝C＝C－C　(4) C＝C－C＝C
(5) C－C－C＝C－C－C　(6) C＝C－C－C－C－C　(7) C－C＝C－C＝C－C－C＝C－C－C

答 5-22

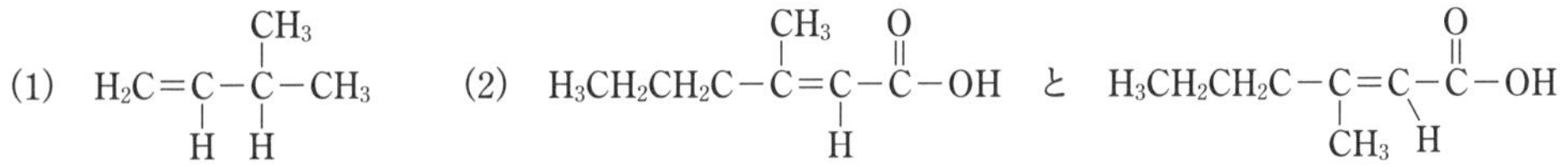

```
            CH3                             CH3  O                                   O
            |                               |    ||                                  ||
(1) H2C=C-C-CH3      (2) H3CH2CH2C-C=C-C-OH  と  H3CH2CH2C-C=C-C-OH
        |  |                           |                    |  \
        H  H                           H                    CH3 H
```

ブテン→ブタン・エン，C_4で二重結合がある．二重結合の位置はC^1（とC^2の間），C^3にメチル基が結合している．ヘキセン酸→ヘキサン・エン，C_6で二重結合があるカルボン酸（－COOHのCを入れてC_6）．幾何異性体が存在する（プロピル基とカルボキシ基の関係がトランス・シス）．－COOHのCから数えて2つ目（と3つ目）の炭素が二重結合である．なお，上記の構造式で，プロピル基は$CH_3CH_2CH_2$－でもよい．

間違いの例

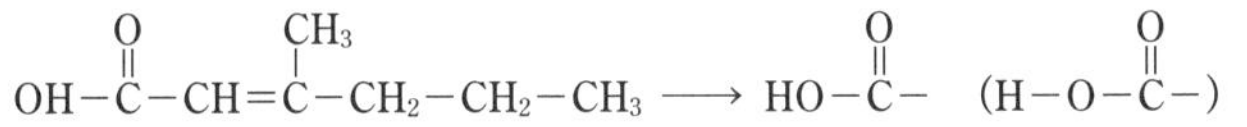

```
    O       CH3                            O           O
    ||      |                              ||          ||
OH-C-CH=C-CH2-CH2-CH3  ──→  HO-C-   (H-O-C-) とすべき．

    O          O
    ||         ||
OH-C- は O-H-C- のことであり，これではHの手2本，Oの手1本となり，ありえない．
```

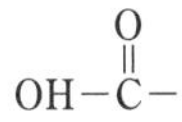

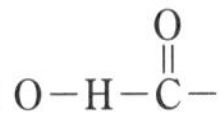

答 5-23

(1) 1-ブテン（ブタ-1-エン），C_4で二重結合1つ　(2) 2-ブテン（ブタ-2-エン），C_4で二重結合1つ；シス-トランス異性体あり　(3) 1,2-ブタジエン（ブタ-1,2-ジエン），C_4で二重結合2つ　(4) 1,3-ブタジエン（ブタ-1,3-ジエン），C_4で二重結合2つ　(5) 3-ヘキセン（ヘキサ-3-エン），C_6で二重結合1つ；シス-トランス異性体あり　(6) 1-ヘキセン（ヘキサ-1-エン），C_6で二重結合1つ　(7) 2,4,7-デカトリエン（デカ-2,4,7-トリエン），C_{10}で二重結合3つ；シス-トランス異性体，2^3＝8個．

二重結合の命名法：アルカン alkane の語尾 ane をエン ene，アルケン alkene とする．例えば，$C^1-C^2=C^3-C^4$ を 2-ブテン（ブタ-2-エン）という．C_4 で二重結合があるからブタン butane の語尾アン ane をエン ene に変えてブテン butene．二重結合の位置は二重結合を構成する 2 つの炭素の位置を示す番号のうち，小さい方の数字で示す．ここでは，2 番目と 3 番目の炭素の間が二重結合なので，2-ブテン（ブタ-2-エン）という名称になる．二重結合が 2 個ならジエン，3 個ならトリエンという．

シス-トランス異性体（幾何異性体）：(2), (5), (7) には異性体が存在する．(2) で例示すると，

cis-2-ブテン（*cis*-ブタ-2-エン）[a]　　*trans*-2-ブテン（*trans*-ブタ-2-エン）[a]

a) *cis* または ***Z***（Zuzammen ドイツ語）：シス，*Z*，ともに“同じ側”の意（(2*Z*)-ブタ-2-エン*）．*trans* または ***E***（Entgegen）：*trans*，*E*，ともに“反対側”の意（(2*E*)-ブタ-2-エン*，📖 p.144）．＊は優先 IUPAC 名．

問題 5-24　問題 5-23 の化合物を簡略化して書くと (1)（　）(2)（　）（　）と表される．(4), (5), (7) の簡略化した構造式をすべて書け．

問題 5-25　マレイン酸とフマル酸[b] はともに 2-ブテン二酸（ブタ-2-エン二酸[c]）である．マレイン酸はシス（*Z*），フマル酸はトランス（*E*）である．それぞれの構造式を書け．

b) 生体エネルギーを生み出す糖の代謝回路（クエン酸（TCA）回路，📖 p.178）の構成物質，c) 優先 IUPAC 名．

生体系のアルケン・ポリエン（不飽和脂肪酸など）

問題 5-26　9,12-オクタデカジエン酸（オクタデカ-9,12-ジエン酸[c]，リノール酸のこと）の構造式を書け．線描による略式構造式も示せ．

ヒント：炭素原子の番号づけはカルボキシ基の C（C_n の n の数に含まれる）が 1 番目である（📖 p.145）．

答 5-24

(4)　または

(5)　*trans*(*E*)　または　　*cis*(*Z*)　または

(7)　1 つの二重結合で 2 つ（シス・トランス）の異性体があるので，3 つの二重結合では，$2 \times 2 \times 2 = 2^3 = 8$ 個のシス・トランス異性体（幾何異性体）が存在する．

(2*E*, 4*E*, 7*E*)-デカ-2,4,7-トリエン（全トランス形）　または

(2*E*, 4*E*, 7*Z*)-……　以下，上下逆向きの構造は省略

(2*E*, 4*Z*, 7*E*)-……

(2*E*, 4*Z*, 7*Z*)-……

(2*Z*, 4*E*, 7*E*)-……

(2*Z*, 4*E*, 7*Z*)-……

(2*Z*, 4*Z*, 7*E*)-……

(2*Z*, 4*Z*, 7*Z*)-……　（全シス形）

Question

・二重結合は　でも　でもどちらでもよいの？：　よい．

・2 個の H が反対側にあるからトランスなの？：　そのようにも表現できるが，基本は，大きい置換基（ここではメチル基）がどういう関係にあるかで考える（結果的には H 同士の関係でも同じ）．

答 5-25

2-ブテン二酸（ブタ-2-エン二酸[c]）だから，C^4 で両端が −COOH，C^2 と C^3 の間が二重結合となる．

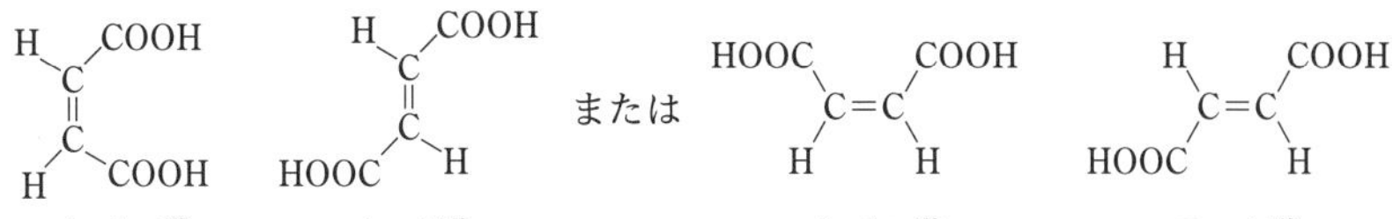

マレイン酸：H(COOH)C=C(H)(COOH)（縦書き），フマル酸：H(COOH)C=C(H)(HOOC)（縦書き）

または

マレイン酸：(HOOC)(H)C=C(COOH)(H)，フマル酸：(H)(HOOC)C=C(COOH)(H)

構造式は左右逆，上下逆でも同じものである．ブテン二酸 → ブタン，エン，二酸 → C_4 で二重結合が 1 つ，分子の両端が −COOH（HOOC−C=C−COOH）（ブタ-2-エン二酸）

Question

・<u>以下のマレイン酸とフマル酸の構造式は間違っているか？</u>：　C の手が 3 本しかない！

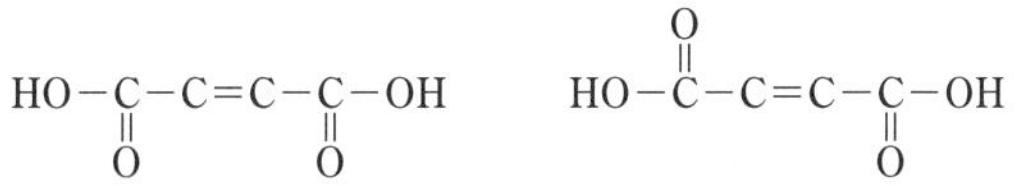

HO−C(=O)−C=C−C(=O)−OH　　HO−C(=O)−C=C−C(=O)−OH（上下の O の位置違い）

4 本目に −H を書き込む際に，シス・トランス（2 個の COOH が同じ側か，反対側か）を区別する必要がある．

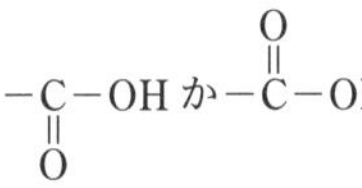

−C(=O)−OH（O が下）か −C(=O)−OH（O が上）かの向きの違いは無関係（C−C 単結合は自由に回転できる）．

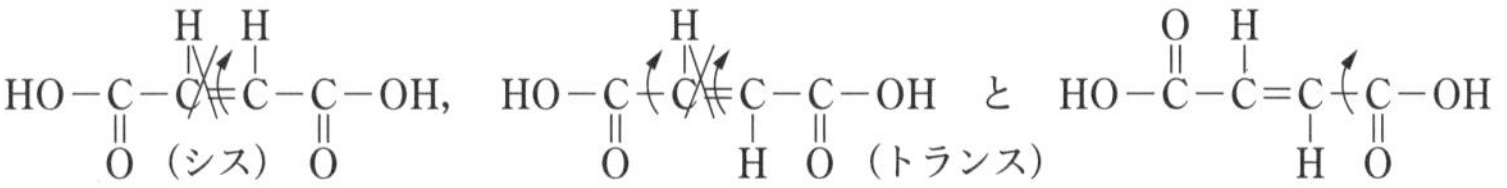

HO−C(=O)−C(H)=C(H)−C(=O)−OH，（シス）　HO−C(=O)−C(H)=C(H)−C(=O)−OH（トランス）と HO−C(=O)−C(H)=C(H)−C(=O)−OH は同じ．

C=C 二重結合は回転できない，C−C 単結合は自由に回転できることを表す．分子模型で確認せよ．

シス（Z），トランス（E）の略式の書き方の一つ：　シス C−C=C−C；　トランス C−C=C−C

答 5-26

<u>オクタ</u> <u>デカ</u> <u>ジエン</u> 酸と，それぞれの言葉の意味を考える．つまり，オクタは 8，デカは 10，オクタデカは 18．<u>ジ・エン</u>で二重結合が 2 個．酸はカルボン酸のことだとわかる．よって，−COOH の C を含めて，C_{18} で二重結合が 2 個のカルボン酸のこと．9 番目（と 10 番目），12 番目（と 13 番目）の炭素に二重結合があるので，

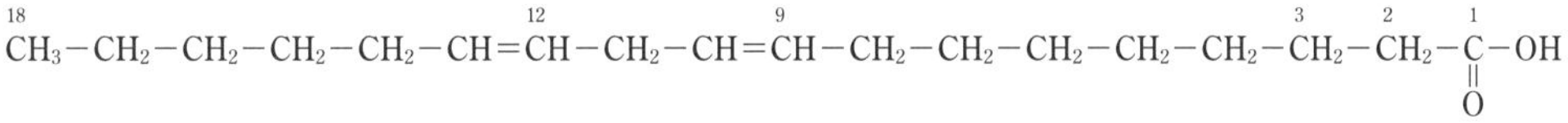

$$\overset{18}{CH_3}-CH_2-CH_2-CH_2-CH_2-CH=\overset{12}{CH}-CH_2-CH=\overset{9}{CH}-CH_2-CH_2-CH_2-CH_2-CH_2-\overset{3}{CH_2}-\overset{2}{CH_2}-\overset{1}{C}(=O)-OH$$

二重結合にはシス・トランスの 2 個の（幾何）異性体があるから，二重結合が 2 個のこの化合物には，2×2=2^2=4 個の異性体が存在する：(9-*cis*, 12-*cis*)，(9*Z*, 12*Z*)；(9-*cis*, 12-*trans*)，(9*Z*, 12*E*)；(9-*trans*, 12-*cis*)，(9*E*, 12*Z*)；(9-*trans*, 12-*trans*)，(9*E*, 12*E*)．

(9-*cis*, 12-*cis*)（9*Z*, 12*Z*）は，

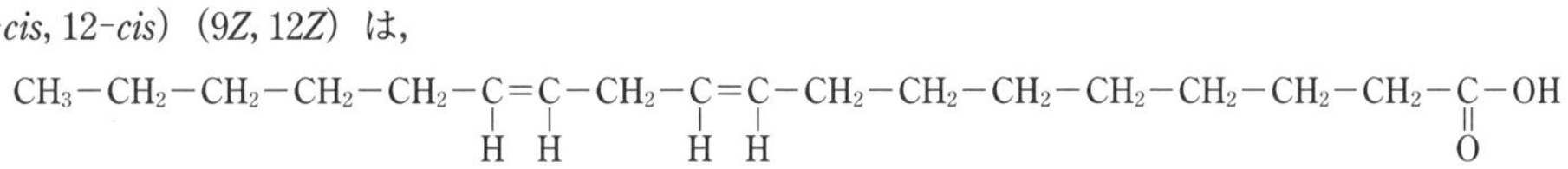

$$CH_3-CH_2-CH_2-CH_2-CH_2-C(H)=C(H)-CH_2-C(H)=C(H)-CH_2-CH_2-CH_2-CH_2-CH_2-CH_2-CH_2-C(=O)-OH$$

線描構造式では，（線描構造式）COOH

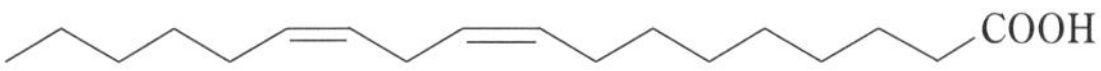

（上下逆でも同じ構造である）

(9-*trans*, 12-*trans*)，(9*E*, 12*E*）は，

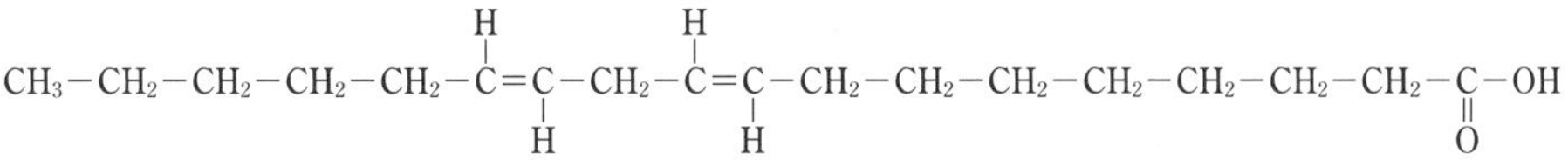

$$CH_3-CH_2-CH_2-CH_2-CH_2-C(H)=C(H)-CH_2-C(H)=C(H)-CH_2-CH_2-CH_2-CH_2-CH_2-CH_2-CH_2-C(=O)-OH$$

(2 つの二重結合の間の 2 個の単結合は自由回転できるので，2 個のトランスの H の方向は上下，上下（すぐ上の構造式）；上下，下上；下上，上下；下上，下上のいずれでも，同じ構造である）

線描構造式では，COOH 構造である．

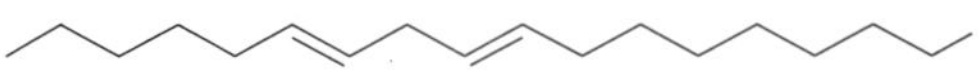

9-*cis*, 12-*trans*（9*Z*, 12*E*）と 9-*trans*, 12-*cis*（9*E*, 12*Z*）の異性体の構造式は省略．

Question

・下の構造式では，C の残りの手はこれでよいの？： よくない．

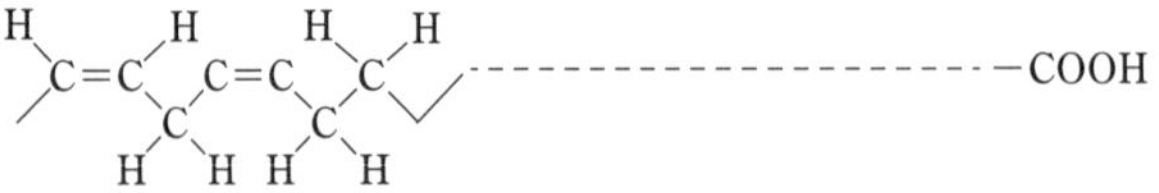

H H H H C=C C=C C ‐‐‐‐‐‐‐‐‐‐‐‐‐‐‐‐‐‐‐‐‐‐‐ −COOH C C H H H H

（シス，シス形）→ 2 つ目の二重結合の 2 つの C に H が不足している．

問題 5-27 9,12,15-オクタデカトリエン酸（オクタデカ-9,12,15-トリエン酸，α-リノレン酸のこと）の構造式・略式構造式を書け．

答 5-27

オクタ デカ トリ エン 酸と，それぞれの言葉の意味を考える．よって，C_{18} で二重結合が 3 個あるカルボン酸のことだとわかる．

$C_{17}H_{29}COOH$（二重結合 1 つで H が 2 個少なくなる）$C_nH_{2n+1}-COOH \longrightarrow C_nH_{2n-5}-COOH$

ここが 1 番目の炭素

$$\overset{18}{CH_3}-CH_2-CH=\overset{15}{CH}-CH_2-CH=\overset{12}{CH}-CH_2-CH=\overset{9}{CH}-CH_2-CH_2-CH_2-CH_2-CH_2-\overset{3}{CH_2}-\overset{2}{CH_2}-\overset{1}{\underset{\underset{O}{\|}}{C}}-OH$$

−COOH （全トランス形 *all trans* 異性体）

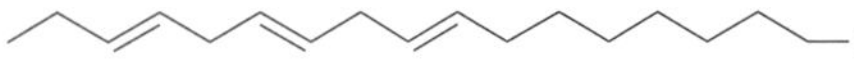

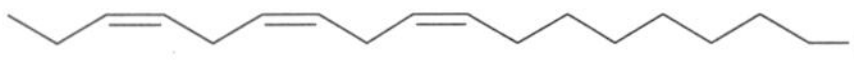

−COOH （全シス形 *all cis* 異性体）

他にトランス・シス混合があり全部で 8 種類（$2^3=8$）．線描構造式は上下逆でも同じ構造である．

上の構造式：(9*E*,12*E*,15*E*)-9,12,15-オクタデカトリエン酸，下の構造式：(9*Z*,12*Z*,15*Z*)-…（同左））
(9*E*,12*E*,15*E*)-オクタデカ-9,12,15-トリエン酸） (9*Z*,12*Z*,15*Z*)-…（同左））

他に（9*E*,12*E*,15*Z*)-；(9*E*,12*Z*,15*E*)-；(9*Z*,12*E*,15*E*)-；(9*E*,12*Z*,15*Z*)-；(9*Z*,12*E*,15*Z*)-；(9*Z*,12*Z*,15*E*)-がある．

Question

・答にある ／＝＼ は何か？ 初めて見た： シス形の略記法である．┌─┐ も可．略式の構造式を，正式の構造式に書き換えてみれば，すぐに自分でわかるはず．

・どうして，トランスは ／＝／ で，シスは ／＝＼ なの？： 同上．または，これらの構造をシス，トランスというのは約束（シス，トランスの意味は p.105，106 を確認せよ）．

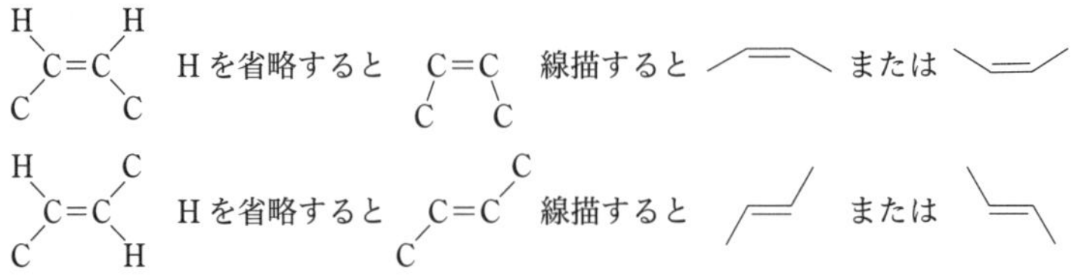

H H C=C C C Hを省略すると C=C C C 線描すると ／＝＼ または ＼＝／

H C C=C C H Hを省略すると C C=C C 線描すると ／＝／ または ＼＝＼

問題 5-28　必須脂肪酸の1つであるアラキドン酸[a]（20：4）は n（マイナス）-6 系，**EPA**（**IPA**，（エ）イコサペンタエン酸）・**DHA**（ドコサヘキサエン酸）は $n-3$ 系である．これらの化合物の略式構造式を書け．

a）ピーナッツの学名 Arachis 由来．

ヒント：（エ）イコサは数詞で 20，ドコサは 22 である．したがって，EPA（IPA）icosa pentaene̸-oic acid（エ）イコサペンタエン酸とはCが 20 個（イコサ）で5個（ペンタ）の二重結合（エン）をもつ酸（カルボン酸），DHA（ドコサヘキサエン酸）はCが 22 個（ドコサ）で6個（ヘキサ）の二重結合（エン）をもつカルボン酸のことである．二重結合を多数もつこれらの化合物にはシス・トランスの幾何異性体（前述）が多数存在するが，天然の不飽和脂肪酸は通常，全シス体である．アラキドン酸は γ-リノレン酸（$\boldsymbol{n-6}$ 系）より合成される（α-リノレン酸は $\boldsymbol{n-3}$ 系）．

問題 5-29

（1）　アラキドン酸と EPA の構造をプロスタグランジン E_2（PGE_2）と比較して，このものがアラキドン酸由来であることを納得せよ（共通点を3つあげよ）．

（2）　PGE_2 に存在する官能基・対応する化合物群名をすべて示せ．

（3）　下の線描の略式構造式から H，C 原子を含めた正式の構造式を書け．

O
COOH
OH　OH

プロスタグランジン E_2

答 5-28

5,8,11,14-イコサテトラエン酸（アラキドン酸，イコサ-5,8,11,14-テトラエン酸，以下も同様）；5,8,11,14,17-イコサペンタエン酸（EPA，IPA）；4,7,10,13,16,19-ドコサヘキサエン酸（DHA）．

アラキドン酸（20：4）：C_{20} で二重結合が4個のカルボン酸のこと．炭素数 $n=20$ で $\boldsymbol{n-6}$ 系なので，$n-6=20-6=14$ 番目（と 15 番目）のCが二重結合（先端の CH_3-（$\omega 1$，20 番目）から数えて7個目（$\omega 7$，14 番目）と6個目（$\omega 6$，15 番目）の間が二重結合）．

EPA（IPA）（20：5）：イコサ（エイコサ）は 20．→ C_{20} でペンタ・エン・酸．二重結合が5つのカルボン酸のこと．炭素数 $n=20$ で $\boldsymbol{n-3}$ 系なので，$n-3=20-3=17$ 番目（と 18 番目）のCが二重結合（先端の CH_3-（$\omega 1$，20 番目）から数えて4個目（$\omega 4$，17 番目）と3個目（$\omega 3$，18 番目）の間が二重結合）．

DHA（22：6）：ドコサは 22．→ C_{22} でヘキサ・エン・酸．二重結合が6つのカルボン酸のこと．炭素数 $n=22$ で $\boldsymbol{n-3}$ 系なので，$n-3=22-3=19$ 番目（と 20 番目）のC（$\omega 4$・19 番目と $\omega 3$・20 番目）が二重結合．

これらの多価不飽和脂肪酸（ポリエン酸）は $-(CH=CH-CH_2)-$ を二重結合の数だけ繰り返した構造である．したがって，アラキドン酸の二重結合の位置は，14，$14-3=11$，$11-3=8$，$8-3=5$．よって，5,8,11,14-イコサテトラエン酸（イコサ-5,8,11,14-テトラエン酸，以下も同様）．EPA の二重結合の位置は，$17-3=14$，$14-3=11$，$11-3=8$，$8-3=5$．よって，5,8,11,14,17-イコサペンタエン酸．DHA の二重結合の位置は，$19-3=16$，$16-3=13$，$13-3=10$，$10-3=7$，$7-3=4$．よって，4,7,10,13,16,19-ドコサヘキサエン酸（天然はすべて全シス体）．

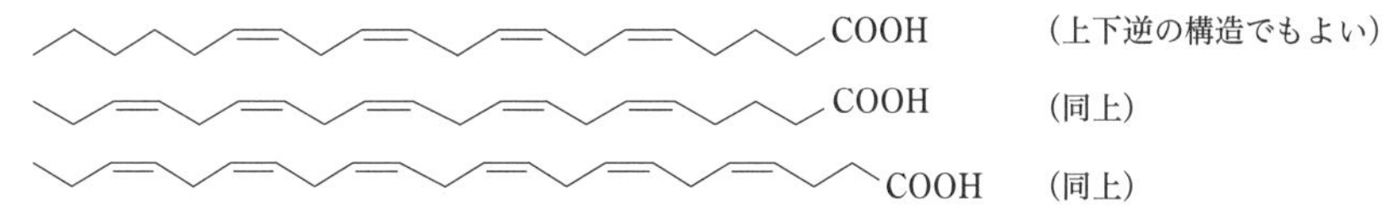

答 5-29

(1) ① 炭素が20個．② $-COOH$ がある．③ C_5 に二重結合がある．④ C_8 と C_9 の間の二重結合と，C_{11} と C_{12} の間の二重結合に，水分子（$-OH$）または酸素分子が結合し，$-OH$，$C=O$，と C_8-C_{12} 間の結合ができている．⑤ C_{14} と C_{15} の間の二重結合に水分子（$-OH$）または酸素分子が付加することにより，二重結合の位置が C_{13} と C_{14} の間に移動．

> ポリエンの酸化のされ方：光による H 原子の脱離（遊離基・ラジカルの生成，📖 p.147❢）．
> 二重結合 $-C=C-C-C=C-$ の数が多いほど酸化されやすい．

(2) 略式（線描）構造式では，C を補って考えるとよい（p.61「複雑な化合物の見方」を参照）．

ケトン（RR′CO，RCOR′，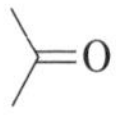），第二級アルコール（RR′CH−OH，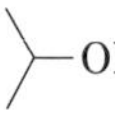）×2，アルケン×2（アルカジエン；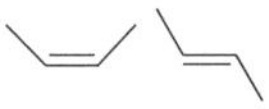は二重結合 C=C），カルボン酸（−COOH），シクロアルカン（C_5 の環状構造：シクロペンタン・シクロペンタノン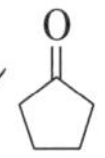・シクロペンタノール）

(3)

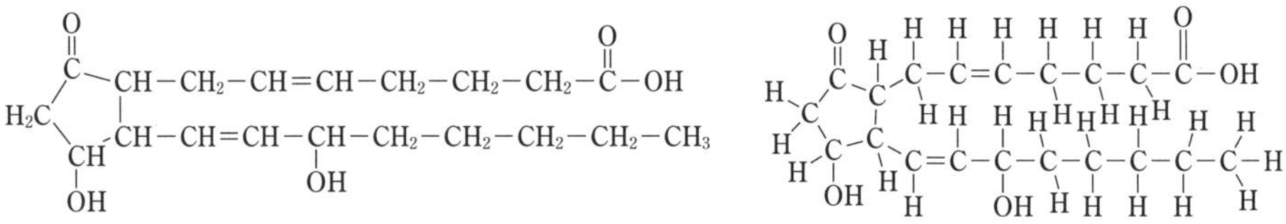

> プロスタグランジンはアラキドン酸などから生合成される一群の生理活性物質．A〜J までの系列がある．
> 極めて広範多彩な機能を持ち，血圧調整・炎症・胃液分泌・子宮筋収縮・血液凝固などに関与．

Question

・<u>ケトンはどこにあるの？</u>：　ケトンの一般式は RCOR′，RR′CO，$\mathrm{R-\underset{\underset{O}{\|}}{C}-R'}$ なので，カルボニル基 CO，$\mathrm{-\underset{\underset{O}{\|}}{C}-}$ がある．その場所を探せばよい．問題中の略式構造式から判断してみよう．構造式の左上部分の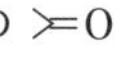は何だったか？線描構造式では省略された C をまず書き込んでから考える．

すると，左側上部の =O は，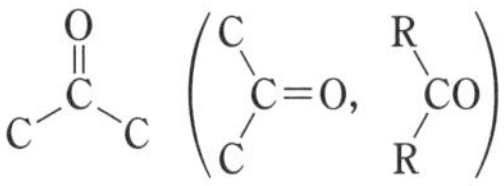とわかるはずである．

・<u>アラキドン酸の構造式はトランス形ではだめか？</u>：　だめ．問題 5-28 のヒントを読むこと．天然では全シスと書いてある！

・<u>数字が書いてないのに，どうして二重結合の位置がわかるの？</u>：　$n-3$（マイナス）系，n は炭素数のこと．DHA なら，ドコサ=22，$n=22$ だから $n-3=22-3=19$ で，19 番目の炭素に二重結合がある．あとは，$-CH=CH-CH_2-$（$-CH_2-CH=CH-$）を繰り返しているだけ．$19-3=16$，$16-3=13$，$13-3=10$，$10-3=7$，$7-3=4$．つまり，二重結合の位置は 19, 16, 13, 10, 7, 4．よって，DHA は，4, 7, 10, 13, 16, 19-ドコサヘキサエン酸（ドコサ-4, 7, 10, 13, 16, 19-ヘキサエン酸）．

トランス 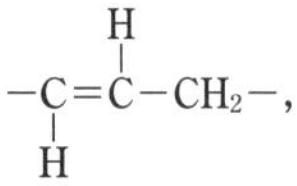，　シス 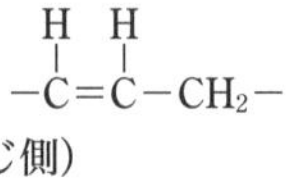　DHA は全シス形である．
（反対側）　（同じ側）

最初が決まれば，上記のように，あとは 3 つおき．上記の説明および📖 p.145，答 5-28 をよく読むこと．

・アラキドン酸の構造式，なぜ，$n-6$ 系で，$n-6=20-6=14$ なの？　次は $14-3=11$ になるの？：
アラキドン酸は C_{20} の化合物．n は炭素数のことだから，$n=20$．$n-6=20-6=14$（マイナス）．つまり，14番目の炭素に二重結合がある（1番目の炭素はCOOHのC）．このあと，Cが3個の$-CH=CH-CH_2-$（$-CH_2-CH=CH-$）が一単位でつながっているので，$14-3=11$，$11-3=8$，$8-3=5$ となる．よって，5,8,11,14-(エ)イコサテトラエン酸（(エ)イコサ-5,8,11,14-テトラエン酸）（20は（エ)イコサ，$C_{20}H_{42}$ は（エ)イコサン）

問題 5-30　問題5-23の化合物（1)～(7）で可能な構造式（異性体）をすべて書け[a]．

(1) C=C−C−C　(2) C−C=C−C　(3) C=C=C−C　(4) C=C−C=C
(5) C−C−C=C−C−C　(6) C=C−C−C−C−C
(7) C−C=C−C=C−C−C=C−C−C

a）共役二重結合（📖 p.147, 148），多価不飽和脂肪酸の酸化（📖 p.147）も学習するとよい．

答 5-30

(1),(3),(4),(6) は問題に記載の構造式のみ．(2),(5) はシス-トランス異性体が一対，(7) には $2^3=8$ 個の異性体がある．すなわち，(2-*cis*, 4-*cis*, 7-*cis*)-2,4,7-デカトリエン［(2-*cis*, 4-*cis*, 7-*cis*)-デカ-2,4,7-トリエン］，または，(2*Z*, 4*Z*, 7*Z*)-2,4,7-デカトリエン［(2*Z*, 4*Z*, 7*Z*)-デカ-2,4,7-トリエン］．この他に（2*Z*, 4*Z*, 7*E*)-，(2*Z*, 4*E*, 7*Z*)-，(2*E*, 4*Z*, 7*Z*)-，(2*Z*, 4*E*, 7*E*)-，(2*E*, 4*Z*, 7*E*)-，(2*E*, 4*E*, 7*Z*)-，(2*E*, 4*E*, 7*E*)-2,4,7-デカトリエン［(2*Z*, 4*Z*, 7*E*)-，(2*Z*, 4*E*, 7*Z*)-，……，(2*E*, 4*E*, 7*E*)-デカ-2,4,7-トリエン］がある．上下逆でも同一物である．

(2) 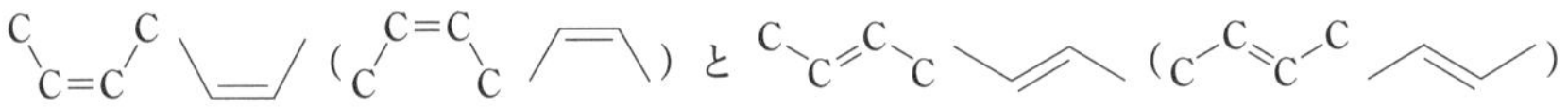 C−C=C−C（シス）（上下逆）と C−C=C−C（トランス）（上下逆）

(5)（シス）（上下逆）と（トランス）（上下逆）

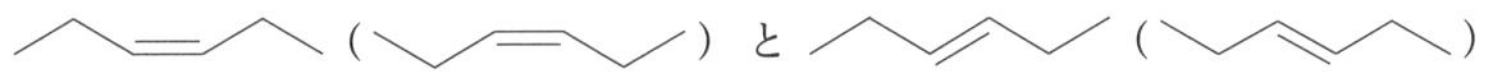

(7) (2*E*, 4*E*, 7*E*)-2,4,7-デカトリエン　［(2*E*, 4*E*, 7*E*)-デカ-2,4,7-トリエン］
(2*E*, 4*E*, 7*Z*)-……　［(2*E*, 4*E*, 7*Z*)-……］
(2*E*, 4*Z*, 7*E*)-……　［(2*E*, 4*Z*, 7*E*)-……］
(2*Z*, 4*E*, 7*E*)-……　［(2*Z*, 4*E*, 7*E*)-……］
(2*E*, 4*Z*, 7*Z*)-……　［(2*E*, 4*Z*, 7*Z*)-……］
(2*Z*, 4*E*, 7*Z*)-……　［(2*Z*, 4*E*, 7*Z*)-……］
(2*Z*, 4*Z*, 7*E*)-……　［(2*Z*, 4*Z*, 7*E*)-……］
(2*Z*, 4*Z*, 7*Z*)-……　［(2*Z*, 4*Z*, 7*Z*)-……］

（以上の線描構造式は上下逆の構造でもよい）

Question

・答5-30の（3）H−C(H)=C(H)=C(H)−C(H)(H)−H と (H)(H)C=C(H)=C(H)−C(H)(H)−H は異性体にならないか？：　構造式が間違っている．Cの手は4本！　H−C(H)=C=C(H)−C(H)(H)−H と H−C(H)=C=C(H)−C(H)(H)−H は同じ（左から2番目の炭素の手は5本ある）．

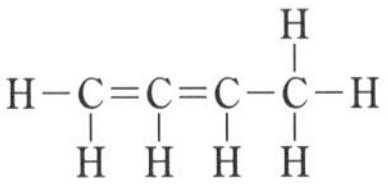

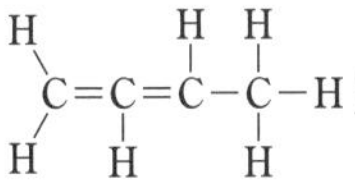

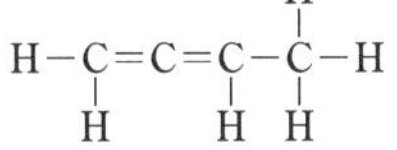

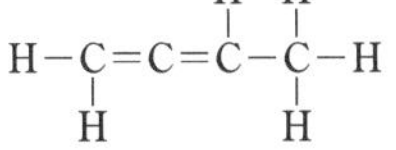

つまり，(H)(H)C=C=C(CH₃)(H) を上下方向に180°回転すると，(H)(H)C=C=C(H)(CH₃) となり，同じ．もし，分子左側のHの1つが CH_3- なら，鏡像異性体（光学異性体；ねじれる方向の右回り，左回り）が存在する（ハイレベル，必要なら分子模型で確認せよ）．

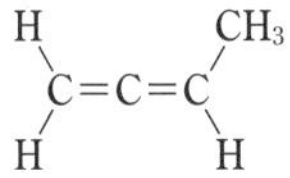

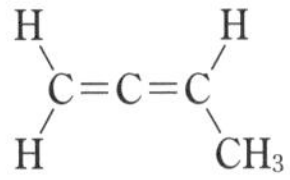

・答 5-30 の（7）は，

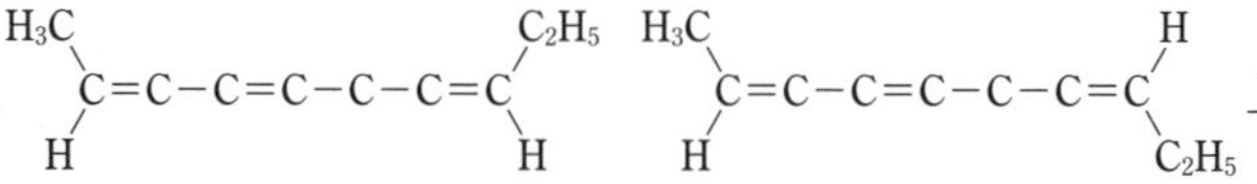

H_3C C_2H_5 H_3C H
C=C−C=C−C−C=C　　C=C−C=C−C−C=C
H H H C_2H_5

ではだめか？：

H をきちんと書くこと（答に示したようにシス-トランス異性体が 8 個存在するのでそれらを区別して書く）．

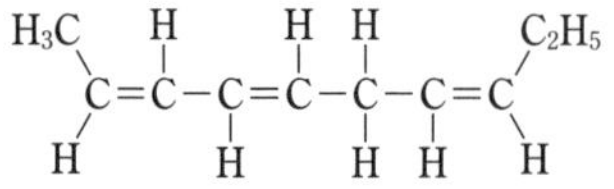

H_3C H H H C_2H_5　　H_3C H H H H
C=C−C=C−C−C=C　　C=C−C=C−C−C=C　　など．
H H H H H　　H H H H C_2H_5
2*E* 4*E* 7*Z* 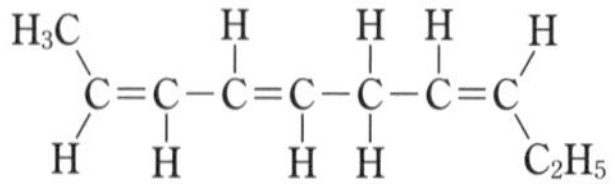　　2*Z* 4*E* 7*Z*

C−C 単結合は自由回転できるので，下の構造式は上と同じである．つまり，*E*，*Z* の構造が維持されれば，各二重結合に関して，上下が逆でも同一物である．

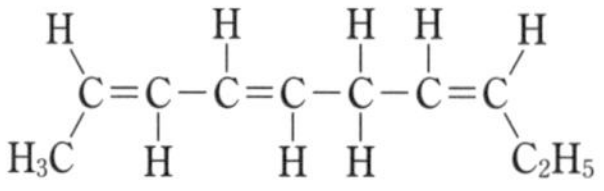

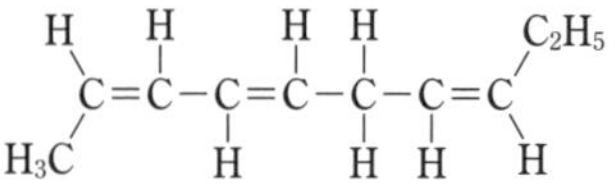

H H H H H　　H H H H C_2H_5
C=C−C=C−C−C=C　　C=C−C=C−C−C=C
H_3C H H H C_2H_5　　H_3C H H H H

問題 5-31　📖 p.140，141 を確認せよ．左ページを見て右ページを答えられるようになること．

（答なし）

問題 5-32　シス-トランス異性体（幾何異性体）の構造式の表示法（H の方向の違いの表し方）について説明せよ．また，*E*，*Z* 表示法についても説明せよ．

答 5-32

シス-トランス異性体（幾何異性体）：*cis*（同じ側），*trans*（反対側）表示と，*E*，*Z* 表示（Entgegen；ドイツ語，反対側，Zuzammen；同じ側）*cis*（*Z*）は，下記の左端構造の他，右側のようにも略記する．

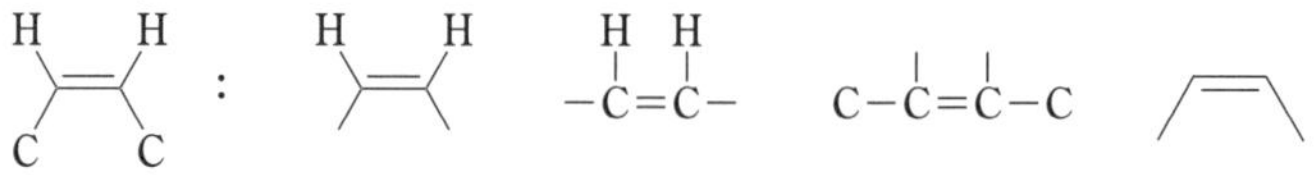

H H / C=C / C C　：　H H　−C=C−（H H）　C−C=C−C

上下が逆の構造も同じものである．

C C / C=C / H H　：　H H　−C=C−（H H）　C−C=C−C

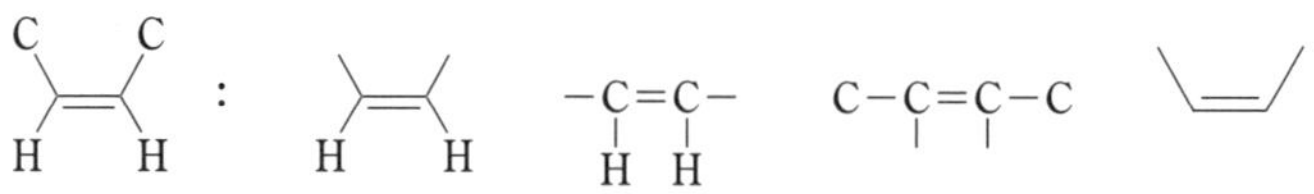

trans（*E*）は下記の左端構造の他，右側のようにも略記する．

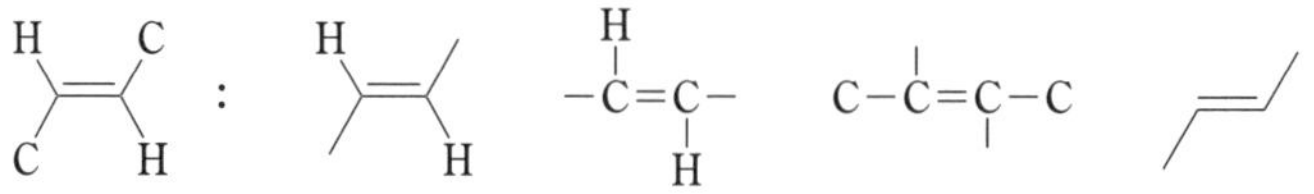

H C / C=C / C H　：　H H　−C=C−（H, H）　C−C=C−C

上下が逆の構造も同じものである．

C H / C=C / H C　：　H H　−C=C−（H, H）　C−C=C−C

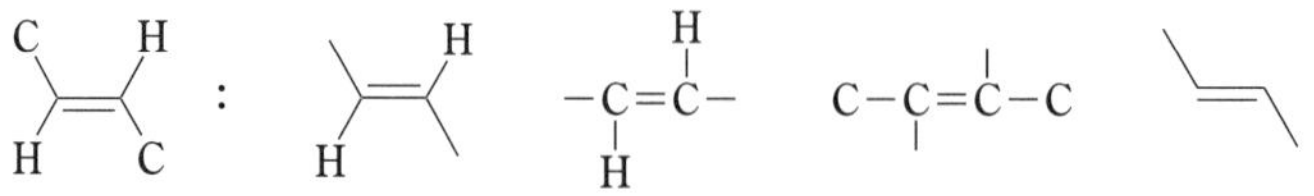

6章 芳香族炭化水素とその化合物

📖 p. 152〜167

芳香族炭化水素は，脂肪族炭化水素（アルカン，アルケンなど）と異なる，ベンゼン C_6H_6 を代表とする環状不飽和炭化水素の一群である．油の一種であり，水に溶けにくい．二重結合の反応性はアルケンと異なり，付加反応ではなく，置換反応が起こりやすい．ベンゼン環は酸化されにくい．ベンゼンの H の 2 個を置換基に置き換えたものには *o*-(オルト)，*m*-(メタ)，*p*-(パラ)（1,2-，1,3-，1,4-）の位置異性体が存在する．

問題 6-1　安息香酸（一番簡単な芳香族カルボン酸），ベンズアルデヒド（一番簡単な芳香族アルデヒド），スチレン（一番簡単な芳香族アルケン）の構造式を，C，H を省略しないで書け．

問題 6-2

(1)　*m*-ジクロロベンゼン，*p*-クロロフェノール，2,4,6-トリニトロトルエン[a] の構造式を書け．

(2)　ピクリン酸とメシチレンの IUPAC 規則名を述べよ．

ヒント：トルエンとはメチルベンゼン（ベンゼン C_6H_6 の H の 1 つをメチル基に置き換えたもの）のこと，ニトロとはニトロ基，$-NO_2$ のことである．トリニトロトルエン（TNT）は核爆弾以外の爆薬で最強の TNT 火薬の主成分．ピクリン酸は 2,4,6-トリニトロトルエンのメチル基をヒドロキシ基に変えたものであり，腎炎の検査目的に行われる尿中クレアチニンの比色分析などに用いられる．メシチレンはベンゼン核の水素原子を 1 つおきに 3 個メチル基で置換したもの $C_6H_3(CH_3)_3$ である．

答 6-1　まず，示性式を書く．安息香酸は一番簡単な芳香族カルボン酸だから，ベンゼン環に $-COOH$ 基が 1 個結合したもの（C_6H_6 の H の 1 つ（H_6 のどれでもよい）を $-COOH$ で置換したもの）．ベンズアルデヒドはベンゼン環に $-CHO$ 基が 1 個結合したもの，スチレンはベンゼン環に二重結合 $-CH=CH_2$ が 1 個結合したもの．よって，示性式と C，H を省略しない構造式，線描構造式はそれぞれ次のようになる．

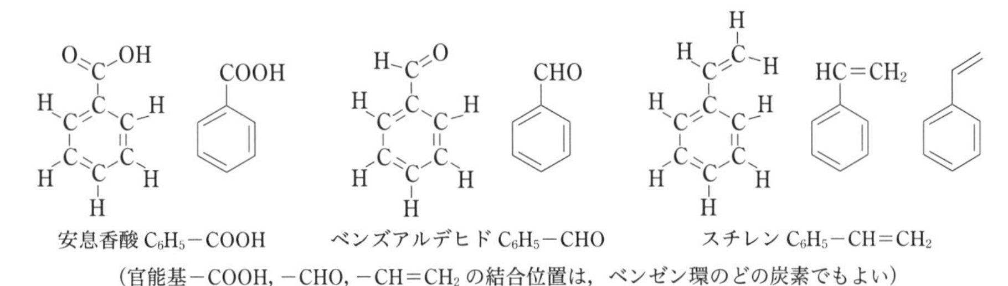

安息香酸 C_6H_5-COOH　　ベンズアルデヒド C_6H_5-CHO　　スチレン $C_6H_5-CH=CH_2$

（官能基 $-COOH$，$-CHO$，$-CH=CH_2$ の結合位置は，ベンゼン環のどの炭素でもよい）

答 6-2　名称のとおりに書く（*o*, *m*, *p*-，2,4,6-などの意味は本ページ冒頭を見よ，📖 p. 156 参照）．

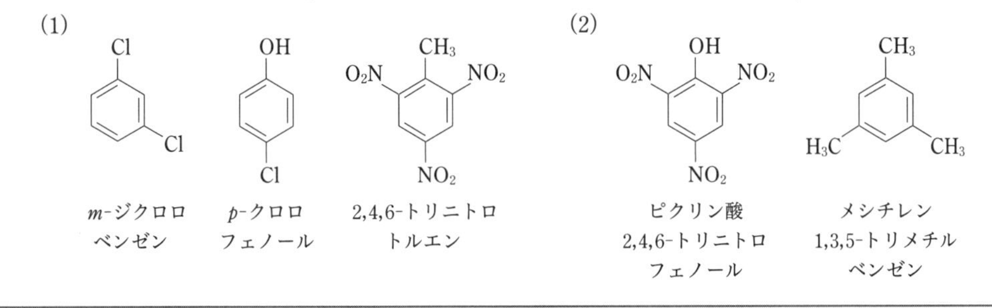

m-ジクロロベンゼン　　*p*-クロロフェノール　　2,4,6-トリニトロトルエン　　ピクリン酸 2,4,6-トリニトロフェノール　　メシチレン 1,3,5-トリメチルベンゼン

Question

・答 6-2(1) でベンゼンは C_6H_6 でフェノールは C_6H_5OH なのにどちらも で表すのはなぜ？：

両方を  で表してはいない．ベンゼンは線描の構造式では  と書くが，フェノールは OH と書く．フェニル基（ベンゼン C_6H_6 の H を 1 個取り外して C_6H_5- としたもの）の構造式を略さないで書けば 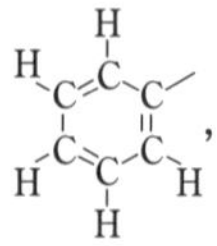 ，この C と H を省略して 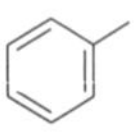 と書いている．フェノール OH ，C_6H_5-OH の 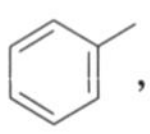 ，C_6H_5-，Ph−もフェニル基（ベンゼン環）の意味であり，他とつなぐことができる手（線・価標）が 1 本出ているところがベンゼンとは異なる．この線描の構造式，または示性式で示せば，OH 以外，手が 1 本出ているところ以外は当然ながら両者で同じものになる．なお，手を示す線・価標はどの炭素位置に書いてもよい．ベンゼンを，上記のフェノールの線描構造式に対応させて， H と書くこともある．

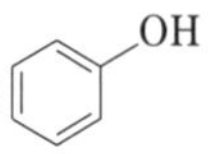

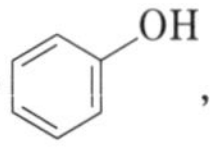

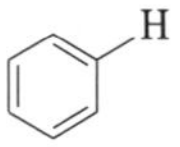

・ジクロロベンゼンの Cl はどこについてもよいの？： *m*-と書いてあるので，*m*-にすれば（2 つの Cl が C に結合するとき，C を 1 つおきでつなげば），どこにつけてもよい．以下はすべて同一物である（左側の構造式から右回りに 60° ずつ順次回転してみよ）．

構造式

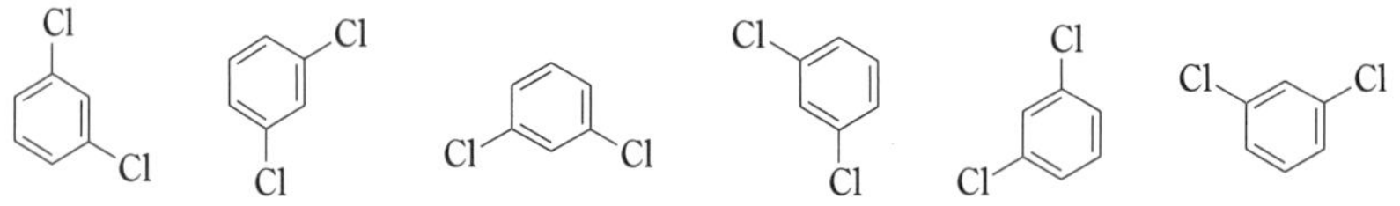

・ニトロがわからない： ニトロ基 $-NO_2$ のこと（生物系の専門分野ではめったに出てこない）．問題のヒントおよび 📖 p.155 に書いてある．わからなければ，教科書を読み直すこと．知らないことが，学ばないでわかるはずがない．教科書以上に詳しく知りたければ，国語辞典や，図書館で化学大辞典などを自分で調べること．

・なぜ，左側の NO_2 が O_2N と逆になるの？： NO_2 は N 原子で C 原子に結合しているので $C-NO_2$，O_2N-C と書く．NO_2-C とは書かない．また，エタノール $\begin{array}{c}\ \ \ \ H\ \ H\\ H-C-C-OH\\ \ \ \ \ H\ \ H\end{array}$ の OH 基を左側につけるときに $\begin{array}{c}\ \ \ \ \ \ \ H\ \ H\\ OH-C-C-H\\ \ \ \ \ \ \ \ H\ \ H\end{array}$ とは書かない．必ず $\begin{array}{c}\ \ \ \ \ \ H\ \ H\\ HO-C-C-H\\ \ \ \ \ \ \ H\ \ H\end{array}$ と書く．その理由は，OH−C と書くと，H と C が結合していると思われるから．C には O が結合しているので，HO−C−（H−O−C−・・・）と，結合している原子同士を線（価標）でつないで書くのが約束である．R−COOH も，逆向きに書く場合は COOH−R ではなく，HOOC−R のように，R と C をつなぐ．p.27 の囲みも参照のこと．

・IUPAC 名（規則名）がよくわからない： 答を見て納得いかなければ，📖 p.154〜156 を読んで考えよ．まずは教科書の置換命名法をよく読むこと．わかろうと思わなければわかるはずがない！

・フェノールは Ph−OH でないといけないのか？ C_6H_5-OH， −OH ではだめか？： どちらでも OK．これらのどの書き方であっても，フェノールであることがわかること．

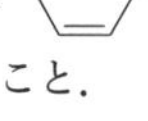

問題 6-3　次のフェノール・ポリフェノール化合物の構造式を書け．

① *o*-クレゾール（2-メチルフェノール，*o*-ヒドロキシメチルベンゼン）はフェノールの親戚であり，消毒剤に使用されている．

② ピロカテコール・カテコール（1, 2-ジヒドロキシベンゼン，*o*-ジヒドロキシベンゼン），酸化されやすい．

③ ピロガロール（1, 2, 3-トリヒドロキシベンゼン），同上．

④ ドーパミン（生理活性なカテコールアミンの1つ．1, 2-ジヒドロキシ-4-アミノエチルベンゼン．神経伝達物質）

⑤ 右のカテキンの構造式をC，Hを省略せずに書け．

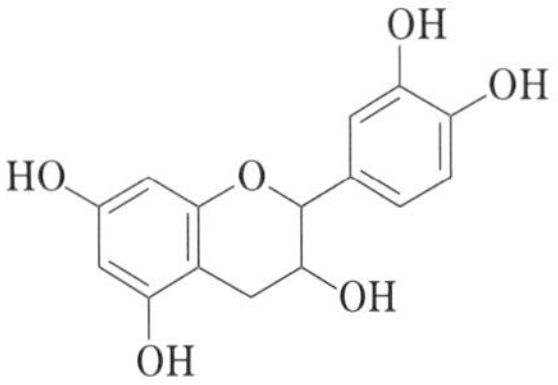

答 6-3

構造式は，問題文の（　）内に書いてある名称どおりに書く．① は2-メチルフェノール・*o*-ヒドロキシメチルベンゼン．*o*-（オルト）なので－OHと－CH_3がベンゼン環の隣同士にある．この条件さえ満たせば，ベンゼン環のどの炭素に結合してもよい．他の化合物も同様（p.113，114のジクロロベンゼンの説明を参照）．

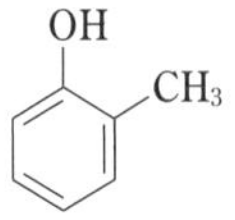

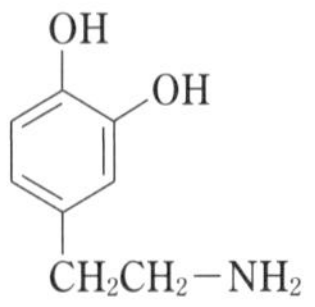

⑤ カテキンの省略しない構造式

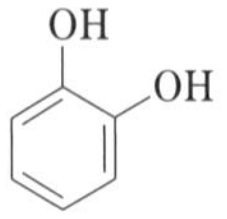

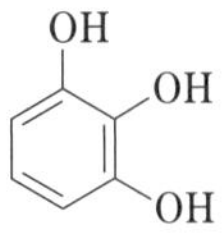

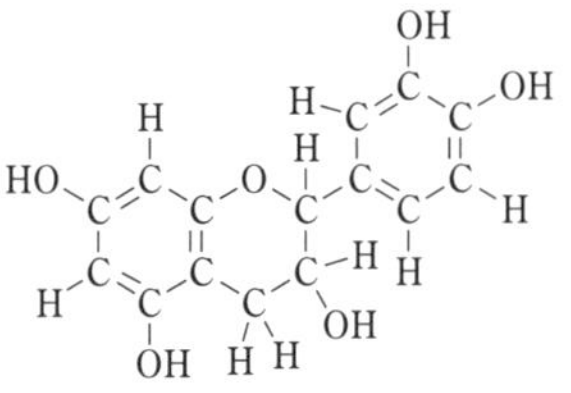

Question

・**④ドーパミンの構造，1, 2-ジヒドロキシ-4-アミノエチルベンゼンのアミノエチルの意味がわからない．なぜ，アミノ基がCH_2CH_2の後に続くの？　また，エチルアミノとどう違うの？　アミノエチルはアミノ基がベンゼン環に付くのか，エチル基が付くのか，どう判断するの？**：　アミノエチルベンゼン（エチルベンゼンが大もと，このエチル基にアミノ基が付いているのがアミノエチルベンゼンである）だから，$C_6H_5-CH_2CH_2-NH_2$．エチルアミノベンゼンなら，アミノベンゼンのアミノ基にエチル基が付いた化合物になる．つまり，$C_6H_5-NH-C_2H_5$（*N*-エチルアミノベンゼン，*N*-エチルベンゼンアミン）．アミノエチルはエチル基に－NH_2が結合したもの（アミノ基が結合したエチル基）．

・**ドーパミンだからアミン．よって，アミンを残すためにエチル基側のHが取れてベンゼン環と結合したということ？**：　そう考えても悪くないが，エチルアミノベンゼン（*N*-エチルアミノベンゼン，*N*-エチルベンゼンアミン）も（第二級）アミンである（アミノエチルベンゼンは第一級アミン）．

・**ベンゼンの構造式：共鳴（📖 p.159, 160）が，何度読んでもピンとくるものがなく，わからない**：口頭の説明なしでは難しいかもしれない．答6-5，答6-6の説明も参考のこと．

問題 6-4　フェニルケトン尿症[a] に関わる以下の物質について答えよ．

(1)　フェニルアラニンとチロシンの構造式（または示性式）を書け．

ヒント：アラニンはアミノ酸の<u>側鎖</u>がメチル基である α-アミノ酸である（一般式は $RCH(NH_2)COOH$，p.27，44，62；📖 p.129）．

フェニルアラニン（必須アミノ酸の 1 つ）：アラニンの側鎖のメチル基の水素原子の 1 つがフェニル基 C_6H_5- ⌬— に置換されたもの．

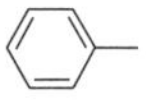

チロシン：このフェニル基のパラ位（4-の位置）の水素原子がヒドロキシ基に置き換わったもの（フェノールの一種）．

(2)　フェニルピルビン酸の構造式（示性式）を書け．また，これをフェニルケトンとよぶ理由を述べよ．

ヒント：フェニルピルビン酸はピルビン酸のメチル基の H の 1 つをフェニル基に置き換えたものである．なお，ピルビン酸は α-ケトプロパン酸（2-オキソプロパン酸）のことである．

(3)　フェニルピルビン酸を還元（水素付加）するとフェニル乳酸となる．構造式を示せ．

a) フェニルケトン尿症は遺伝性のアミノ酸代謝障害の 1 つ．フェニルアラニンをチロシンへ変換する酵素の欠損が原因．血液や脳にフェニルアラニンが蓄積し，尿にフェニルピルビン酸を排出．生後，頭髪や皮膚の色素減少が見られ，知的障害をきたす．フェニルアラニンを含まない食事をする必要があり，これは管理栄養士の出番である．

答 6-4

(1) 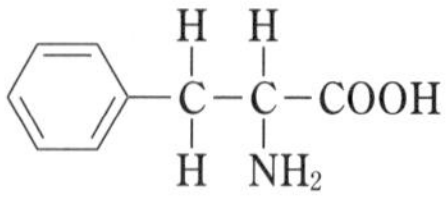 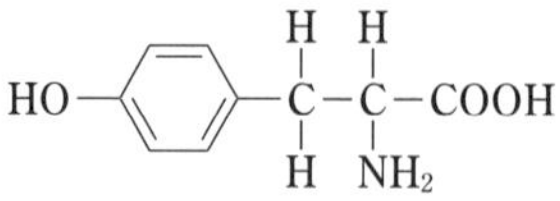　⌬—C(H)(H)—C(H)(NH₂)—COOH　フェニルアラニン

HO—⌬—C(H)(H)—C(H)(NH₂)—COOH　チロシン　$(HO-C_6H_4-CH_2-CH(NH_2)-COOH)$

α-アミノ酸の一般式は，$R-CH(NH_2)-COOH$．R−がメチル基 CH_3- のものがアラニンなので，アラニンは $CH_3-CH(NH_2)-COOH$．アラニン H−C(H)(H)−C(H)(NH₂)−COOH の CH_3- の H をフェニル基 C_6H_5- ⌬— に置き換えたものがフェニルアラニン．また，チロシンはこのフェニル基の 4-(*p*-, パラ）の位置にヒドロキシ基 −OH が付いたもの（それぞれ上の構造式参照）．

(2) 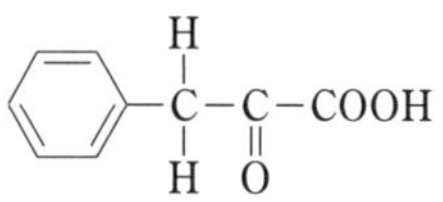　⌬—C(H)(H)—C(=O)—COOH（フェニルピルビン酸）は $C-C(=O)-COOH$ とケトン $C-C(=O)-C$ の形をしている．ピルビン酸は α-ケトプロパン酸[b]（2-オキソプロパン酸，オキソとは $-C(=O)-$）のことだから $CH_3-C(=O)-COOH$．

フェニルピルビン酸は，フェニルアラニン（答(1) の構造式）と同様に，ピルビン酸の CH_3- の H の 1 つをフェニル基 C_6H_5- に置き換えたものである．

b) α-ケト酸とは，α 炭素（−COOH が結合した炭素，p.81）が CO，つまり C−CO−C(OOH) と，ケトンの形になったカルボン酸のことである．

(3) 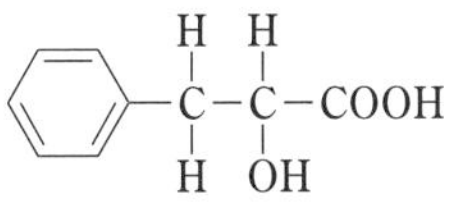 $C_6H_5-CH_2-CH(OH)-COOH$（フェニル乳酸）

乳酸はピルビン酸 $CH_3-C(=O)-COOH$ を還元（水素付加）したものなので，$CH_3-CH(OH)-COOH$.

（カルボニル基の還元：$C-C(=O)-C$ の二重結合に2個のHを付加すると（$C-C(-O-)-C + 2H$）→ $C-CH(-O-H)-C$,

第二級アルコールとなる（アルデヒド基 $-C(=O)-H$ は同様にして，第一級アルコール $-CH(OH)-H$ となる）.

Question

・フェニルピルビン酸が還元される際に，$C_6H_5-CH_2-\underset{①}{C}(=O)-\underset{②}{C}(=O)-O-H$ のように，分子中には2個のCO基があるのに，どうして①の方に水素が結合するのかわからない：　①はケトン基，②はカルボキシ基．ケトンはアルコールに還元されると学んだ．第二級アルコールが酸化されてケトンになる，その逆反応である．カルボキシ基はケトンほど容易には還元されない．

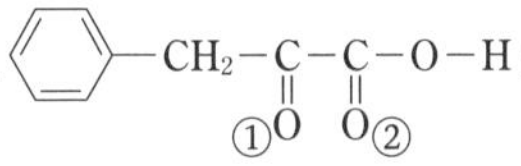

問題 6-5　① アセチルサリチル酸（商品名アスピリン，解熱鎮痛剤・風薬・抗炎症剤[c]），② サリチル酸メチル（サロメチール・鎮痛消炎剤の成分），③ アセトアニリド（解熱鎮痛剤，医薬・染料の原料）の構造式を示せ．

ヒント：サリチル酸は2-ヒドロキシベンゼンカルボン酸（*o*-フェノールカルボン酸）である（*o*-，オルト，p.113；📖 p.156）．アセチルサリチル酸は，化合物名の最後に“酸”とあるので，酸であると同時に，この化合物の酸のもとであるCOOH基以外の，どこかがアセチル化されたものである（アセチル基とは？）．サリチル酸メチルはサリチル酸のメチルエステル（メタノールとの反応生成物）であり，アセチルサリチル酸と異なり，COOH基はもはや存在していない，酸ではない．○○酸△△は化合物名の最後が“酸”ではないので，この化合物は酸ではない（エステルである）．アセトアニリドはアニリン（ベンゼンアミン，アミノベンゼン）のアミノ基のHの1つがアセチル基となったアミドの一種である．

c)　これらの効果は体内におけるプロスタグランジン（p.109；📖 p.146）の生産を阻害するはたらきに基づく．

答 6-5 ①

$-OH$ 基のアセチル化反応：アセチル基（酢酸のアシル基，$CH_3-\underset{\|}{\overset{}{C}}(=O)-H$）

カルボン酸とフェノール OH（アルコールの親戚）がエステル化とする．

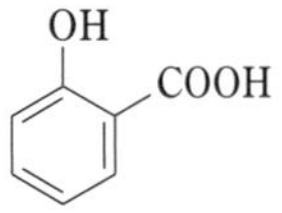

$-OH$ の H をアセチル基 $H_3C-C(=O)-$ に換える．
（$-OH$ 基のアセチル化）

$CH_3-CO-OH + H-O-C_6H_4COOH \rightarrow$ （アセチルサリチル酸）

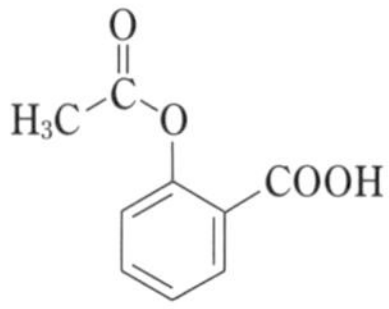

間違いの例

・（OH, COOH の構造式）→ ベンゼン環と OH が H でつながっているはずがない！
ベンゼン環と OH は，当然，$-O-H$ の $-O$ でつながっている．→（正しい構造式）
そのように構造式を書くべきである．

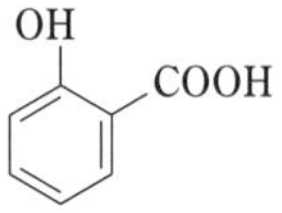

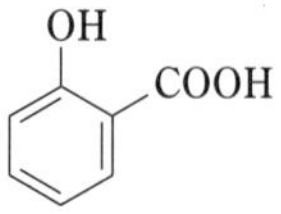

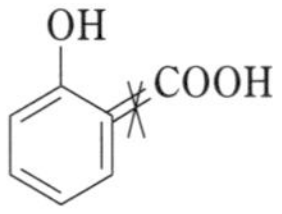

・（OH, COOH の構造式）→ ベンゼン環と COOH の結合が二重結合のはずがない！
COOH は $-COOH$（$-C(=O)-O-H$）である．→（正しい構造式）
（$-C$ のように COOH は手が 1 本出ているだけ！）

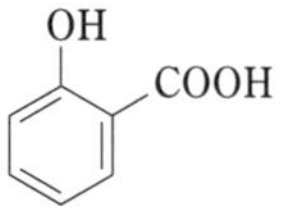

Question

・アセチル基は $CH_3-C(=O)-$ なのにアセチルサリチル酸は何で O はくっついたままなの？： 反応式を考えよ．フェノール$-O-H$ の H と酢酸（$CH_3-C(=O)-OH$）の $-OH$ から，$-H_2O$ 水分子が取れた（脱水）．フェノール$-OH$ の H と酢酸の $-OH$ が取れて，互いにくっついた（フェノール $-O-H$ の $-H$ がアセチル基 CH_3-CO- で置換された）．また，アセチルサリチル酸だから"酸"，つまり $-COOH$ が残っているはずである．

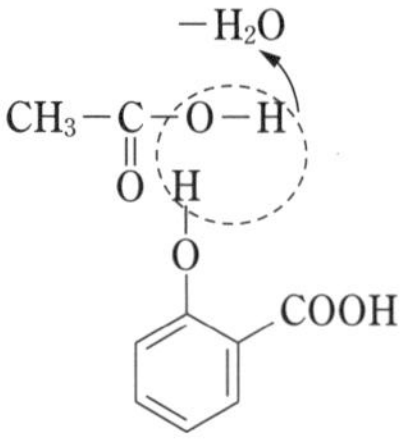

（図：$CH_3-C(=O)-O-H$ と $H-O-C_6H_4COOH$ から $-H_2O$）

答 6-5 ②

エステル化反応（脱水縮合）： $R-C(=O)-OH + H-O-R' \longrightarrow R-CO-OR' + H_2O$
これが H_2O として取れて残りがつながったもの（脱水縮合）．

カルボン酸とアルコールの反応

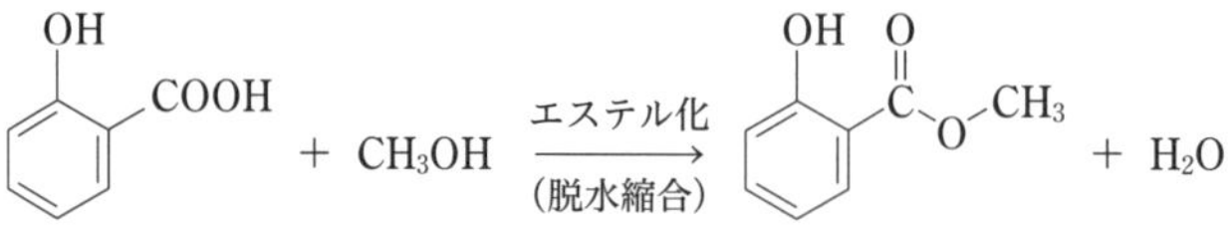

（サリチル酸）$+ CH_3OH \xrightarrow[\text{（脱水縮合）}]{\text{エステル化}}$（サリチル酸メチル）$+ H_2O$

解　説：サリチル酸メチル → これは酸ではない「○○メチル」なので，$-COOH$ は残っていない．実際，この名前はエステルを意味するので，（$H-O$，$C(=O)-O-CH_3$ の構造式），（OH，$COOCH_3$ の構造式）である．

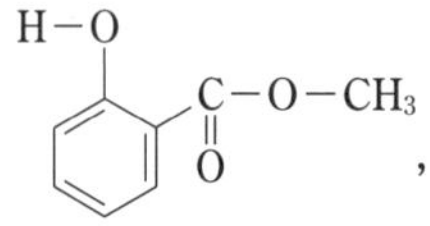

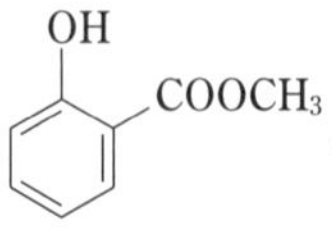

○○酸メチル：○○酸$-COOH$ の H をメチル基$-CH_3$ に換えた形になっている．そういう名称．

Question

・$-\underset{\|}{\overset{}{C}}-O-CH_3$ がよくわからない：　$-C(=O)-[O-H + H]-O-CH_3$（メタノール）の単なるエステル化である．

CH_3-O-H を逆向きに書くと $H-O-CH_3$ となる．R−CO−O−R′．p.50（📖 p.94〜104）でエステルのでき方をしっかりと復習すること．

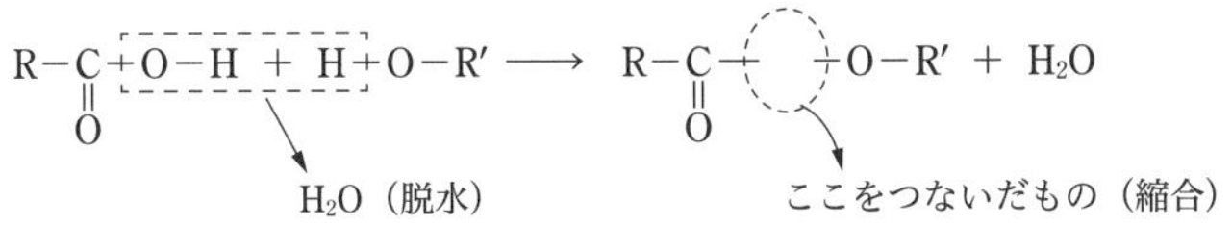

$$R-C(=O)-[O-H + H]-O-R' \longrightarrow R-C(=O)-O-R' + H_2O$$

H_2O（脱水）　　ここをつないだもの（縮合）

答 6-5 ③

アミドの生成反応：アミンとカルボン酸（酢酸）の間で脱水縮合反応，アミド生成がおこる．

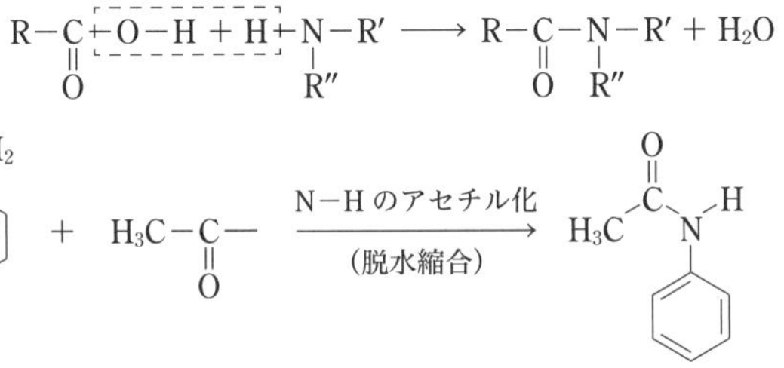

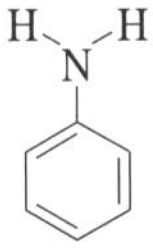

$$R-C(=O)-[O-H + H]-N(R'')-R' \longrightarrow R-C(=O)-N(R'')-R' + H_2O$$

$$C_6H_5NH_2 + H_3C-C(=O)- \xrightarrow[\text{（脱水縮合）}]{\text{N−Hのアセチル化}} H_3C-C(=O)-N(H)-C_6H_5$$

$C_6H_5-NH_2$ の $-N(H)-H$ の −H の1つがアセチル基に置き換わったもの（アミド結合形成）

Question

・アセトアニリド $CH_3-C(=O)-N(H)-C_6H_5$ を $CH_3-C(=O)-NH-C_6H_5$ とするのは間違いか？：　正しい．

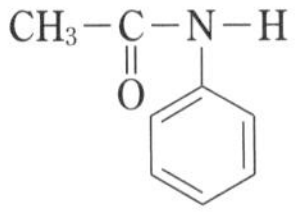

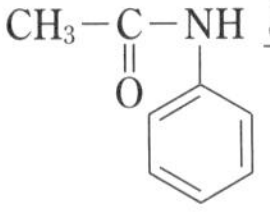

問題 6-6　フェノール C_6H_5OH はアルコールと異なり，−OH 基が解離して H^+ を放出する．酸としてふるまう．理由を共鳴構造式を用いて説明せよ．

答 6-6

フェノールは酸としての性質をもつ．ヒドロキシ基の O 原子上の非共有電子対とベンゼン環の二重結合（π）電子系とが共鳴することにより（下図，↔ で表した式），O 原子上の非共有電子対の密度が減少し，O 原子が電子不足（極限状態では $O^{\oplus}$）となる．そこで，O 原子が，O−H 結合の H の共有結合電子（σ結合電子）を O 側に引き付ける（引き抜く）．その結果，フェノールは O−H 結合が切れて，$H^{\oplus}$ を放出し，フェノキシドイオン $C_6H_5O^-$ となる（下図の最右の構造式）．

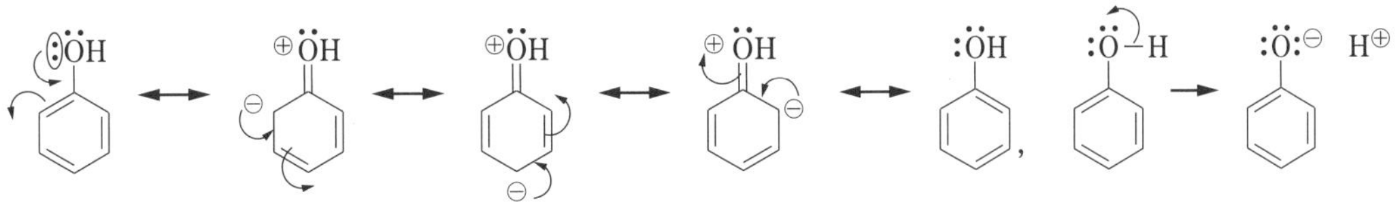

$$C_6H_5\ddot{O}H \longleftrightarrow {}^{\oplus}\ddot{O}H \longleftrightarrow {}^{\oplus}\ddot{O}H \longleftrightarrow {}^{\oplus}\ddot{O}H \longleftrightarrow :\ddot{O}H,\quad :\ddot{O}-H \longrightarrow :\ddot{O}:^{\ominus}\ H^{\oplus}$$

Question

・<u>図の意味がわからない</u>： 口頭の説明なしには難しいかもしれない．二重結合の2つの結合は，分子の骨組みをつくるσ（シグマ）結合と，手が余ったので仕方なくつないだπ（パイ）結合の2種類によりできている．σ結合は簡単には変化しないが，π結合をつくっている電子対は，動きやすいふらふらした浮気電子である．ベンゼン環の結合に沿ってこのπ電子対が動き回ると（矢印），答6-6のような4つの状態を瞬時にとることになるので，フェノールはこの4つの構造を平均した性質をもつ．つまり，O−HのO原子は$O^{\oplus}$の性質をもち電子不足となる．すると，OはO−H結合（O：H）の共有電子対を構成するHの電子を奪い取ろうとする．奪い取られればO−H結合は切断されることになる（$-O^{\delta+}-H \rightarrow -O^{\ominus}+H^{\oplus}$）．よって，$H^+$がとれやすくなる（フェノールは弱い酸としてふるまう・H^+を放出してフェノキシドイオン$C_6H_5-O^{\ominus}$となる）[a]．

a) 📖 p.160に，電子式（ルイス構造）を用いたベンゼンの共鳴に関する説明がある．電子式を見ないと，また，このような考え方に慣れないと，ここの説明は理解できないかもしれない．

問題 6-7 アニリン$C_6H_5NH_2$の塩基としての強さは脂肪族アミンと比べて強いか，弱いか．また，その理由を共鳴構造式を用いて説明せよ．

答 6-7

アニリンの塩基としての強さは脂肪族アミンより弱い．その理由は，アミノ基のN原子上の非共有電子対とベンゼン環の二重結合（π）電子系とが共鳴することにより（電子の瞬時の移動を ←→ で表す，📖 p.160），N原子上の非共有電子対 $\ddot{N}$ の密度が減少するためである．

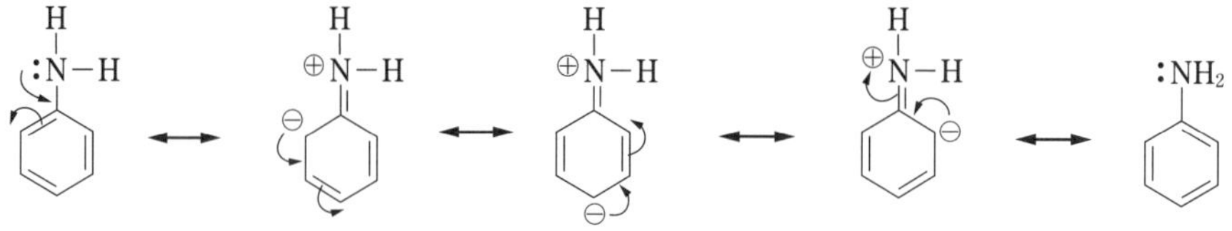

答6-6で説明したように，二重結合のπ電子は動きやすい．そこで，ベンゼン環のように二重結合が1つおきにつながっていると，π電子は分子の中を矢印で示したように動き回ることができる．その結果，上式のように，アミノ基$-NH_2$のN原子上には瞬間的に⊕の電荷が生じる．つまり，$-NH_2$のNは電子不足となるために，$-NH_2$のN原子上の非共有原子対 $\ddot{N}$ は，N原子核に強く引きつけられ，N原子の塩基性（H^+をくっつける力，受け取る力，H^+に配位結合する力，H^+に電子を与える力）は弱くなる．

問題 6-8 ナフタレン$C_{10}H_8$の構造式を，C，Hを省略せずに書け．

（ベンゼン環が2つ以上縮合したもの・くっついたものを<u>縮合芳香環</u>という）

ナフタレン$C_{10}H_8$の線描構造式： 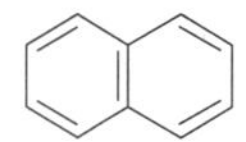 または 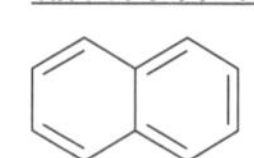 または 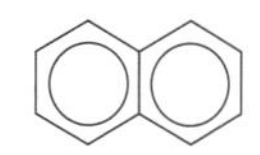

問題 6-9 以下の①〜⑤はピリジン[b] C_5H_5N, 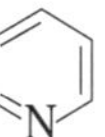

を母核とするビタミンB群の化合物である．下記の名称・説明をもとに，①〜⑤の構造式を書け（分子式中の置換基の位置番号はN原子を1として表す）．

b) ピリジンのようにN，O，Sなどを環中に含む芳香族化合物の親戚を<u>複素環式芳香族化合物</u>という．

(1) ナイアシン：① ニコチン酸と ② ニコチン酸アミドの総称．

ニコチン酸は3-ピリジンカルボン酸（ピリジン-3-カルボン酸，カルボキシをもつ），ニコチン酸アミドはこのカルボン酸 $-COOH$ がアミド $-CO-N<$，$-CONH-$ となったものである．NADH，NADPH，NAD^+，$NADP^+$ の形で水素の与奪体（供与体，奪取体）として酸化還元反応の補酵素のはたらきをする（生化学で学習）．

(2) ビタミン B_6[c)]：③ ピリドキシン，④ ピリドキサール，⑤ ピリドキサミンとそれらのリン酸エステルの総称．

③は2-メチル-3-ヒドロキシ-4,5-ジ（ヒドロキシメチル）ピリジンである．また，④○○サールは○○アール（al）だからアルデヒド基（ホルミル基）を含む．4-の位置が4-ホルミル[d)]となっている以外は③と同じ．⑤は名称○○サミンからわかるようにアミノ基をもっており，4-アミノメチル以外は③と同じである．

c) ビタミン B_6 はアミノ酸代謝におけるアミノ基転移（$-NH_2$ を別の分子へ移動させる），脱炭酸（$C-COOH \longrightarrow C-H+CO_2$），分解，置換反応などの補酵素（酵素のはたらきを助ける物質）としてはたらく．

d) ホルミル基はアルデヒド基 $-CHO$ と同じ（📖 p.113）．ギ酸 HCOOH のアシル基，つまり，$HCO-OH$ の $HCO-$ 部分（$H-CO-$，$-CHO$）のことである．

答 6-8

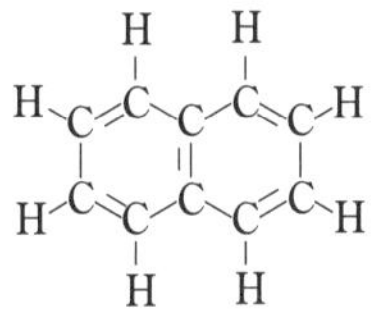

（ナフタレンの構造式：H，C の骨格）

ベンゼン環やナフタレン環のような芳香族炭化水素の環から水素原子1個を除いた残りの原子団（フェニル基，ナフチル基など）の総称をアリール基（aryl group）という．脂肪族炭化水素アルカンから水素原子1個を除いた残りの原子団（メチル基，エチル基など）の総称であるアルキル基に対応する．なお，$CH_2=CH-CH_2-$ をアリル基（allyl group；硫化アリルなど），$CH_2=CH-$ をビニル基という（塩化ビニルなど）．

答 6-9(1)

① （ピリジン環の3位に COOH；環の位置番号 N 1, 2, 3）

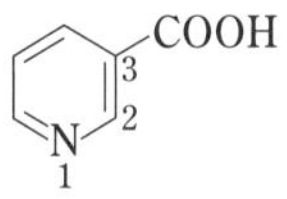

② （ピリジン環の3位に $CONH_2$） $\longrightarrow$ $-\underset{\underset{O}{\|}}{C}-NH_2$

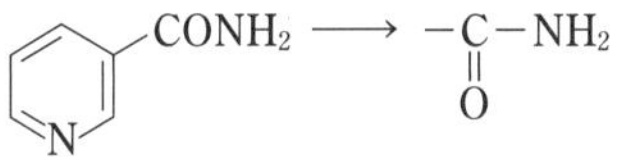

【補足 1】 アミドのでき方：$-\underset{\underset{O}{\|}}{C}-O-H+H-\underset{\underset{H}{|}}{N}-H \xrightarrow[-H_2O]{} \underset{\underset{O}{\|}}{C}-\underset{\underset{H}{|}}{N}-H$（縮合）　脱水する

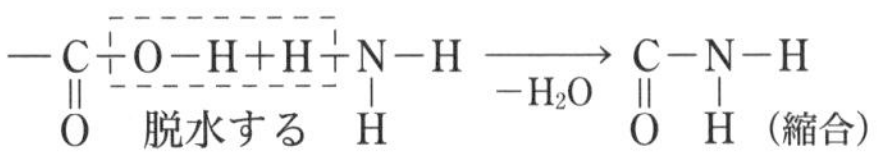

【補足 2】 ニコチン酸アミドからなる NAD^+（酸化剤・脱水素剤），NADH（還元剤・水素供与剤）のはたらき（基質）．NADH の分子全体の構造は📖 p.186 参照❢．

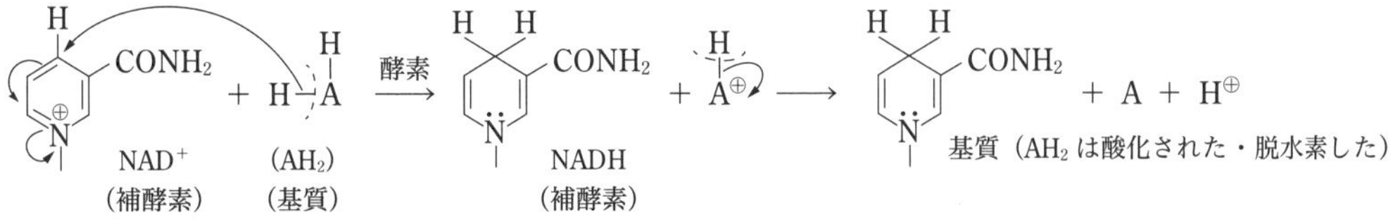

NAD^+（補酵素） + $H-A$（AH_2）（基質）の H $\xrightarrow{\text{酵素}}$ NADH（補酵素） + $A^{\oplus}$ の H $\longrightarrow$ （NADH の構造） + A + $H^{\oplus}$

基質（AH_2 は酸化された・脱水素した）

$$\underset{\text{（補酵素）}}{NADH} + H^{\oplus} + \underset{\text{（基質）}}{B} \xrightarrow{\text{酵素}} \underset{\text{（補酵素）}}{NAD^+} + BH_2$$（上式の逆反応）

B は還元された（水素が付加した）

NAD$^{\oplus}$（酸化剤・脱水素剤：AH_2 から $H^{\ominus}$（H：）を奪って NADH となり（NAD$^{\oplus}$ + H−A−H ⟶ NADH + H−A$^{\oplus}$ ⟶ NADH + H$^{\oplus}$ + A)，残った H−A$^{\oplus}$の A$^{\oplus}$ は H−A の共有電子対を引抜き A となり H$^{\oplus}$ を溶液中に放出する．

$$NAD^{\oplus} + 2H\ (H^{\ominus} + H^{\oplus}) \longrightarrow NADH + H^{\oplus},\ \text{または}\ \ NAD^{\oplus} + AH_2 \longrightarrow NADH + H^{\oplus} + A$$

NADH（還元剤・水素供与剤：NADH が H 原子 1 個と電子 1 個（または $H^{\ominus}$）を放出して NAD$^{\oplus}$ となり，溶液中の H$^{\oplus}$ がこの電子 1 個を得て H 原子となる．つまり，NADH は合わせて 2 H を放出したことになる．

$$NADH + H^{\oplus} \longrightarrow NAD^{\oplus} + 2H\ \ \text{または}\ \ NADH + H^{\oplus} + B \longrightarrow NAD^{\oplus} + BH_2$$

［−2H　酸化された（脱水素された，H の 2 個を放出した）　+2H　還元された（H の 2 個を得た）］

答 6-9（2）

③ 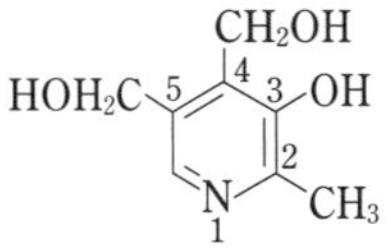

ピリドキシン
（アルコール）

④ 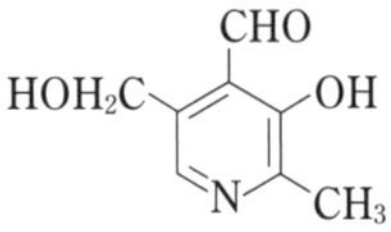

ピリドキサール
（アルデヒド）

⑤ 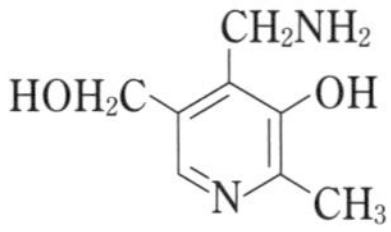

ピリドキサミン
（アミン）

Question

・ピリドキシン：2-メチル-3-ヒドロキシ-4, 5-ヒドロキシメチルピリジンのヒドロキシメチルがわからない：　ヒドロキシ基が付いたメチル基という意味なので，

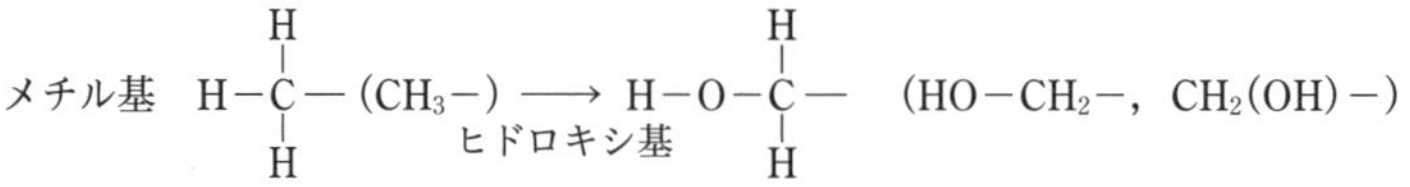

メチル基 CH_3− の 3 個の −H の 1 つを，ヒドロキシ基−OH で置き換えたものである．

ピリジン環の番号付けは，N を 1 番目として，あとは置換基の番号が小さい値になるように，環に沿って右回りに環を構成する炭素に番号付けするか，左回りに番号付けするかを決める．実際のところ，

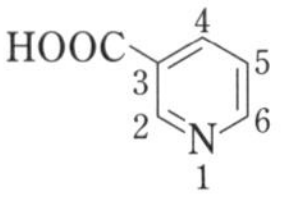 と 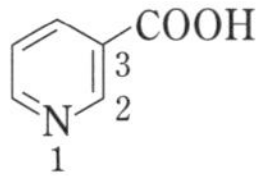 は同じである（分子を裏表にするだけ．分子模型を思い出すこと）．

核酸塩基：ピリミジン塩基とプリン塩基，DNA・RNA の構成成分

問題 6-10　下記の核酸塩基の構造式を C，H を省略せずに記せ．

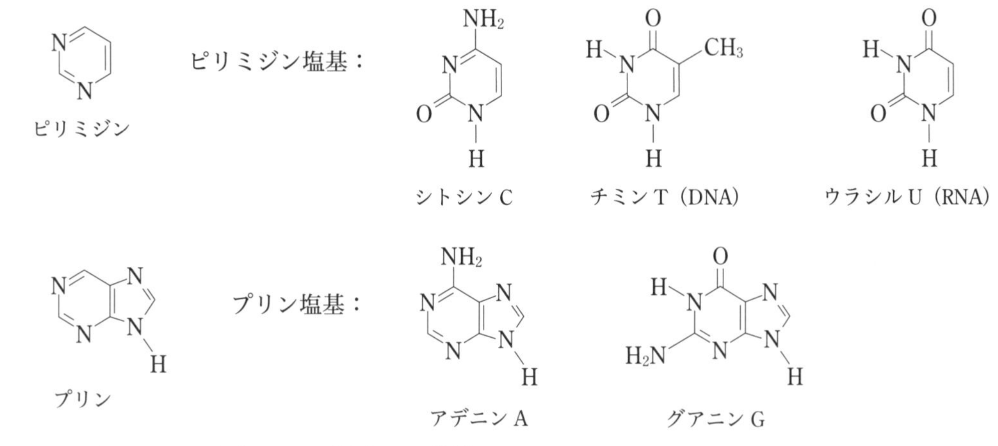

ピリミジンとイミダゾールとが結合した構造．

問題 6-11　📖 p.152，153 のまとめを確認せよ．左ページを見て右ページを答えられるようになること（答なし）．

答 6-10

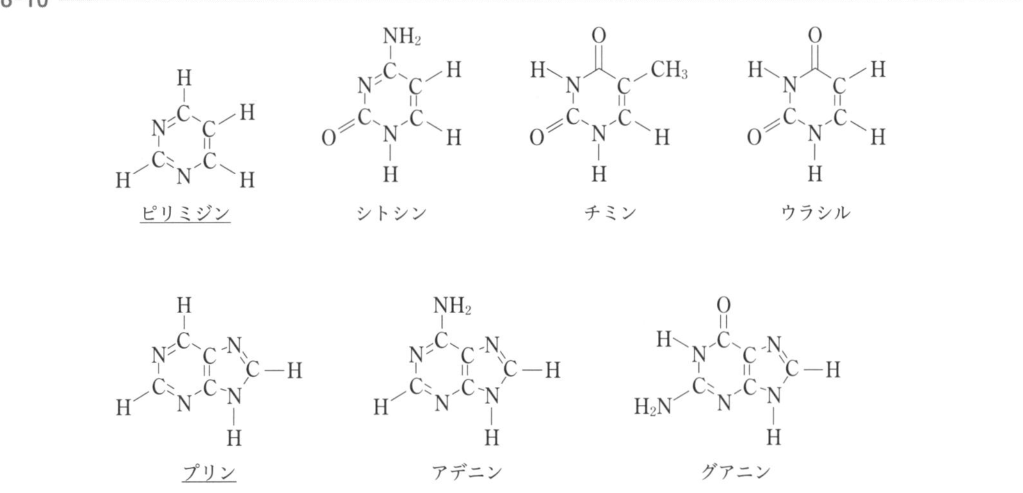

核酸塩基のリボース・デオキシリボース（五炭糖）への結合：*N*-グリコシド結合

これらの塩基がリボースのグリコシル OH（糖の C^1−OH）と *N*-グリコシド結合する（グリコシル C^1−OH の OH と核酸塩基の ＞N−H の H が取れて H_2O を生成するとともに，残った糖の ＞C^1− と核酸塩基の −N＜ が C^1−N＜ のように結合する，p.102，103 ③参照）❢．

（リボース）＞C^1 ┆ OH ＋ H ┆ N＜（核酸塩基）⟶（リボース）＞C^1−N＜（核酸塩基）＋ H_2O

DNA 中の核酸塩基の相補的水素結合形成

DNAのらせん状の二本鎖中で，水素結合する核酸塩基（アデニン，グアニン，シトシン，チミン（RNAではチミンの代わりにウラシル））の互いの相手は，それらの分子構造で自動的に決まっている．相補的とは，互いに補い合う（相補う）こと．プリン塩基（アデニン，グアニン）の１個とピリミジン塩基（シトシン，チミンまたはウラシル）の１個が組み合わさっている．つまり，アデニンとチミン（RNAではアデニンとウラシル），グアニンとシトシンが組み合わさって核酸塩基対を構成している（下図：アデニン（⩾N: と $-NH_2$）とチミン（>N−H と C=O；RNAではウラシル）が２本の水素結合（塩基対）を形成し，グアニン（$-NH_2$，>N−H，C=O）とシトシン（C=O，⩾N:，$-NH_2$）が３本の水素結合で塩基対をつくっている．構造式の全体は 🕮 p.165 参照❢．

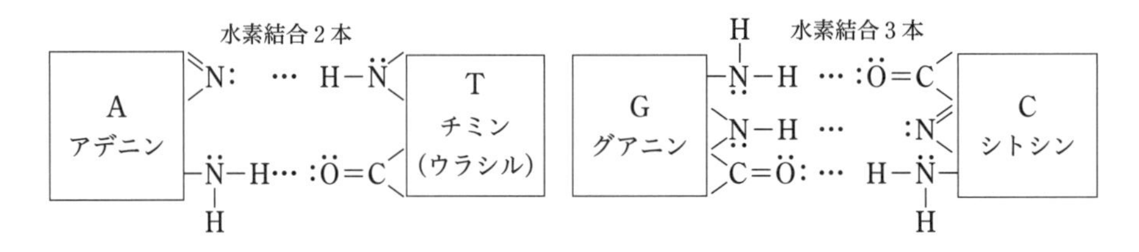

7章 生体物質とのつながり

📖 p.168〜186

アミノ酸・糖と対掌体・鏡像異性体（光学異性体）（📖 p.168, 169）

われわれのからだの右手・左手と同じように，アミノ酸，糖などの分子にも右手・左手が存在する．分子の右手・左手をキラリティー（不斉，ギリシャ語で“手”の意）という．分子中の炭素原子の4本の手に4個とも異なる原子・原子団が結合しているものを不斉炭素（C* で表す）といい，これが不斉，右手・左手分子を生じるもとである．右手・左手のペアを対掌体，これらを鏡像異性体（鏡に映したもの）という．鏡像異性体は光に対する性質（旋光性，次項参照）以外の性質は同じであることから，これらを光学異性体ともいう．右手・左手の鏡像異性体（対掌体）はD（右），L（左）と表示される．

光学活性と偏光・旋光性 （📖 p.169, 170）

問題 7-1 鏡像異性体（光学異性体，対掌体）とは何か？ アミノ酸の一種，アラニン $CH_3CH(NH_2)COOH$ には2種類の異性体がある．これらの構造を区別できるように書き，命名せよ．

答 7-1

鏡像異性体（光学異性体，対掌体）については，本ページ冒頭をまとめよ（次ページの下も参照）．構造式はルール（次ページ）どおりに書く．COOH を上，CH_3 を下，L なら NH_2 を左側，D なら右側に書く．

```
     COOH              COOH
      |                 |
H2N - C* - H      H - C* - NH2
      |                 |
     CH3               CH3
  L-アラニン        D-アラニン
```

L（levo）はギリシャ語で左，D（dextro）は右の意：記憶するためには L を left と思えばよい．

Question

・鏡像異性体の構造式で，NH_2 以外はどこにあっても同じなの？： 書き方のルールはあるが（上の答を見よ），本書では，鏡に映した関係（鏡像）であれば，下記のいずれでもよいこととする．

```
     COOH     ¦      COOH                    COOH
      |       ¦       |                       |
H2N - C* - H  ¦  H - C* - NH2         NH2 - C* - H   は×．H2N-C* とすべき a)．
      |       ¦       |                       |
     CH3      ¦      CH3                     CH3
L-アラニン    ¦    D-アラニン
             鏡

       H          ¦          H                              H
       |          ¦          |                              |
CH3 - C* - COOH   ¦  COOH - C* - CH3   これは×．HOOC - C* - CH3  とすべき a)．
       |          ¦          |                              |
      NH2         ¦         NH2                            NH2
L-                ¦ D-
                 鏡

       H        ¦         H                  H
       |        ¦         |                  |
H2N - C* - CH3  ¦  H3C - C* - NH2  →  CH3 - C* - NH2， CH3- はこれでもよい a)．
       |        ¦         |                  |
     COOH       ¦       COOH               COOH
L-              ¦ D-
               鏡
```

a) 結合している原子同士を H_3C-C, $C-CH_3$, H_2N-C, $C-NH_2$, $HOOC-C$, $C-COOH$ のようにつなぐのが正しい書き方であるが，H_3C-C は例外的に，CH_3-C と書いてもよい．

絶対配置

2つの鏡像異性体（光学異性体・エナンチオマー・対掌体；右手分子，左手分子）の立体構造を絶対構造，この空間配置を<u>絶対配置</u>といい，D（dextro，ギリシャ語で右の意），L（levo，左）で表示する．アミノ酸，糖類の多くに鏡像異性体・対掌体が存在する．これらの分子の鏡像異性体の絶対配置 D，L は下図の<u>グリセルアルデヒド</u>を基準に定義・区別されている．

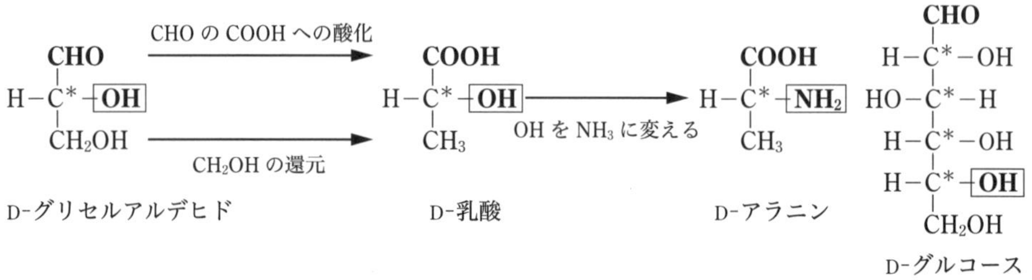

CHO の COOH への酸化

CHO
H−C*−**OH**
CH_2OH

CH_2OH の還元

D-グリセルアルデヒド

COOH
H−C*−**OH**
CH_3

D-乳酸

OH を NH_3 に変える

COOH
H−C*−$\mathbf{NH_2}$
CH_3

D-アラニン

CHO
H−C*−OH
HO−C*−H
H−C*−OH
H−C*−**OH**
CH_2OH

D-グルコース

<u>鏡像異性体の書き方</u>：不斉炭素 C* の正四面体を右図（2），(3) のように置いたもの（(3) は（2）を → の方向から見た構造，C と実線 —— は紙面，◀ は紙面の上の空間，⋯⋯ は紙面の下の空間にあることを意味する）を，そのまま，平面形（4），(5）に書く（フィッシャーの投影式）．<u>CHO を上に向けて</u>，左右の原子・基は紙面の上（H，OH；OH を右に置いた構造を D と定義），上下（CHO，CH_2OH）は紙面の下．

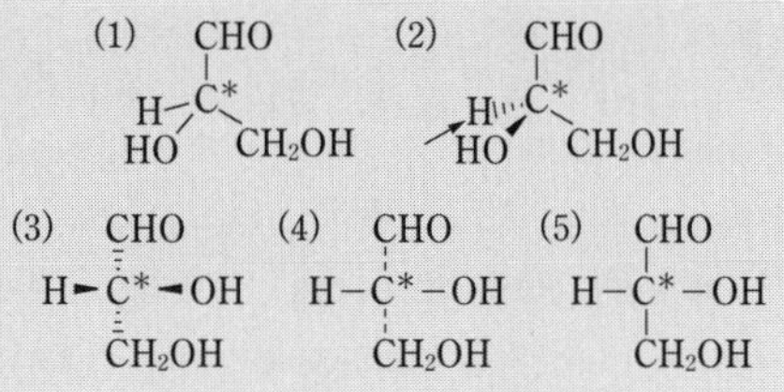

(1) CHO / H−C* / HO　CH_2OH
(2) CHO / H⋯C* / HO　CH_2OH
(3) CHO / H−C*−OH / CH_2OH
(4) CHO / H−C*−OH / CH_2OH
(5) CHO / H−C*−OH / CH_2OH

−OH 基，−NH_2 基が右側にある方を絶対配置 D（dextro，右）とする．絶対配置は光学活性物質の<u>旋光度の右旋性</u>，<u>左旋性</u>とは無関係である（📖 p.170）．糖の絶対配置は一番下の不斉炭素の OH の位置で決める約束である（上図 D-グルコース）．

絶対配置と *R*，*S* 命名法

不斉炭素原子の立体配置を図で示す方法であるフィッシャーの投影式（D，L で区別）に対して，両異性体（の立体配置・絶対配置）を記号で記述・表示する方法として，次の<u>*R*, *S* の立体配置表示法</u>がある．① 不斉（キラル）炭素に結合している 4 つの原子に原子番号の大きい元素から 1→4 の順位をつける．② 同じ原子の場合にはその次の原子の原子番号で順位付けする．③ 二重結合は同じ原子が 2 個付いているものとみなす．④ この 4 番目の原子・最下位の置換基 4 を，車のハンドルに見立ててその軸方向に置き，⑤ ハンドル上の置換基 1，2，3 が右回り・時計回り（<u>***R*** **配置**</u>，*R* はラテン語の *rectus*，英語で right）に並んでいるか，左回り・反時計回り（<u>***S*** **配置**</u>，同 *sinister*）に並んでいるかを判定する．この方式で D-グリセルアルデヒドの立体配置を考えると R（右回り）配置となる（H 原子を奥に置いたときの順位づけは，1. −OH，2. −CH=O，3. −CH_2OH），1→2→3 は右回り，つまり R 配置となる）．

ジアステレオマー

糖など，不斉炭素（p.125 上を参照）が 2 つ以上ある分子の鏡像異性体には，対掌体の関係にないものが存在する．不斉炭素が 2 つある分子では，DD，DL，LD，LL の 4 種類の鏡像異性体が存在する．DD と LL，DL と LD は対掌体（エナンチオマー）だが，DD と DL，LD は対掌体ではない，これらをジアステレオ異性体（ジアステレオマー）という．六炭糖のグルコース，マンノース，ガラクトースがその例．

今まで学んだことの専門分野への応用（📖 p. 171〜186）

以下の問題とその答は教科書の各ページを参照のこと．

問題 7-2	複雑な化合物の見方（果実の香気性物質 12 種類）	📖 p. 171
問題 7-3	4 種類のアミノ酸の規則名，構造式，官能基	📖 p. 171
問題 7-4	リコペン，β カロテンとレチナール，レチノール，レチノイン酸	📖 p. 172
問題 7-5	イソプレン $CH_2=C(CH_3)CH=CH_2$ からのビタミン E のでき方	📖 p. 173
問題 7-6	複雑な化合物の見方（ステロイドホルモン類と胆汁酸）	📖 p. 173
問題 7-7	イソプレン 6 分子からスクワレン，コレステロールのでき方	📖 p. 174
問題 7-8	一次胆汁酸（グリココール酸，タウロコール酸）の構成原料物質	📖 p. 175
問題 7-9	プロビタミン D とビタミン D との関係，官能基の種類	📖 p. 175
問題 7-10	複雑な化合物の見方（アドレナリン，チロキシン）	📖 p. 175
問題 7-11	複雑な化合物の見方（ビタミン B 群：パントテン酸，葉酸）	📖 p. 176
問題 7-12	解糖系に関する化合物の構造式	📖 p. 176
問題 7-13	クエン酸回路の各段階で起こっている反応の種類	📖 p. 177
問題 7-14	脂肪酸の β 酸化の反応過程	📖 p. 181
問題 7-15	生体が NH_3 を無毒化する仕組み	📖 p. 182
問題 7-16	反応，$2NH_3+CO_2 \longrightarrow H_2N-CO-NH_2+H_2O$ の反応機構	📖 p. 182

8章　原子構造と化学結合　（📖 p. 188〜229）

教科書の内容項目は下記のとおりである（問題およびその答は教科書を参照）❢.

8-1	原子量と原子番号	📖 p. 190	
8-2	原子の構造	📖 p. 190，191	問題 8-0〜8-2
8-3	原子の同心円モデル	📖 p. 191	問題 8-3
8-4	原子の電子配置と周期律	📖 p. 191〜193	問題 8-4〜8-6
8-5	イオン化エネルギー・電子親和力：陽，陰イオンへのなりやすさ	📖 p. 194〜196	問題 8-7〜8-10
8-6	元素の性質の周期性，イオン化エネルギー・電子親和力の周期性	📖 p. 197	問題 8-11
8-7	電気陰性度	📖 p. 197，198	問題 8-12
8-8	原子の構造：同心円モデルの修正（副殻構造）	📖 p. 198，199	
8-9	電子スピン	📖 p. 199〜202	問題 8-13，8-14
8-10	電子式：電子式の書き方	📖 p. 202〜204	問題 8-15〜8-19
8-11	量子論の考え方-I	📖 p. 207，208	問題 8-20
8-12	化学結合（イオン結合，共有結合，配位結合，金属結合	📖 p. 208〜213	問題 8-21〜8-28
8-13	量子論の考え方-II：軌道の形——s 軌道と p 軌道の真の姿	📖 p. 214〜220	
8-14	共有結合：分子軌道法，σ 結合と π 結合，分子構造と化学結合（sp^3，sp^2，sp 混成軌道），π 電子系の分子軌道	📖 p. 221〜229	問題 8-29〜8-38

付録1 命名法のまとめ

問題1 下表の左列の化学式を右列の名称に変えよ．また，右列の名称を左列の化学式に変えよ．名称はIUPAC置換命名法に基づく（アミンとエーテルは官能種類命名法と（置換命名法）で記載）．

グループ名・化合物の化学式	命名法	化合物名
脂肪族炭化水素・ アルカン R−H ① C_5H_{12} ② $C_{10}H_{22}$	C_1〜C_4のアルカンの名称は要記憶．C_5以降は数詞＋語尾 -ane	① C_5：penta-ane ペンタ-アン → ペンタン pentane ② C_{10}：deca-ane デカ-アン → decane デカン −C−C−C−C−C−C−C−C−C−C−
ハロアルカン R−X ① $CHCl_3$ ② CHF_2Cl ③ $CHCl_2CHClCH_3$	同種類のハロゲン元素数＋ハロゲン形容詞形＋炭素数のアルカン名	① トリクロロメタン（慣用名：クロロホルム） ② クロロジフルオロメタン（アルファベット abc 順） ③ 1,1,2-トリクロロプロパン
アミン $R-NH_2$，RR′NH， RR′R″N ① CH_3NH_2 ② $(C_2H_5)_2NH$ ③ $C_2H_5-N(C_2H_5)-H$（NにC_2H_5が結合） ④ $CH_3-N(CH_3)-CH_3$（NにCH_3が結合） ⑤ $(C_2H_5)_2(CH_3)N$ ⑥ $(CH_3)_3N$	官能種類命名法：同種アルキル基からなるアミン：（アルキル基数の数詞＋アルキル基名）＋アミン，異種アルキル基からなるアミン：アルキル基を並べて命名．置換命名法：アルカン＋アミン．最長炭素鎖アルキル基で命名，他のアルキル基はNへの置換基とする．	① メチルアミン（メタンアミン）， ② （ジエチル）アミン（*N*-エチルエタンアミン） ③ （ジエチル）アミン（*N*-エチルエタンアミン） ④ （トリメチル）アミン（*N,N*-ジメチルメタンアミン） ⑤ ジエチル（メチル）アミン（*N*-エチル-*N*-メチルエタンアミン）[官能種類命名法のアルキル基名と *N*-置換のアルキル基名はアルファベット（abc）順に並べる] ⑥ （トリメチル）アミン（*N,N*-ジメチルメタンアミン）
アルコール R−OH ① CH_3OH，CH_3-OH， ② C_2H_5OH，C_2H_5-OH， ③ $CH_3CH(OH)CH_3$	置換命名法：炭素数に対応するアルカン名の語尾 -ane の -e を取って，アルコール alcohol の語尾 -ol（オール）をつける． alkane → alkanol（官能種類命名法：アルキル基名＋アルコール）	① C_1のメタンに−OHがついて（アルコ）オールに変わったもの，methane-ol メタン・オール→methanol メタノール（メチルアルコール）． ② C_2だから ethane-ol エタン・オール→ ethanol エタノール（エチルアルコール）． ③ 2-プロパノール[a]（プロパン-2-オール，イソプロピルアルコール）．オール（ノール）という語尾の名称なら −OH 化合物である． [例：セタノール（リンス成分），レチノール（視物質）]
エーテル R−O−R′ ① $C_2H_5OC_2H_5$ ② $C_2H_5OCH_3$	官能種類命名法：同種アルキル基数の数詞＋アルキル基名＋エーテル（置換命名法：アルコキシアルカン）	① ジエチルエーテル（エトキシエタン：ethyl-oxy- → ethoxy）oxy とは oxygen 酸素のこと，エトキシ：C_2H_5-O- ② エチルメチルエーテル（アルキル基はアルファベット（abc）順に並べる）（メトキシエタン：methyl-oxy- → methoxy，CH_3-O-，長炭素鎖アルカンのHを短鎖アルコキシ基で置換した名称）

a) 2-プロパノール（イソプロピルアルコール）の優先IUPAC名は，プロパン-2-オールのように，官能基を表す語尾の直前に官能基の位置（炭素骨格中で官能基が結合した炭素の位置番号）を示すようになっている（p.46，68〜71も参照）．

問題2　下表の左列の化学式を右列の名称に変えよ．また，右列の名称を左列の化学式に変えよ．

アルデヒド RCHO，$R-C(=O)-H$ ①　HCHO，$H-C(=O)-H$ ②　CH_3CHO，$CH_3-C(=O)-H$	炭素数に対応するアルカン名の語尾 -ane（アン）の e をとって，アルデヒド aldehyde の語頭 -al（アール）をつける．	①　HCHO は C_1 なので methane＋al メタン・アル→methanal メタナール（ホルムアルデヒド） ②　C_2 なので ethane-al エタン・アル→ethanal エタナール（アセトアルデヒド）．アール（ナール）という語尾ならアルデヒド－CHO の仲間である． ［例：レチナール（視物質，ビタミン A が変化した⇔レチノール）］
ケトン RCOR′，RR′CO，$R-C(=O)-R'$ ①　CH_3COCH_3，$CH_3-C(=O)-CH_3$ ②　$CH_3COCH_2COCH_2CH_3$ $CH_3-C(=O)-CH_2-C(=O)-CH_2CH_3$	炭素数に対応するアルカン名の語尾の e を取って，ケトン ketone の語尾 -one（オン：ケトン ketone の語尾の one）をつける．置換命名法：オキソアルカン）	①　C_3 なので propane＋one プロパン・オン，propanone 2-プロパノン[a]（プロパン-2-オン，2-オキソプロパン，慣用名：アセトン） ②　C_6 で －CO－ が2個あるので hexane＋di＋one ヘキサン・ジ・オン，hexanedione，2,4-ヘキサンジオン[a]（ヘキサン-2,4-ジオン，2,4-ジオキソヘキサン）．オン（トン・ノン）という語尾ならケトン RCOR′ の仲間である．［例：アルドステロン（副腎皮質ホルモン），テストステロン（男性ホルモン）］
カルボン酸 RCOOH ①　HCOOH，$H-C(=O)-O-H$ ②　CH_3COOH	炭素数に対応するアルカン名に酸（アルカンの語尾の e を取って -oic acid）．	①　C_1 だからメタン酸（methanoic acid，ギ酸） ②　C_2 でエタン酸[b]（ethanoic acid，酢酸 acetic acid） ［例：レチノイン酸（ビタミン A が変化したもの ⇔ レチナール ⇔ レチノール）］
エステル　RCOOR′ ①　$CH_3COOC_2H_5$, ②　$CH_3CH_2OCOCH_3$ ③　$C_2H_5COOCH_3$	原料の酸の名称＋原料のアルコールのアルキル基名	①　エタン酸エチル，酢酸エチル（酢酸＋エタノール） ②　エタン酸エチル，酢酸エチル（$C_2H_5OCOCH_3 \equiv CH_3COOC_2H_5$） ③　プロパン酸メチル（プロパン酸＋メタノール）
アミド RCONHR ①　$CH_3-C(=O)-N(H)-CH_3$ ②　$HCO(CH_3)_2$	置換命名法：（アルカン酸の）アルカン＋アミド．アシル基名＋アミド	①　*N*-メチルエタンアミド，*N*-メチルアセトアミド（酢酸＋メチルアミン） ②　*N*,*N*-ジメチルメタンアミド，*N*,*N*-ジメチルホルムアミド（ギ酸＋ジメチルアミン）
脂肪族不飽和炭化水素 アルケン，ポリエン ①　$CH_2=CH_2$ ②　$CH_3-CH=CH-CH_3$ ③　4,7,10,13,16,19-DHA シスとトランス，*all-cis*	炭素数に対応するアルカン名の語尾 -ane（アン）を，アルケン alkene の語尾の -ene（エン）に換えたもの．	①　エテン ethene（慣用名：エチレン ethylene） ②　C_4 なのでブタン butane→2-ブテン[a]（butene，ブタ-2-エン）．エン（テン）という言葉が名前にあれば二重結合をもったもの．［例：カロテン carrotene（ニンジンの色素） ③　ドコサヘキサエン酸（魚油の成分 DHA，全シス体）シス・トランス異性体］
芳香族炭化水素 ①　C_6H_6 ②　C_6H_5OH ③　$C_6H_5NH_2$ ④　$C_{10}H_8$（ベンゼン環2個の縮合環）		①　ベンゼン ②　フェノール（ベンゼノール，ヒドロキシベンゼン） ③　アニリン（ベンゼンアミン，アミノベンゼン） ④　ナフタレン

a)　優先 IUPAC 名は，官能基を表す語尾の直前に官能基の位置（炭素骨格中で官能基が結合した炭素の位置番号）を示すようになっている．2-プロパノン→プロパン-2-オン，2,4-ヘキサンジオン→ヘキサン-2,4-ジオン（2,4-ジオキソヘキサン），2-ブテン→ブタ-2-エン，1,3-ブタジエン→ブタ-1,3-ジエンなど（p.47～59，79，82，85，105～111 も参照）．

b)　COOH の C も炭素数に含む．

付録 2　13 種類の有機化合物群について理解すること・頭に入れること

📖 p.52〜65

問題　重要！　以下の表の空欄を埋めよ[a)]．　IUPAC 置換命名法（炭素鎖の炭素数で命名する方法）

有機化合物群名	(1) 一般式 R−＝C_nH_{2n+1}−	(2) 官能基	(3) 代表的化合物置換名 (官能種類名*, 慣用名)	(4) (3)の示性式・ 構造式	(5) 代表的性質
① (油)		,	, , , (,)	, , ,	油（燃料), ( ), , 低反応性
② (ハロゲン元素)		,	( ) :		, アルカン の親戚, , (発がん性)
③ (アン モニアの親戚)		,	(*) , (*)	,	アンモニアの親戚, ,
④ (水の親戚)		,	(,) (*)	( )	水の親戚, ,
⑤ (水と他人)		,	(*)	( )	水と他人, ,
⑥ (④から脱水素)	,	, ( )	, (,) (,)	( )	, ,
⑦ (⑥の親戚)	,	,	(,)・ , ( )	( )	, からだの異常代謝産物（飢餓, ）
⑧ (食酢の成分)	,	,	( ) ( )	( )	食酢主成分, ( ), ,
⑨ (果物の香り)	, ,	, ,	( )	( )	芳香（果物の香り・酒の吟醸香),
⑩ (タンパク質結合の一般名)	,	,	( )	( )	タンパク質,
⑪ (二重結合)		,	(,) ( )		, ・ ,
⑫ (①と別の油)	,	, ,	( )	,	油（ , ・ ）
⑬ (⑫と④の親戚)	,	,	, ( )	,	(お茶などの) , 抗酸化作用
1 点×13	1 点×21	1 点×28	1 点×37	1 点×27	1 点×30

a)　どのような科目，項目の学習においても，学んだことが応用できるためには，具体例（ここでは具体的化合物）を1つだけ覚えておくことがポイントである．本表はまさにそのためのものである．しっかり理解・記憶し，身につけること！

答 （重要！） 以下の表の空欄を埋めよ[a]．　　IUPAC置換命名法（炭素鎖の炭素数で命名する方法）

有機化合物群名	(1) 一般式 R-＝C_nH_{2n+1}-	(2) 官能基	(3) 代表的化合物　置換名 (官能種類名*，慣用名)	(4) (3)の示性式・ 構造式	(5) 代表的性質
① アルカン (油)	R−H	アルキル基， R−	メタン，エタン，プロパン，ブタン (-ane，アン)	CH_4，C_2H_6，C_3H_8， C_4H_{100}	油（燃料），疎水性（水に不溶），水より軽，低反応性
② ハロアルカン (ハロゲン元素)	R−X	ハロゲン， −X	トリクロロメタン（クロロホルム）：トリハロメタンの代表例	$CHCl_3$	麻酔作用，アルカンの親戚，水より重い，(発がん性)
③ アミン（アンモニアの親戚）	R−NH_2	アミノ基， −NH_2	メタン(メチル*)アミン，(トリメチルアミン*)	CH_3NH_2，$(CH_3)_3N$	アンモニアの親戚，腐敗臭，塩基性
④ アルコール (水の親戚)	R−OH	ヒドロキシ基， −OH	エタノール（-ol，オール）(エチルアルコール*)	C_2H_5OH (CH_3CH_2OH)	水の親戚，酒の主成分，消毒剤
⑤ エーテル (水と他人)	R−O−R′	エーテル結合， C−O−C	エトキシエタン (ジエチルエーテル*)	$C_2H_5OC_2H_5$ ($CH_3CH_2OCH_2CH_3$)	水と他人，油の親戚，麻酔作用
⑥ アルデヒド (④から脱水素)	R−C−H ‖ O RCHO	アルデヒド基， −CHO (ホルミル基)	メタナール，エタナール（-al，アール） (ホルムアルデヒド，アセトアルデヒド)	H−C−H ‖ O　(HCHO) CH_3CHO	ホルマリンの成分，酒の悪酔いのもと，高反応性
⑦ ケトン (⑥の親戚)	R−C−R′ ‖ O RCOR′	ケトン基， C−CO−C	2-プロパノン(-one，オン)・プロパン-2-オン，(アセトン)	CH_3−C−CH_3 ‖ O (CH_3COCH_3)	アルデヒドの親戚，からだの異常代謝産物（飢餓，糖尿病）
⑧ カルボン酸 (酢の成分)	R−C−O−H ‖ O RCOOH	カルボキシ基， −COOH	エタン酸（-酸） (酢酸)	CH_3−C−O−H ‖ O (CH_3COOH)	食酢主成分，脂肪酸（中性脂肪成分），酸っぱい，酸性
⑨ エステル (果物の香り)	R−C−O−R′ ‖ O RCOOR′ R′−O−CO−R	エステル結合， C−CO−O−C， C−O−CO−C	エタン酸エチル (酢酸エチル)	CH_3−C−O−C_2H_5 ‖ O ($CH_3COOC_2H_5$)	芳香（果物の香り・酒の吟醸香）， 中性脂肪
⑩ アミド (タンパク質結合の一般名)	R−C−NH_2 ‖ O R$CONH_2$	アミド結合， C−CO−NH−C	エタンアミド (アセトアミド)	CH_3−C−NH_2 ‖ O (CH_3CONH_2)	タンパク質， ペプチド
⑪ アルケン (二重結合)	>C＝C<	二重結合， C＝C	エテン（-ene，エン） (エチレン)	CH_2＝CH_2	カロテン，DHA・EPA，付加反応
⑫ 芳香族炭化水素（①と別の油）	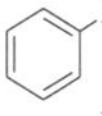 (ベンゼン環)−H Ph-H	フェニル基， C_6H_5−，(ベンゼン環)− 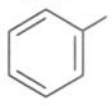	(ベンゼン)	 (ベンゼン環) C_6H_6	油（フェノール，アニリン・$C_6H_5NH_2$）
⑬ フェノール (⑫と④の親戚)	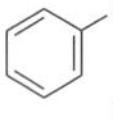 (ベンゼン環)−OH Ph-OH	ヒドロキシ基， −OH	ベンゼノール (フェノール)	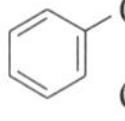 (ベンゼン環)−OH C_6H_5OH	(お茶などの) ポリフェノール， 抗酸化作用
1点×13	1点×21	1点×28	1点×37	1点×27	1点×30

（　　　　）学科（　　　　）専攻（　）クラス（　　　　）番，氏名（　　　　　　）　　＿＿＿ 156点

付録 3　複雑な化合物の見方と有機化合物の反応のまとめ

📖 4 章：4-3-5, 4-4-5
5 章：5-1～5-3 の反応

問題 1　下記の分子中の化合物グループ名（13 種類のうちの 1 つ）をすべてあげよ（同じ種類が 2 個含まれる場合は×2 と書くこと）.

(1) CHO, OCH_3, OH
バニリン（バニラ香）
（3 種類 3 個）

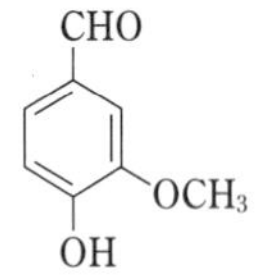

(2) H_3C, H_3C, H_3C, CHO
α-シトラール（レモン様香気）
（還元でゲラニオール，バラの香り）
（2 種類 3 個）

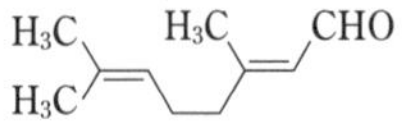

(3) H_3CO, O, H_3C, O, CH_3
2,5-ジメチル-4-メトキシ-3(2*H*)-フラノン
（3 種類 4 個）

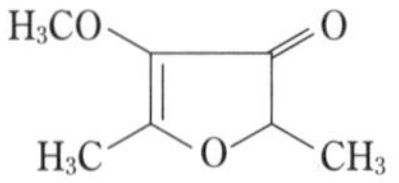

(4) H_3CO, HO, C_2H_5OOC, $-CH_2-N(H)-C(=O)-(CH_2)_4-CH=CH-CH(CH_3)_2$
（5 種類 5 個）

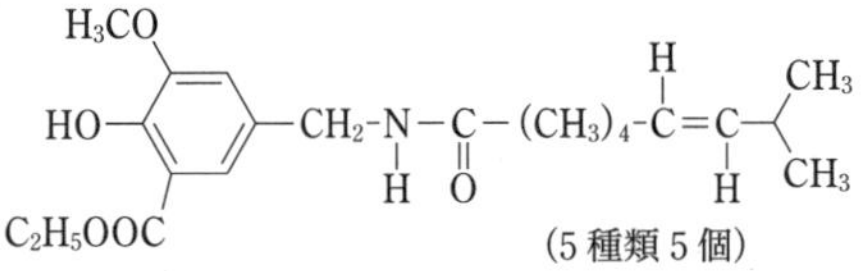

(5) $HO-CH_2-C(CH_3)_2-CH(OH)...$

$HO-C(H)(H)-C(CH_3)(CH_3)-C(H)(H)-C(=O)-N(H)-C(H)(H)-C(H)(NH_2)-COOH$
（4 種類 4 個）

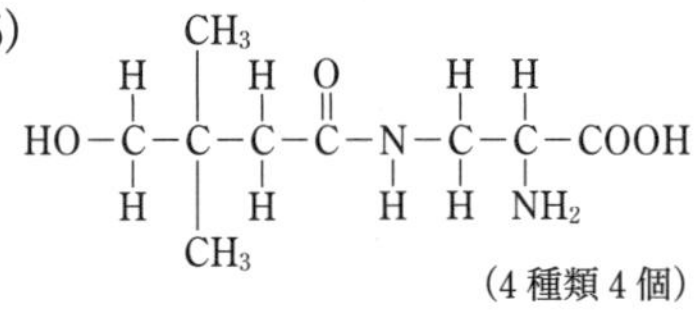

問題 2　以下の各問に，① は言葉で，② は構造式・または略式構造式で答えよ.

(1) ① 第一級アルコールが酸化されて生じる物質は（　　　　　　　　　　）である.
② $CH_3CH_2CH_2-OH$ の酸化生成物は何か.
構造式（　　　　　　　　　　）名称（　　　　　　　　　　）

(2) ① 第二級アルコールが酸化されて生じる物質は（　　　　　　　　　　）である.
② $CH_3-CH_2-CH(OH)-CH_2-CH_3$ の酸化生成物は何か.
構造式（　　　　　　　　　　）名称（　　　　　　　　　　）

(3) ① カルボン酸は（　　　　　　）が酸化されることにより生じる.
② $CH_3CH_2CH_2-C(=O)-H$ の酸化生成物は何か.
構造式（　　　　　　　　　　）名称（　　　　　　　　　　）

(4) ① エステルは（　　　　　）から－OH が，（　　　　　）から－H が取れて，互いに結合したものである（中性脂肪の合成と加水分解は問題 5-20-2，5-21；📖 p.100，135，139）.
② $CH_3CH_2CH_2-OH$ と CH_3CH_2COOH とを反応（脱水縮合）させたときの生成物は何か.
構造式（　　　　　　　　　　）名称（　　　　　　　　　　）

(5) ① アミドは（　　　　　）から OH が，（　　　　　）から H が取れて，互いに結合したものである．アミノ酸分子同士がアミド結合したものを（　　　）といい，このアミド結合を（　　　）結合とよぶ.
② $CH_3CH_2CH_2-NH_2$ と CH_3CH_2COOH を脱水縮合させたときの生成物は何か.
構造式（　　　　　　　　　　）名称（　　　　　　　　　　）

(6) ① アルケンに水分子が付加すると（　　　　　）を生じる.
② プロペン（プロピレン）$CH_2=CHCH_3$ への水分子の付加生成物は何か.
構造式（　　　　　　　　　　）名称（　　　　　　　　　　）

(7) ① アルコールから水分子が脱離すると（　　　　　）を生じる.
② 2-ブタノール（ブタン-2-オール）$CH_3CH(OH)CH_2CH_3$ から水分子が脱離した生成物は何か.
構造式（　　　　　　　　　　）名称（　　　　　　　　　　）

(8)　① ケトンが還元されると（　　　　　），アルデヒドが還元されると（　　　　　）を生じる．

② 2-ペンタノン（ペンタン-2-オン）$CH_3COCH_2CH_2CH_3$ の還元生成物は何か．

構造式（　　　　　　　　　　　　　　）名称（　　　　　　　　　　）

(9)　（アルドール反応）アセトアルデヒドの2分子がアルドール反応したときの生成物は何か．また，クエン酸回路におけるオキサロ酢酸（2-オキソブタン二酸）とアセチル CoA（活性酢酸）の反応を説明せよ．

［解糖系・糖新生におけるグリセルアルデヒド $CH_2(OH)CH(OH)CHO$ とジヒドロキシアセトン $HOCH_2COCH_2OH$ の反応はアルドール反応の逆・正反応，アセトアセチル CoA とアセチル CoA の反応はアルドール反応である→ HMGCoA → メバロン酸 → イソプレン → イソプレノイド → コレステロールなど］．

答 1

(1)　フェノール，アルデヒド，エーテル

(2)　アルケン ×2（アルカジエン），アルデヒド［テルペノイドの一種（イソプレン骨格 ×2），イソプレン：C=C(C)−C=C（−C−C(C)=C−C−）$_m$］

(3)　ケトン，エーテル×2，アルケン

(4)　フェノール，エーテル，エステル，アミド（−CO−NH−，−NH−CO−），アルケン

(5)　（第一級）アルコール，アミド，アミン，カルボン酸

答 2

(1)　アルデヒド，$CH_3CH_2-C(=O)-H$（骨格式 CHO または 骨格式 CHO），プロパナール

(2)　ケトン，$CH_3CH_2-C(=O)-CH_2CH_3$（骨格式 または 骨格式），3-ペンタノン[a]

(3)　アルデヒド，$CH_3CH_2CH_2-C(=O)-OH$（骨格式 COOH または 骨格式 COOH），ブタン酸

(4)　カルボン酸，アルコール，$CH_3CH_2-C(=O)-O-CH_2CH_2CH_3$（骨格式 または 骨格式），
プロパン酸プロピル

(5)　カルボン酸，アミン，ペプチド，$CH_3CH_2-C(=O)-N(H)-CH_2CH_2CH_3$（骨格式 または 骨格式）
ペプチド，*N*-プロピルプロパンアミド

(6)　アルコール，$CH_2(OH)-CH_2-CH_3$（HO 骨格式，HO 骨格式）1-プロパノール[a]　$CH_3-CH(OH)-CH_3$（OH 骨格式 または 骨格式 OH）2-プロパノール[a]（主生成物[b]）

(7)　アルケン，$CH_2=CHCH_2CH_3$，1-ブテン[a]，$CH_3CH=CHCH_3$，2-ブテン[a]（主生成物[b]，シス・トランス）

(8)　第二級アルコール，$CH_3CH(OH)CH_2CH_2CH_3$（OH 骨格式 または 骨格式 OH），2-ペンタノール[a]
第一級アルコール

(9)　$CH_3CH(OH)-CH_2-CHO$，3-ヒドロキシブタナール
$HOOC-C(=O)-CH_2-COOH$ + $^{-}$:$CH_2-C(=O)-OH$（$CH_3-CO-S-CoA$）　H^+
⟶ $HOOC-C(OH)(CH_2COOH)-CH_2-COOH$　クエン酸

（塩基性下で反応：CH_3CHO の CH_3 の H を OH^- が H^+ として引き抜く．生じた $^{-}$:CH_2CHO が，立ち上がった CO の C に配位結合）

a)　優先 IUPAC 名は，ペンタン-3-オン，プロパン-1-オール，プロパン-2-オール，（ブタン-2-オール），ブタ-1-エン，ブタ-2-エン，（ペンタン-3-オン），ペンタン-2-オールである．

b)　アルケンへの付加反応：マルコウニコフ則，R−の I 効果（超共役，求電子付加で生じたカルボカチオンの安定性），脱離反応（二重結合生成）：ザイツェフ則（生成物の超共役による安定化，隣の C の H 数が多い方 6>2 が安定）．

付録4 13種類の有機化合物群の性質と反応（酸化還元，縮合，脱離，付加）のまとめ

問題　13種類の有機化合物群の中で，次の性質を示す化合物グループ名を述べよ．

① 酸性を示すもの　② 塩基性を示すもの
③ 炭素数が少ない化合物では水によく溶けるもの（親水性・水溶性化合物群）
④ 炭素数が少なくても水に溶けにくく，油に溶けやすいもの（疎水性・親油性・脂溶性化合物群）[a]
⑤ 酸化されやすいもの[b]　⑥ 還元されやすいもの[b]
⑦ エステルをつくるもの[c]　⑧ アミドをつくるもの[c]
⑨ 付加反応を起こすもの[d]　⑩ 脱離反応を起こすもの[d]
⑪ 脱水縮合反応を起こすもの[d]　⑫ 加水分解反応を起こすもの[d]

a) 一般に炭素原子数が多ければ（酸素，窒素に比べて多ければ）水には溶けにくい．炭化水素＝油（疎水性）
b) 生成物の化合物群名，反応式の例と構造式，または示性式も示せ．
c) 原料となる化合物群名と反応式の例，構造式，または示性式も示せ．
d) もとの化合物群名と反応式の例，構造式，または示性式を示せ．

答

① カルボン酸　② アミン　③ アミン，アルコール，アルデヒド，ケトン，カルボン酸，アミド，（フェノール）　④ アルカン，ハロアルカン，エーテル，エステル，アルケン，芳香族炭化水素，（フェノール）　⑤ アルコール（→アルデヒド→カルボン酸；→ケトン），アルデヒド（→カルボン酸）$CH_3CH_2OH \longrightarrow CH_3CHO \longrightarrow CH_3COOH$；⑥の逆反応　⑥ アルデヒド（→第一級アルコール），⑤の逆反応，ケトン（→第二級アルコール）$CH_3COCH_3 \longrightarrow CH_3CH(OH)CH_3$，（カルボン酸→アルデヒド→アルコール）　⑦ カルボン酸とアルコール $CH_3COOH + C_2H_5OH \longrightarrow CH_3COOC_2H_5 + H_2O$　⑧ カルボン酸とアミン $CH_3COOH + CH_3NH_2 \longrightarrow CH_3CONHCH_3 + H_2O$　⑨ アルケン $CH_2{=}CH_2 + H_2O \longrightarrow CH_3CH_2OH$，アルデヒド・ケトン（カルボニル化合物同士，アルドール反応）　⑩ アルコール，ハロアルカン $C_2H_5OH(CH_3-CH_2OH) \longrightarrow CH_2{=}CH_2+H_2O$, $C_2H_5Cl \longrightarrow CH_2{=}CH_2 + HCl$　⑪ カルボン酸とアルコール（⑦と同），カルボン酸とアミン（⑧と同），アルコール同士（$2\,C_2H_5OH \longrightarrow C_2H_5OC_2H_5+H_2O$），カルボン酸同士（→酸無水物），アルデヒド・ケトンとアミン（→イミン），カルボニル化合物同士　⑫ エステル $CH_3COOC_2H_5 + H_2O \longrightarrow CH_3COOH + C_2H_5OH$，アミド $CH_3CONHCH_3 + H_2O \longrightarrow CH_3COOH + CH_3NH_2$

・H^+が酸っぱいもと．酸ならばどこかにHがある（ROR′，RCOR′，RCOOR′は酸ではあり得ない）．
・アミンはアンモニアの親戚であり，塩基性．アミンは生体中ではアンモニウムイオン（陽イオン）として存在．
・**アルデヒド基の覚え方**：CHO（チョー）酒飲み過ぎて悪酔い（−CHO，−CO−H，−C(=O)−H）．
・**カルボニル基の覚え方**：カルボニル−CO−は人の顔（p.5；📖p.18，55）
・カルボン酸RCOOHは生体中ではカルボン酸陰イオン$RCOO^-$として存在．

・**化合物群名**：アルカン・ハロアルカン／アミン／アルコール・エーテル／アルデヒド・ケトン／カルボン酸・エステル・アミド／二重結合のアルケン・ポリエンに／ベンゼン・フェノールは芳香族炭化水素．
・**官能基の覚え方・語呂合せ**：アルキル・ハロゲン・アミノ基と／ヒドロキシ基にエーテル結合／カルボニルのCOに／R付いたアシル基に／Hくっつき CHO（ちょー悪酔い）のアルデヒド／HをR′に取り換えた／R−CO−R′，RR′COはケトンさん／カルボニルのCOに／ヒドロキシの／OHついたカルボキシは／COOHで酸のもと／OHをOR′に取り換えた／RCOOR′はエステルさん，−COO−はエステル結合／−CONH−はアミド結合／エンとよばれる二重結合に／芳香族のフェニル基は／C_6H_5−のベンゼン環／芳香族の一般式はアリール基でAr−／ベンゼン環のフェニルに−OHはフェノールです．

学習チェック項目：理解度を確認してみよう

No.	チェック項目	達成目標	本書参照ページ	Check
1	エタノール・酢酸の構造式（テスト）	身近な有機化合物；一番最初に，構造式・示性式の基本として記憶する（学習のベース）	4, 5, 20, **26**, 27	
2	構造異性体の構造式（テスト）	書き方と区別の仕方を習得；手の数に注意	6〜10〜**18**, 19	
3	数詞，アルカン，アルキル基（テスト）	命名法の基本の基，必ず記憶する	23〜**26**〜30	
4	構造異性体（分岐炭化水素）の構造式と名称（テスト）	構造異性体の構造式の書き方と命名法のルールを理解し，構造式と名称が書ける	31〜33〜**42**, 43	
4-1	分子骨格炭素の位置番号	置換基の数だけ，正しい番号付けができる	(33〜35〜38)	
4-2	置換基数（モノ・ジ・トリ），置換基名，分子骨格のアルカン名	正しく命名できる，炭素鎖長を確認・区別できる（一筆書き，分子の両端を引っぱる）	(32〜38, **42**, 43)	
4-3	線描構造式の書き方	書くことができる．何度も書いて慣れる	(39〜41)	
5	ハロアルカンの名称，性質	代表例の規則名と慣用名がいえる	44, 53〜61, 付録2	
6	第一級〜第三級アミンの一般式	示性式と構造式が書ける，区別できる	44, 45, 62〜67	
7	アミノ基	示性式が書ける，NH_3 との関係がわかる	44, 45, 62, 付録2	
8	アミンの名称，性質	名称・性質がわかる，代表例がいえる	44, 45, 62, 付録2	
9	メタノール・エタノール・ヒドロキシ基	示性式・構造式が書ける．性質がわかる	46, 68, 付録2	
10	三価アルコールの構造式と名称	書ける．糖代謝・解糖系の中間体との関係，中性脂肪，細胞膜成分との関係がわかる	71, 85, 101〜103	
11	アルコールの異性体・1-,2-プロパノール	第一級，第二級アルコールを区別し，構造式・示性式，酸化反応の違いを説明できる	68, **74**, 81	
12	エーテルの名称と性質	官能種類名の名称・性質と代表例がわかる	46, 75, 付録2	
13	13種類の化合物一般名，一般式と官能基，代表例と示性式・構造式・名称・性質	学習上，最も重要な内容である．専門分野に役立てるために完璧に記憶する	3章，付録1, **2**	
14	アシル基・アセチル基とアシル基をもつ5つの化合物群（テスト）	示性式と構造式，5種類の化合物群の名称と一般構造式・示性式が書ける	47〜50, 82, **104**, 付録2	
15	カルボニル化合物の性質と生成反応，アルコールの酸化，脱水素の原理（テスト）	第一級，第二級アルコールの例をあげて生成物を含めて反応機構が説明できる	70, **74**, 78, 79, 82	
16	酸性物質・塩基性物質，化合物の性質	対応するグループ名と性質がわかる	44, 47〜49, 62, 87〜91, 付録2	
17	エステル，アミドの構造式とでき方（テスト）	構造式とでき方，構造式・名称から，からだや食品の中のエステル・アミドがわかる	47〜50, 94, 95, 101〜**104**, 付録2	
18	アルケン・ポリエンの名称，不飽和脂肪酸，シス・トランス異性体	代表例の規則名と慣用名，性質，シス-トランス異性体の区別と命名法がいえる	105, 106〜112, 付録2	
19	芳香族化合物：ベンゼン・フェノール・アニリンの構造式	油の一種；C，Hを表示した正式の構造式と線描構造式が書ける，位置異性体がわかる．	51, 52, 113〜120, 付録2	
20	親水性と疎水性，親水基と疎水基	13種類の化合物の官能基の性質と分子内における親水基・疎水基が区別できる	28, 55, 80, 81, 付録2	
21	複雑な化合物の見方	化合物分子中に含まれるすべての官能基と化合物群名がわかる	60, 61, 66, 73, 75, 86, 109, 付録3	
22	反応：酸化還元，脱水縮合，脱離，付加．鏡像異性体（光学異性体）	各反応の具体例を反応式で説明できる 鏡像異性体の代表例と構造式が書ける	70, **74**, 78, 79, 82, 92〜95, **104**, 125, 126, 付録**3**, **4**.	

※ 付録2（後ろ見返）および本文中の確認テスト（表中太字ページ）・基礎知識テスト（後ろ見返，p.26，除p.56）は何度も繰り返し復習すること．周期表（p.2），3章のすべて，付録1（名称まとめ），付録3, 4もマスターすること．

本書の勉強に効果的な関連図書：必要に応じて参照しよう

以下の書籍は，著者が大学で実際に使用している講義資料をベースに，学生がどこでつまずくのか，どういった質問があったのかなどを内容に反映し，改良を重ねてまとめている．

『生命科学，食品・栄養学，化学を学ぶための 有機化学 基礎の基礎　第 3 版』

初学者ならびに高校で有機化学を学習した学生が，同じクラスで，一から，それなりのレベルに至るまでの学習ができるようになることを目標とした米国式の説明の多い教科書．

・有機化学を初めて学ぶ学生にもわかりやすい，有機化学の基礎を学ぶ
・専門分野の学習に不可欠な「化学の基礎」を身につける

『演習　誰でもできる 化学濃度計算』

化学系の実験や実習の際に必要となる濃度などの化学計算が嫌い・苦手な人も，すべての学生が基礎を身につけ，自由自在に大学での化学計算ができるようになることを目標とした教科書．とことん自分で読んで理解できるように懇切丁寧な説明，米国式の換算係数法の解説が特徴．

・化学系の実験や実習に不可欠な「化学計算の基礎」を身につける
・随所に記載の“study skills”を学び専門分野の学習に役立てる

『演習　溶液の化学と濃度計算』

高校での化学を履修しなかった人をはじめ，すべての学生が実験・実習の基礎を身につけ，使えるようにすることを目標とした演習テキスト．

・各種の濃度計算から分析化学の諸手法の基礎まで，化学系実験のための基礎を学ぶ

『ゼロからはじめる化学』

高校で化学を学んでこなかった学生・不得意な学生が，化学の基礎を抵抗なく学習するための，詳しい説明がなされた学ぶための本・できるようになるための基礎化学の教科書．

・化学の基礎の基礎を理解して専門分野の学習に役立てる

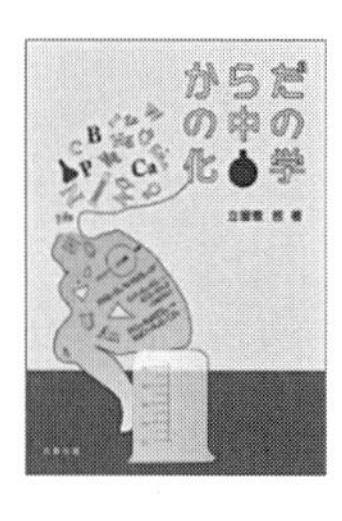

『からだの中の化学』

からだの中で起こる現象と化学を結びつけて，生化学，食品学，栄養学の基礎および生理学，栄養学の基礎としての化学の基礎を学び専門分野の学習に役立てることを目標とした教科書．からだの仕組み（の基礎）に関する（高校）生物と化学の学習内容の合体を試みた本．

・専門分野の学習に不可欠な「化学の基礎」を身につける

本文中の マークに対応する関連図書とそのページ

本書の内容をさらに勉強したり，すでに本書以外の書籍を持っている学生が本書を参考にして勉強する際に役立ててほしい．

章	ページ	本文中の マーク箇所	関連図書	関連図書の参照ページ
序	2	答 1 (1)	ゼロからはじめる化学	p.4, 5, 7, 89
	2	答 1 (2)	ゼロからはじめる化学	p.16
			演習 誰でもできる化学濃度計算	p.82,83
	2	答 1 (3)	ゼロからはじめる化学	p.4～17, 90～96
			からだの中の化学	p.14～15, 30
			演習 誰でもできる化学濃度計算	p.82～83
	2	質問 (3)	ゼロからはじめる化学	p.6～10, 12～14, 90～96
	3	質問 1 つ目	ゼロからはじめる化学	p.25, 110
	3	質問 2 つ目	ゼロからはじめる化学	p.94～96
1	4	全体	からだの中の化学	p.30～40
			ゼロからはじめる化学	p.117～123
	6	構造異性体と構造式	からだの中の化学	p.33
	6	問題 1-5	からだの中の化学	問題 1-21
	7	問題 1-6	からだの中の化学	問題 1-22
	8	構造式の見分け方	からだの中の化学	p.34
	8	問題 1-7	からだの中の化学	問題 1-23
	9	問題 1-8 (1)	からだの中の化学	問題 1-24
	15	問題 1-8 (2)	からだの中の化学	問題 1-25, p.38
	20	問題 1-9	からだの中の化学	問題 1-26
	20	問題 1-10	からだの中の化学	問題 1-27(1)
	20	問題 1-11	からだの中の化学	問題 1-27(2)
	22	問題 1-12	からだの中の化学	問題 1-27(3)
2	23	全体	からだの中の化学	p.30～51
			ゼロからはじめる化学	p.123～135
	26, 27	基礎知識テスト	からだの中の化学	問題 1-32 (p.44)
	28	問題 2-3	からだの中の化学	問題 1-30, p.44
	28	問題 2-4	からだの中の化学	問題 1-31, p.44
	31	例題	からだの中の化学	p.46
	32	分岐炭化水素の命名法	からだの中の化学	p.47
	33	問題 2-11	からだの中の化学	問題 1-33 (p.48)
	36	問題 2-12	からだの中の化学	問題 1-34 (p.48)
	36	問題 2-13	からだの中の化学	問題 1-35
	37	質問 (一番下の)	からだの中の化学	p.34
	39	問題 2-15	からだの中の化学	問題 1-36 (p.50)
	40	質問 (2 つ目の)	ゼロからはじめる化学	p.151
			からだの中の化学	p.194
	40	問題 2-16	からだの中の化学	問題 1-36 (p.50)
	40	問題 2-18	からだの中の化学	問題 1-37 (p.50)
3	44	全体 (p.44～52)	からだの中の化学	p.52～54
	44	全体 (p.44～52)	ゼロからはじめる化学	p.135～142
	46	アミン	からだの中の化学	p.52, 53
			ゼロからはじめる化学	p.137, 138
	47	アルデヒド，ケトン，カルボン酸，エステル，アミド	からだの中の化学	p.54～56
			ゼロからはじめる化学	p.143～150
	51	アルケン，芳香族，(フェノール類)	からだの中の化学	p.56～58
			ゼロからはじめる化学	p.150～155

(つづく)

章	ページ	本文中のマーク箇所	関連図書	関連図書の参照ページ
3	51	アルケン	からだの中の化学	p.57, 126, 131, 132, 190
			ゼロからはじめる化学	p.124, 165
4	53	答 4-1	ゼロからはじめる化学	p.89〜94
	53	答 4-1, 答 4-2	からだの中の化学	p.186〜192
	53	答 4-2	ゼロからはじめる化学	p.94〜97
	54	質問（2 つ目の）	ゼロからはじめる化学	p.102
	56	化学結合と極性テスト　答全体	ゼロからはじめる化学	p.89〜97, 102, 98〜107
	56	答 1, 答 4	ゼロからはじめる化学	p.94
	56	答 2	ゼロからはじめる化学	p.92, 94, 95
	56	答 3	ゼロからはじめる化学	p.92
	56	答 5, 答 6	ゼロからはじめる化学	p.95
	56	答 7, 答 8	ゼロからはじめる化学	p.96
	56	答 9	ゼロからはじめる化学	p.89〜97, 115
	64	質問（1 つ目の）	ゼロからはじめる化学	p.96〜97
	64	質問（2 つ目の）	ゼロからはじめる化学	p.96〜97, 97 の注 24)
	65	質問（一番下の）	演習 溶液の化学と濃度計算	p.134
			ゼロからはじめる化学	p.183
			からだの中の化学	p.136
			演習 誰でもできる化学濃度計算	p.172
	70	アルコールの酸化の解説	ゼロからはじめる化学	p.126
	73	答 4-2（1）	ゼロからはじめる化学	p.171 図
	73	注 c)	ゼロからはじめる化学	p.158, 159
5	83	質問(一番下の；鎖状から環状構造を描く)	ゼロからはじめる化学	p.190
	89	答 5-11	ゼロからはじめる化学	p.162
	99	参考　注 c)	からだの中の化学	p.109〜112
	102	答 5-21-3	からだの中の化学	p.66〜79
	105	付加反応	からだの中の化学	p.57, 126, 131, 132, 190
			ゼロからはじめる化学	p.124, 152, 165
	110	答 5-29	からだの中の化学	p.131
6	121	[補足] NADH の分子全体の構造	ゼロからはじめる化学	p.194
	123	核酸塩基：*N*-グリコシド結合	からだの中の化学	p.77
	124	核酸塩基の構造式（全体）	ゼロからはじめる化学	p.192
			からだの中の化学	p.168
8	127	全体	ゼロからはじめる化学	p.1〜10, 89〜110

関連図書の相関図

下記項目を含めた化学全体『ゼロからはじめる化学』『からだの中の化学』

化学の計算
『溶液の化学と濃度計算』
『誰でもできる化学濃度計算』
『ゼロからはじめる化学』
（2 章）
『からだの中の化学』
（付録）

化学基礎
『有機化学 基礎の基礎』
（序章・8 章）
『ゼロからはじめる化学』
（1 章・3 章・4 章の後・付録）
『からだの中の化学』
（1 章・付録 2）

化学結合
『有機化学 基礎の基礎』
『ゼロからはじめる化学』
（3 章）

有機化学の基礎
『有機化学 基礎の基礎』

索　　引

お

か

き

く

け

こ

さ

し

著者略歴
立屋敷　哲（たちやしき・さとし）
女子栄養大学名誉教授，理学博士
1949 年　福岡県大牟田市生まれ
1971 年　名古屋大学理学部卒
研究分野：無機錯体化学，無機光化学，無機溶液化学

演習『生命科学，食品・栄養学，化学を学ぶための
有機化学 基礎の基礎　第 3 版』

令和元年 10 月 30 日　発　行

著作者　立　屋　敷　　哲

発行者　池　田　和　博

発行所　丸善出版株式会社
〒101-0051 東京都千代田区神田神保町二丁目17番
編集：電話(03)3512-3263／FAX(03)3512-3272
営業：電話(03)3512-3256／FAX(03)3512-3270
https://www.maruzen-publishing.co.jp

© Satoshi Tachiyashiki, 2019

組版印刷・中央印刷株式会社／製本・株式会社 松岳社

ISBN 978-4-621-30419-8　C 3043　Printed in Japan

JCOPY 〈(一社)出版者著作権管理機構 委託出版物〉
本書の無断複写は著作権法上での例外を除き禁じられています．複写される場合は，そのつど事前に，(一社)出版者著作権管理機構（電話03-5244-5088，FAX 03-5244-5089，e-mail：info@jcopy.or.jp）の許諾を得てください．

基本的な分子の構造式・官能基，数詞，アルカン・アルキル基の名称と化学式［答え］

これは基本！　（基礎知識テスト問題は p.26）　（📖 p.30～31）

重要！

答 1　次の分子の構造式を書け（示性式では不可．例：水の構造式は H−O−H）．また，これらの（分子中の官能基（グループ）を○で囲み，官能基名を述べよ（線でつなぐ）．

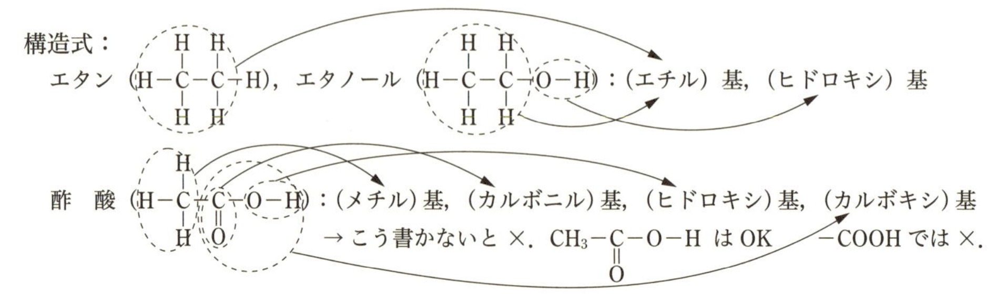

答 2　アミノ酸のアミノとは何のことか，酸とは何のことか．

アミノ（アミノ基，化学式：$-NH_2$），　酸（カルボキシ基，化学式：$-COOH$）

α-アミノ酸の一般式 $\left(R-\underset{NH_2}{\overset{H}{C}}-COOH,\ \text{または}\ \boxed{H_2N}-\underset{R}{\overset{H}{C}}-COOH,\ \boxed{HOOC}-\underset{R}{\overset{H}{C}}-NH_2 \right)$

> 構造式・示性式では，$H_2N-\underset{|}{\overset{|}{C}}-$ のように，結合している原子同士を − でつなぐ．$NH_2-\underset{|}{\overset{|}{C}}-$ とは書かない．
> $HOOC-\underset{|}{\overset{|}{C}}-$ と書く場合，$COOH-\underset{|}{\overset{|}{C}}-$，$-\underset{COOH}{\overset{|}{C}}-$ とは書かない．$-\underset{COOH}{\overset{|}{C}}-$ のように，結合している原子同士を正確につなぐ．

答 3　以下の（1），（2）の（　）を埋めよ．

（1）　飽和炭化水素の一般名は（ アルカン ）である．身の回りの飽和炭化水素をそれぞれ気体（2 種類）・液体（2 種類）・固体（1 種類）ずつあげよ．

気体	気体	液体（混合物）	液体（混合物）	固体（混合物？）
（メタン）	（プロパン）	（ガソリン）	（灯油，石油）	（ろうそく）

（2）	数　詞	炭素数	分子式	名　称	アルキル基，$R- = C_nH_{2n+1}-$		
					名　称	略　号	化学式
1	（モ　ノ）	C_1	(CH_4)	（メタン）	（メチル基）	（Me−）	(CH_3-)，　$-CH_3$，H_3C-
2	（　ジ　）	C_2	(C_2H_6)	（エタン）	（エチル基）	（Et−）	$(C_2H_5-$，$CH_3CH_2-)$，$-C_2H_5$，H_5C_2-，$-CH_2CH_3$
3	（ト　リ）	C_3	(C_3H_8)	（プロパン）	（プロピル基）	（Pr−）	$(C_3H_7-$，$CH_3CH_2CH_2-)$，$-C_3H_7$，H_7C_3-，$-CH_2CH_2CH_3$
4	（テトラ）	C_4	(C_4H_{10})	（ブタン）	（ブチル基）	（Bu−）	$(C_4H_9-$，$CH_3CH_2CH_2CH_2-)$，$-C_4H_9$，H_9C_4-，$-CH_2CH_2CH_2CH_3$
5	（ペンタ）	C_5	(C_5H_{12})	（ペンタン）	−−−−	−−	−−−−
6	（ヘキサ）	C_6	(C_6H_{14})	（ヘキサン）	−−−−	−−	−−−−
7	（ヘプタ）						
8	（オクタ）						
9	（ノ　ナ）						
10	（デ　カ）						